高等职业教育"十三五"规划教材
高等职业院校建筑工程技术专业规划推荐教材

建筑工程质量评定与验收

刘　悦　尹国英　主编

中国建筑工业出版社

图书在版编目（CIP）数据

建筑工程质量评定与验收/刘悦，尹国英主编. —北京：中国建筑工业出版社，2018.10（2023.8重印）
高等职业教育"十三五"规划教材. 高等职业院校建筑工程技术专业规划推荐教材
ISBN 978-7-112-22461-6

Ⅰ.①建… Ⅱ.①刘…②尹… Ⅲ.①建筑工程-工程质量-质量管理-高等职业教育-教材 Ⅳ.①TU712.3

中国版本图书馆 CIP 数据核字（2018）第 161015 号

本书包括两个项目：项目1框架结构质量验收、项目2钢结构工程施工质量验收。其中项目1包括4个单元，分别为：桩基础工程质量验收、主体工程质量验收、屋面工程质量验收、装饰装修工程质量验收；项目2包括4个单元，分别为：地脚螺栓的验收、主体结构安装施工的质量验收标准、连接施工的质量检查与验收及涂装施工质量检查与验收。

本教材既可作为高等职业教育土建类专业教材，也可作为相关人员的岗位培训教材或土建工程技术人员参考。

为更好地支持本课程的教学，我们向使用本书的教师免费提供教学课件，索取方式为：1. 邮箱 jckj@cabp.com.cn；2. 电话（010）58337285；3. 建工书院 http://edu.cabplink.com。

责任编辑：朱首明　李　阳　李天虹
责任设计：李志立
责任校对：刘梦然

高等职业教育"十三五"规划教材
高等职业院校建筑工程技术专业规划推荐教材
建筑工程质量评定与验收
刘　悦　尹国英　主编
＊
中国建筑工业出版社出版、发行（北京海淀三里河路9号）
各地新华书店、建筑书店经销
北京科地亚盟排版公司制版
建工社（河北）印刷有限公司印刷
＊
开本：787×1092毫米　1/16　印张：16¼　字数：404千字
2018年10月第一版　2023年8月第五次印刷
定价：**43.00**元（赠教师课件）
ISBN 978-7-112-22461-6
（32331）

序

　　职业教育由于其自身培养目标的特殊性，在教学过程中特别注重学生职业技能的训练，注重职业岗位能力、自主学习能力、解决问题能力、社会能力和创新能力的培养。目前，许多高等职业院校正大力推行工学结合，突出实践能力的培养，改革人才培养模式，职业教育的教学模式也正悄然发生着改变，传统学科体系的教学模式正逐步转变为行为体系的职业教学模式。我院作为辽宁建设职业教育集团的牵头单位，从很早就开始借鉴国内外先进的教学经验，开展基于工作过程系统化、以行动为导向的项目化课程设计与教学方法改革。在职业技术课程改革中，突出教师引领学生做事，围绕知识的应用能力，用项目对能力进行反复训练，课程"教、学、做"一体化的设计，体现了工学结合、行动导向的职业教育特点。

　　所以我们选定十五门课程进行项目化教材的改革。包括：建筑工程施工技术、混凝土结构检测与验收、建筑工程质量评定与验收、建筑施工组织与进度控制、混凝土结构施工图识读等。

　　本套教材在编写思路上考虑了学生胜任职业所需的知识和技能，直接反映职业岗位或职业角色对从业者的能力要求，以从业中实际应用的经验与策略的学习为主，以适度的概念和原理的理解为辅，依据职业活动体系的规律，采取以工作过程为导向的行动体系，以项目为载体，以工作任务为驱动，以学生为主体，"教、学、做"一体的项目化教学模式。本套教材在内容安排和组织形式上作出了新的尝试，突破了常规按章节顺序编写知识与训练内容的结构形式，而是按照工程项目为主线，按项目教学的特点分若干个部分组织教材内容，以方便学生学习和训练。内容包括教材所用的项目和学习的基本流程，且按照典型案例由浅入深地编写。这样，为学生提供了阅读和参考资料，帮助学生快速查找信息，完成练习项目。本套教材是以项目为模块组织教材内容，打破了原有教材体系的章节框架局限，采用明确项目任务、制定项目计划、实施计划、检查与评价的形式，创新了传统的授课模式与内容。

　　相信这套教材能对课程改革的推进、教学内容的完善、学生学习的推动提供有力的帮助！

辽宁建设职业教育集团 秘书长

辽宁城市建设职业技术学院 院长

王斌

前　言

"建筑工程质量评定与验收"是土建类专业的一门主干专业课，它主要研究建筑施工过程中对施工质量的控制和各施工阶段的验收项目，其内容包括：地基与基础工程质量控制与验收、砌体结构工程质量控制与验收、混凝土工程质量控制与验收、屋面工程质量控制与验收、钢结构工程质量控制与验收、建筑装饰装修工程质量控制与验收、建筑节能工程控制评定与验收，以及各工程常见质量问题的处理方法等。通过本课程的学习，培养高职高专院校学生掌握建筑工程施工质量的控制方法与验收方面的职业技能，提高施工现场质量管理人员的工作水平。根据《建筑工程施工质量验收统一标准》GB 50300—2013 等现行国家标准规范，结合高等职业教育建筑工程专业《建筑工程质量评定与验收课程标准》，兼顾高职院校学生的特点，特编写此书。

本书最大亮点是基于建筑工程施工现场完整工作过程编写任务，每个任务正好两学时内容，并附工作页。教材中穿插施工知识链接，并配有拓展训练，帮助同学更好地利用课余时间自学课上不完善的知识点。本书采用了最新版规范、标准，注重理论联系实际，解决实际问题，既保证全书的系统性和完整性，又体现内容的先进性、适用性和超前性，便于学生自学和指导工程实践。

本书由长期担任"建筑工程质量评定与验收"课程教学工作的教师及企业管理人员共同编写。本书由刘悦、尹国英主编，王月、周婵芳、董羽、李盛楠、王萃萃参编，刘悦负责统稿，佟磊、曾迅、刘丽担任主审。参加编写的人员还有企业人员佟磊、曾迅。具体编写分工为：项目1单元1由辽宁城市建设职业技术学院王月编写；项目1单元2任务1至任务3、任务6至任务9由辽宁城市建设职业技术学院刘悦编写；项目1单元2任务4、任务5由辽宁城市建设职业技术学院尹国英编写；项目1单元3任务1由辽宁城市建设职业技术学院李盛楠编写；项目1单元3任务2由辽宁城市建设职业技术学院王萃萃编写；项目1单元4由辽宁城市建设职业技术学院董羽编写；项目2由辽宁城市建设职业技术学院周婵芳编写；工作页部分由中海鼎业房地产开发有限公司佟磊、沈阳燕盟建筑设计咨询有限公司曾迅编写。

在本书的编写过程中，虽然反复斟酌修改，但限于编者水平和经验，书中难免有不足之处，恳请读者批评指正。

目　　录

项目 1　框架结构质量验收

单元 1 桩基础工程质量验收

【知识目标】 掌握土方工程验收流程及方法；掌握基坑工程验收流程及方法；掌握土方地基处理验收流程及方法；掌握桩基础工程验收流程及方法；掌握地下防水工程验收流程及方法，掌握常见地基与基础质量问题的处理方法；掌握桩基础工程检验批、分项❶、分部❷工程质量验收记录填写方法。

【能力目标】 能进行土方工程、基坑工程、桩基础工程、地下防水工程工程验收；能处理常见地基与基础质量问题；能正确使用规范进行验收记录填写；能正确分析处理常见地基与基础质量问题。

【素质目标】 具有规范工作习惯；具有信息获取能力；具有良好职业行为；具有团结协作能力；具有语言表达能力。

---

❶ 分项工程是分部工程的组成部分，可按主要工种、材料、施工工艺、设备类别进行划分。
❷ 分部工程是单位工程的组成部分，一般按专业性质、工程部位或特点、功能和工程量确定。

情景设计：

总任务——辽宁城建学院土建实训场三层框架结构办公楼，本工程于 2015 年 4 月开工，采用桩基础，于 2015 年 7 月完成基础的全部工程，参考施工图纸和施工方案，完成地基基础的质量验收，目前需要小组合作完成地基基础工程检查，具体要求：

（1）要求在规定时间内完成分部工程或子分部工程质量检查；

（2）要求在规定时间内完成分部工程或子分部工程质量问题分析；

（3）填写地基基础工程相关分项工程检验批验收记录。

具体安排：

全班分组完成任务，每组最多 5 人，按班级实际人数进行分组。教师为监理工程师，其中每组为质检小组。

学习依据：

（1）《建筑工程施工质量验收统一标准》GB 50300—2013；

（2）《建筑地基基础工程施工质量验收规范》GB 50202—2002；

（3）《混凝土结构工程施工规范》GB 50666—2011；

（4）《地下防水工程质量验收规范》GB 50208—2011；

（5）《混凝土结构工程施工质量验收规范》GB 50204—2015；

（6）《建设工程文件归档规范》GB/T 50328—2014；

（7）其他相关的技术规程、规定、标准。

导言：

根据现行国家标准《建筑工程施工质量验收统一标准》GB 50300—2013 的有关规定，对地基与基础施工现场和施工项目的质量管理体系和质量保证体系提出了要求。施工单位应推行生产控制和合格控制的全过程质量控制。对施工现场质量管理，要求有相应的技术标准、健全的质量管理体系、施工质量控制和质量检验制度；对具体的施工项目，要求有经审查批准的施工方案。上述要求应能在施工过程中有效运行。施工方案应按程序审批，对涉及地基基础安全和人身安全的内容，应有明确的规定和相应的措施。

地基与基础分部工程的子分部工程、分项工程划分见表 1-1。

地基与基础分部工程的子分部工程、分项工程划分　　　　　表 1-1

分部工程	子分部工程	分项工程
地基与基础	地基	素土、灰土地基，砂和砂石地基土工合成材料地基，粉煤灰地基，强夯地基，注浆地基，预压地基，砂石桩复合地基，高压旋喷注浆地基，水泥土搅拌桩地基，土和灰土挤密桩复合地基，水泥粉煤灰碎石桩复合地基，夯实水泥土桩复合地基
	基础	无筋扩展基础，钢筋混凝土扩展基础，筏形与箱形基础，钢结构基础，钢管混凝土结构基础，型钢混凝土结构基础，钢筋混凝土预制桩基础，泥浆护壁成孔灌注桩基础，干作业成孔桩基础，长螺旋钻孔压灌桩基础，沉管灌注桩基础，钢桩基础，锚杆静压桩基础，岩石锚杆基础，沉井与沉箱基础
	基坑支护	灌注桩排桩围护墙，板桩围护墙，咬合桩围护墙，型钢水泥土搅拌墙，土钉墙，地下连续墙，水泥土重力式挡墙，内支撑，锚杆，与主体结构相结合的基坑支护
	地下水控制	降水与排水，回灌
	土方	土方开挖，土方回填，场地平整
	边坡	喷锚支护，挡土墙，边坡开挖
	地下防水	主体结构防水，细部结构防水，特殊施工法结构防水，排水，注浆

该分部工程验收按照承包单位自评，勘察、设计单位认可，监理单位核定，建设单位验收，政府监督的原则进行。

该分部工程验收按以下程序进行：

(1) 实地查验工程施工质量；

(2) 审阅工程档案资料；

(3) 建设、勘察、设计、施工、监理单位分别汇报工程合同履约情况和本工程建设各个环节执行法律、法规和工程建设强制性标准的情况；

(4) 对该分部工程施工质量作出总体评价，形成经验收组人员签署的验收意见。

检验批是工程质量验收的基本单元。检验批的划分和数量确定，应视工程的特点（如施工段、结构缝、楼层、部位、工艺、系统等）情况进行确定，这样便于质量管理和工程质量控制，也便于质量验收。检验批划分，实质是分项工程验收批数量的确定，一个分项工程可按工程的特点分为一个或若干个检验批进行验收；而在检验批划分和数量确定时，则应按下列各分部工程相关要求进行划分和确定。检验批通常按下列原则划分：

(1) 无支护土方子分部：包含土方开挖、土方回填等分项，应按施工流水段（分段开挖）、结构缝（后浇带等）划分为若干个检验批。

(2) 有支护土方子分部：包含井点降水、地下连续墙、土钉墙、支撑等分项，按施工流水段（分段、分层开挖、支撑形式）、结构缝（后浇带等）或机械分组划分为若干个检验批。

(3) 地基及基础处理子分部：包含注浆地基、水泥土搅拌桩等分项，按施工流水段（部位）、工艺或机械分组划分为若干个检验批。

(4) 桩基子分部：包含混凝土预制桩、PHC桩、钢管桩、灌注桩等分项，按施工流水段、品种规格、沉桩方法、工作条件或机械分组划分为若干个检验批。

(5) 其他子分部（地下防水、基础等），按地下层、结构缝、施工流水段划分为若干个检验批。其中防水分项工程，除按本条要求划分以外，并按不同设计材料、工艺要求划分检验批，纳入防水分项工程。

任务 1　检查土方工程质量

子情景：

接收项目后，工程按照施工进度计划已经完成实训场的土方工程，需要进行土方工程的质量检查。具体要求如下：

(1) 以小组为单位确定验收程序；

(2) 要求查阅图纸确定检验批；

(3) 要求确定验收要点；

(4) 填写土方工程工程检验批质量验收记录；

(5) 评定土方工程工程质量是否合格。

导言：

土方开挖施工必须按《危险性较大的分部分项工程安全管理办法》（建质〔2009〕87号文）的规定执行。开挖深度超过3m（含3m）或虽未超过3m但地质条件和周边环境复杂的基坑（槽）支护；开挖深度超过 3m（含 3m）的基坑（槽）的土方开挖工程，属于危险性较大的分部分项工程范围。开挖深度超过 5m（含 5m）的基坑（槽）的土方开挖以及开挖深度虽未超过 5m，但地质条件、周围环境和地下管线复杂，或影响毗邻建筑（构筑）物安全的基坑（槽）的土方开挖工程，属于超过一定规模的危险性较大的分部分项工程范围。

专项施工方案的编制：

（1）土方开挖之前要根据土质情况、基坑深度以及周边环境确定开挖方案和支护方案，深基坑或土层条件复杂的工程应委托具有岩土工程专业资质的单位进行边坡支护的专项设计。

（2）编制专项施工方案的范围：

1）开挖深度超过 3m（含 3m）或虽未超过 3m 但地质条件和周边环境复杂的基坑（槽）支护、降水工程；

2）开挖深度超过 3m（含 3m）的基坑（槽）的土方开挖工程。

（3）编制专项施工方案且进行专家论证的范围：

1）开挖深度超过 5m（含 5m）的基坑（槽）的土方开挖、支护、降水工程；

2）开挖深度虽未超过 5m，但地质条件、周围环境和地下管线复杂，或影响毗邻建筑（构筑）物安全的基坑（槽）的土方开挖、支护、降水工程。深基坑工程专项施工方案还需进行专家论证。

（4）土方开挖专项施工方案的主要内容应包括：放坡要求、支护结构设计、机械选择、开挖时间、开挖顺序、分层开挖深度、坡道位置、车辆进出道路、降水措施及监测要求等。

验收程序：

建设工程地基与基础工程验收按施工企业自评、设计认可、监理核定、业主验收、政府监督的程序进行。

总监理工程师（建设单位项目负责人）组织对地基与基础分部工程验收时，必须有以下人员参加：总监理工程师、建设单位项目负责人、设计单位项目负责人、勘察单位项目负责人、施工单位技术质量负责人及项目经理等。

1. 土方开挖质量验收

（1）土方开挖检查内容

具体检查内容包括：标高、长度、宽度（由设计中心线向两边量）、边坡、表面平整度、基底土性（表 1-2）。

土方开挖工程质量检验标准　　　　　　　　　　　　　　　表 1-2

项	序	项目	允许偏差或允许值（mm）					检验方法
			柱基基坑基槽	挖方场地平整		管沟	地（路）面基层	
				人工	机械			
主控项目	1	标高	−50	±30	+50	−50	−50	水准仪
	2	长度、宽度（由设计中心线向两边量）	+200 −50	+300 −100	+500 −150	+10 0	—	经纬仪、钢尺量
	3	边坡	设计要求					观察或用坡度尺检查
一般项目	1	表面平整度	20	20	50	20	20	用 2m 靠尺和楔形塞尺检查
	2	基底土性	设计要求					观察检查或土样分析

（2）检查方法

1）主控项目：

① 标高。主要是指挖后的基底标高，用水准仪测量，检查测量记录。

② 长度、宽度。主要是指基底的宽度、长度，用经纬仪、拉线尺量检查等，检查测量记录。

③ 边坡。符合设计要求，按表 1-2 观察检查或用坡度尺检查，只能坡不能陡。

2）一般项目：

① 表面平整度。主要是指基底，用 2m 靠尺和楔形塞尺检查。

② 基底土性。符合设计要求，观察检查或土样分析，通常请勘察、设计单位来验槽，形成验槽记录。

土方开挖前检查定位放线、排水和降低地下水位系统，合理安排土方运输车的行走路线及弃土场。

施工过程中检查平面位置、水平标高、边坡坡度、压实度、排水、降低地下水位系统，并随时观测周围的环境变化。

施工完成后，进行验槽。形成施工记录及检验报告，检查施工记录及验槽报告。

注：临时性挖方的边坡值应符合表 1-3 的规定。

临时性挖方边坡值　　　　　　　　　　　　　　　　　表 1-3

土的类别		边坡坡度（高：宽）
砂土（不包括细砂、粉砂）		1：1.25～1：1.50
一般性黏土	硬	1：0.75～1：1.00
	硬、塑	1：1.00～1：1.25
	软	1：1.50 或更缓
碎石类土	充真坚硬、硬塑黏性土	1：0.50～1：1.00
	充填砂土	1：1.00～1：1.50

检查数量：在同一检验批内，平整场地的表面应逐点检查。如设计无要求时，排水沟方向的坡度不应小于 2‰。平整后的场地表面应逐点检查，检查点为每 $100 \sim 400 \mathrm{m}^2$ 取 1 点，但不应少于 10 点；长度、宽度和边坡均为每 20m 取 1 点，每边不应少于 1 点。

总监理工程师应组织专业监理工程师依据法律、法规、工程建设强制标准及施工合同，对承包单位报送的竣工资料进行审查，并对现场工程质量进行预验收。对于预验收过程存在的问题应及时要求承包单位整改，整改完成由总监理工程师签署工程竣工报验单，上报建设单位，经建设单位审核确认已具备验收条件，则由建设单位组织测绘、监理及施工单位进行正式验收。

（3）常见质量问题分析

1）钎探深度不足，钎探结论不明确。

预防措施：

钎探的目的是为了探明基底的基础持力层内有无坟坑、墓穴、防空洞以及土质不均匀等情况，一般来说持力层深度为条基宽度的 3 倍左右，独立基础边长的 1.5 倍，且二者均不小于 5m。所以目前我们工程中实际钎探的深度达不到地基的主要持力层深度，因此应由设计明确钎探深度，并应按设计要求的深度进行钎探。在建筑工程开槽挖至设计标高后，应按设计要求进行钎探，并应做好记录；钎探记录包括钎探点平面布置图和钎探记录表，钎探记录应有钎探结论，并应符合下列要求：

① 钎探点平面布置图应与实际基槽（坑）相一致，应标出方向及基槽（坑）各轴线，各轴线号要与设计基础图相一致。

② 钎探点的布置应符合工程设计文件及有关规范、标准的要求。

③ 钎探平面布置图上各点应与现场各钎探点一一对应，不得有误；图上各点应沿基槽（坑）方向按顺序编号，并将距槽边的尺寸、布点形式详细标注在图上。

④ 钎探记录表中各步锤数应为现场实际打钎的锤击数，钎探深度应符合设计要求。钎探过程中如出现异常情况，应在备注栏中注明。

⑤ 地基需作处理时，应将处理部位的尺寸、标高、轴线位置等情况详细标注到钎探平面图中，并应有处理情况的检查验收记录。

2）地基验槽内容不全面。

预防措施：

① 基槽检验工作应包括下列内容：

应做好验槽准备工作，熟悉勘察报告，了解拟建建筑物的类型和特点，研究基础设计图纸及环境监测资料。当遇有下列情况时，应列为验槽的重点：

a. 当持力土层的顶部标高有较大的起伏变化时；

b. 基础范围内存在两种以上不同成因类型的地层时；

c. 基础范围内存在局部异常土质或坑穴、古井、老地基或古迹遗址时；

d. 基础范围内遇有断层破碎带、软弱岩脉以及湮废河、湖、沟、坑等不良地质条件时；

e. 在雨期或冬期等不良气候条件下施工，基底土质可能受到影响时。

② 验槽应首先核对基槽的施工位置。平面尺寸和槽底标高的允许误差，可视具体的工程情况和基础类型确定。验槽方法宜使用袖珍贯入仪等简便易行的方法为主，必要时可在槽底普遍进行轻便钎探，当持力层下埋有下卧砂层而承压水头高于基底时，则不宜进行钎探，以免造成涌砂。当施工揭露的岩土条件与勘察报告有较大差别或者验槽人员认为必要时，可有针对性地进行补充勘察工作。

③ 基槽检验报告是岩土工程的重要技术档案，应做到资料齐全，及时归档。

（4）验收表格（表1-4）

土方开挖工程检验批质量验收记录表　　　　　　　　　　表1-4

010101□□

单位（子单位）工程名称							
分部（子分部）工程名称						验收部位	
施工单位						项目经理	
分包单位						分包项目经理	
施工执行标准名称及编号							
施工质量验收规范的规定						施工单位检查评定记录	监理（建设）单位验收记录
项目		柱基基坑基槽	挖方场地平整		管沟	地（路）面基层		
			人工	机械				
主控项目	1	标高	−50	±30	±50	−50	−50		
	2	长度、宽度（由设计中心线向两边量）	+200 −50	+300 −100	+500 −150	+10 0	—		
	3	边坡	设计要求						

续表

施工质量验收规范的规定						施工单位检查评定记录	监理（建设）单位验收记录
项目		允许偏差或允许值（mm）					
		柱基基坑基槽	挖方场地平整		管沟	地（路）面基层		
			人工	机械				
一般项目	1	表面平整度	20	20	50	20	20		
	2	基底土性	设计要求						

施工单位检查评定结果	专业工长（施工员）		施工班组长	
	项目专业质量检查员：			年 月 日

监理（建设）单位验收结论	专业监理工程师： （建设单位项目专业技术负责人）：		年 月 日

2. 土方回填质量验收

土方回填前应清除基底的垃圾、树根等杂物，抽除坑穴积水、淤泥，验收基底标高。如在耕植土上填方，应在基底压实后再进行。

（1）土方回填检查内容

具体检查内容包括：排水措施，每层填筑厚度、含水量控制压实程度。填筑厚度及压实遍数应根据土质、压实系数及所用机具确定（表1-5）。

填土施工时的分层厚度及压实遍数　　　　　　　　表 1-5

压实机具	分层厚度（mm）	每层压实遍数
平碾	250～300	6～8
振动压实机	250～350	3～4
柴油打夯机	200～250	3～4
人工打夯	<200	3～4

填方施工结束后，应检查标高、边坡坡度、压实程度等，检验标准应符合表1-6的规定。

填土工程质量检验标准（mm）　　　　　　　　表 1-6

项	序	项目	允许偏差或允许值					检验方法
			柱基基坑基槽	挖方场地平整		管沟	地（路）面基层	
				人工	机械			
主控项目	1	标高	−50	±30	±50	−50	−50	水准仪
	2	分层压实系数	设计要求					按规定方法
一般项目	1	回填土料	设计要求					取样检查或直观鉴别
	2	分层厚度及含水量	设计要求					水准仪及抽样检查
	3	表面平整度	20	20	30	20	20	用靠尺或水准仪

（2）检查方法

1）主控项目：

① 标高。主要是指回填后的表面标高，用水准仪测量，检查测量记录。

② 分层压实系数。符合设计要求。按规定方法取样，试验测量，不满足要求时随时进行返工处理，直到达到要求。检查测试记录。

2）一般项目：

① 回填土料。符合设计要求。取样检查或直观鉴别，做出记录，检查试验报告。

② 分层厚度及含水量。符合设计要求。用水准仪检查分层厚度，取样检测含水量，检查施工记录和试验报告。

③ 表面平整度。用水准仪或靠尺检查，控制在允许偏差范围内。

土方回填前清除基底的垃圾、树根等杂物，去除积水、淤泥，验收基底标高。如在松土上填方，在基底压实后再进行。填方土料按设计要求验收。

填方施工中检查排水措施，每层填筑厚度、含水量控制、压实程度。填筑厚度及压实遍数应根据土质，压实系数及所用机具确定。

检查数量：在同一检验批内，对于大基坑每层 50～100m² 应不少于 1 个检验点；对基槽每层 10～20m 应不少于 1 个点；每个单独柱基每层应不少于一个点。

（3）常见质量问题分析

1）橡皮土。

橡皮土又称弹簧土，填土夯打后土体发生颤动，形成软塑状态，而体积并没有压缩。

预防措施：

夯实填土时，适当控制土体的含水率，避免在含水率过大的原状土上进行回填。实际施工中可用干土石灰粉等吸水材料均匀掺入土中降低含水量；或将橡皮土翻松、晾干、风干至最优含水量范围后再夯实。

2）回填土密实度达不到要求，沉陷。

预防措施：

① 选择符合要求的土料回填，控制土料中不得含有直径大于 50cm 的土块及较多的干土块；按所选用的压实机械性能，通过实验确定含水量控制范围内每层虚铺厚度、压实遍数、机械行驶速度；严格进行水平分层回填压（夯）实；加强现场检验，使其达到要求的密实度。

② 如土料不合要求，可采取换土或掺入石灰、碎石等压实加固措施；土料含水量过大，可采取翻松、晾晒、风干或掺入干土重新压（夯）实；含水量过小或碾压机具能量过小，可采取增加压实遍数或使用大功率压实机械碾压等措施。

③ 回填前，将槽（坑）中积水排净，淤泥、松土、杂物清理干净，将地坑、坟坑、积水坑等进行认真处理。

3）基础施工完毕后不及时回填。

预防措施：

基础施工完毕后，应及时进行基坑回填工作。回填基坑时，应先清除基坑中的杂物，并应在相对的两侧同时回填并分层夯实。

及时进行基础回填土施工的重要性：回填不及时直接影响地下结构的耐久性；基底持

力层可能会受到浸泡、冻胀或其他扰动。

（4）验收表格（表 1-7）

土方回填工程检验批质量验收记录表　　　　　　　表 1-7

010102□□

单位（子单位）工程名称							
分部（子分部）工程名称						验收部位	
施工单位						项目经理	
分包单位						分包项目经理	
施工执行标准名称及编号							
施工质量验收规范的规定							

检查项目			允许偏差或允许值（mm）					施工单位检查评定记录	监理（建设）单位验收记录
			桩基基坑基槽	场地平整		管沟	地（路）面基础层		
				人工	机械				
主控项目	1	标高	−50	±30	±50	−50	−50		
	2	分层压实系数	设计要求						
一般项目	1	回填土料	设计要求						
	2	分层厚度及含水量	设计要求						
	3	表面平整度	20	20	30	20	20		

施工单位检查评定结果	专业工长（施工员）		施工班组长	
	项目专业质量检查员：　　　　　　　　　　　　　年　月　日			

监理（建设）单位验收结论	专业监理工程师： （建设单位项目专业技术负责人）：　　　　　　　年　月　日

【拓展提高】

某工程土方开挖工程已经结束，施工单位进行自检，检验批质量验收记录，一份评定结果详见表 1-8，该土方开挖工程评定是否符合规定？如不符合规定，说明理由。

土方开挖工程检验批质量验收记录表　　　　　　　表 1-8

010101□□

单位（子单位）工程名称	×××住宅楼		
分部（子分部）工程名称	地基与基础（无支护土方子分部）	验收部位	1-3/A-N 轴线地沟
施工单位	×××工程总公司十公司	项目经理	王××
分包单位		分包项目经理	
施工执行标准名称及编号	建筑地基基础工程施工质量验收规范　GB 50202—2002		

续表

施工质量验收规范的规定							施工单位检查评定记录	监理（建设）单位验收记录
检查项目		允许偏差或允许值（mm）						
		柱基基坑基槽 □	挖方场地平整		管沟 □	地（路）面基层 □		
			人工 □	机械 ■				
主控项目	1　标高	−50	±30	±50	−50	−50	30、25、40、50、55、45	□施工质量抽样检验合格，具有完整的施工操作依据，质量检查记录符合设计及施工质量验收规范要求。□不符合要求，返工处理
	2　长度、宽度（由设计中心线向两边量）	+200 −50	+300 −100	+500 −150	100	—	+300、−120、+350、+320、−100	
	3　过坡	设计要求					符合施工质量验收规范"检查记录"	
		观察或用坡度尺检查						
一般项目	1　表面平整度	20	20	50	20	20	20、25、35、30、45、50	□施工质量抽样检验合格，具有完整的施工操作依据，质量检查记录符合质量验收规范要求。□不符合要求，返工处理
	2　基底土性	设计要求					符合施工质量验收规范"检查记录"	
		观察或土样分析						

施工单位检查评定结果	专业工长（施工员）	施工班组长
	■　主控项目和一般项目全部合格，符合设计及施工质量验收规范要求。	
	项目专业质量检查员：	2006 年 10 月 20 日

监理（建设）单位验收结论	□　同意验收。　　　　□　不同意验收，需返工处理再组织验收。□　经返工处理后，同意验收。
	专业监理工程师：（建设单位项目专业技术负责人）　　　　　　　　　　　　　年　月　日

【课后自测及相关实训】

1. 土方工程相关工作页。
2. 以小组为单位按照给出资料完成工作页中检验批质量验收记录。

任务 2　检查基坑工程质量

子情景：

接收项目后，工程按照施工进度计划已经完成实训场的土方的开挖，开挖深度 6.5m，地下水位高 2m，为防止边坡失稳采用土钉墙（锚杆）支护，土方工程，需要进行基坑支护的质量检查。具体要求如下：

（1）以小组为单位确定验收程序；

（2）要求查阅图纸确定检验批；

（3）要求确定验收要点；

（4）填写基坑工程工程检验批质量验收记录；

（5）评定基坑工程质量是否合格。

导言：

基坑支护必须按《危险性较大的分部分项工程安全管理办法》（建质〔2009〕87号文）的规定执行。开挖深度超过3m（含3m）或虽未超过3m但地质条件和周边环境复杂的基坑（槽）支护，属于危险性较大的分部分项工程范围。开挖深度超过5m（含5m）的基坑（槽）的支护工程以及开挖深度虽未超过5m，但地质条件、周围环境和地下管线复杂，或影响毗邻建筑（构筑）物安全的基坑（槽）的支护工程，属于超过一定规模的危险性较大的分部分项工程范围。

专项施工方案的编制：

（1）土方开挖之前要根据土质情况、基坑深度以及周边环境确定开挖方案和支护方案，深基坑或土层条件复杂的工程应委托具有岩土工程专业资质的单位进行边坡支护的专项设计。

（2）编制专项施工方案的范围：

开挖深度超过3m（含3m）或虽未超过3m但地质条件和周边环境复杂的基坑（槽）支护、降水工程。

（3）编制专项施工方案且进行专家论证的范围：

1）开挖深度超过5m（含5m）的基坑（槽）的土方开挖、支护、降水工程。

2）开挖深度虽未超过5m，但地质条件、周围环境和地下管线复杂，或影响毗邻建筑（构筑）物安全的基坑（槽）的土方开挖、支护、降水工程。

1. 基坑降水与排水质量验收

（1）基坑降水与排水检查内容

具体检查内容包括：排水沟坡度、井管（点）垂直度、井管（点）间距（与设计相比）、井管（点）插入深度（与设计相比）、过滤砂砾料填灌（与计算值相比）、井点真空度、电渗井点阴阳距离。

① 降水与排水配合基坑开挖的安全措施，施工前应有降水与排水设计。当在基坑外降水时，应有降水范围的估算，对重要建筑物或公共设施在降水过程中应监测。

② 对不同的土质应用不同的降水形式，表1-9为常用的降水形式。

降水类型及适用条件 表1-9

降水类型 / 适用条件	渗透系数（cm/s）	可能降低的水位深度（m）
轻型井点多级轻型井点	$10^{-2} \sim 10^{-5}$	3～6 6～12
喷射井点	$10^{-3} \sim 10^{-6}$	8～20
电渗井点	$< 10^{-6}$	宜配合其他形式降水使用
深井井管	$\geqslant 10^{-5}$	>10

③ 降水系统施工完后，应试运转，如发现井管失效，应采取措施使其恢复正常，如无可能恢复则应报废，另行设置新的井管。

④ 降水系统运转过程中应随时检查观测孔中的水位。

⑤ 基坑内明排水应设置排水沟及集水井，排水沟纵坡宜控制在1‰～2‰。

⑥ 降水与排水施工的质量检验标准应符合表1-10的规定。

降水与排水施工的质量检验标准　　　　　　表 1-10

序号	检查项目	允许偏差或允许值		检查方法
		单位	数值	
1	排水沟坡度	$^0/_{00}$	1～2	目测：坑内不积水，沟内排水畅通
2	井管（点）垂直度	％	1	插管时目测
3	井管（点）间距（与设计相比）	％	≤150	用钢尺量
4	井管（点）插入深度（与设计相比）	mm	≤200	水准仪
5	过滤砂砾料填灌（与计算值相比）	mm	≤5	检查回填料用量
6	井点真空度： 轻型井点 喷射井点	kPa	＞60 ＞93	真空度表
7	电渗井点阴阳极距离： 轻型井点 喷射井点	mm	80～100 120～150	用钢尺量

（2）检查方法

检验批划分：相同材料、工艺和施工条件的降水与排水工程，按 500～1000m² 划分为一个检验批，不足 500m² 的也必须划为一个检验批。施工前，应由施工单位制定分项工程和检验批的划分方案，并由监理单位审核。检验批抽样样本应随机抽取，满足分布均匀、具有代表性的要求，抽样数量应符合有关专业验收规范的规定。

检查数量：单位工程不少于 3 点，1000m² 以上的工程每 100m² 至少应检 1 点。

一般项目：抽检数量中应有 80％ 及以上合格。检查方法和检查点数应符合下列规定：

排水沟坡度：观察检查，达到坑内无积水，沟内排水畅通。

井管（点）垂直度：插管时观察检查。

井管（点）间距：尺量检查。

井管（点）插入深度：用水准仪检查。

过滤砂料填灌：检查回填料用量。

井点真空度：真空度表检查。

电渗井点阴阳极距离：尺量检查。

检查点数量：每项各检 1 点。

（3）常见质量问题分析

基坑降水是土方工程、地基与基础工程施工中的一项重要技术措施，能排除基坑土中的水分，促使土体固结，提高地基强度。同时可以减少土坡土体侧向位移与沉降，稳定边坡，消除流砂，减少基底土的隆起，使位于天然地下水以下的地基与基础工程施工能避免地下水的影响，提供比较干的施工条件，还可以减少土方量、缩短工期、提高工程质量和保证施工安全。在工程实践中，采用合理的降水方案可以方便施工组织，降低成本，缩短工期，产生可观的经济效益。

基坑底土体隆起的原因及防治措施：

1）现象

由于土体的弹性和坑外土体向坑内方向挤压，坑底土体产生回弹、隆起变形。导致构造物建造后产生过量的土体压缩、沉降变形。

2) 原因分析

基坑开挖等于基坑内地基卸荷，土体中压力减少，产生土体的弹性效应，另外由于坑外土体压力大于坑内，引起向坑内方向挤压的作用，使坑内土体产生回弹、隆起变形，其回弹变形量的大小与地质条件、基坑面积大小、围护结构插入土体的深度、坑内有无积水、基坑暴露时间、开挖顺序、开挖深度以及开挖方式等有关。

3) 预防措施

① 合理组织开挖施工，较大面积基坑可采用分段开挖、分段浇筑垫层进行施工，以减少基坑暴露时间。

② 做好坑内排水工作，防止坑内积水。

③ 可采取坑内地基加固的技术措施，通过计算确定加固地基土的深度。

4) 治理方法

① 坑外卸载，挖去一定范围内土体。

② 坑内卸载或沿坑内周插入板桩，达到防止坑外土向内挤压的目的。

③ 坑内按实际情况作坑底地基土加固，然后挖去隆起的土体至标高。

(4) 验收表格（表 1-11）

降水与排水工程检验批质量验收记录表　　　　表 1-11

010202□□

单位（子单位）工程名称					
分部（子分部）工程名称				验收部位	
施工单位				项目经理	
分包单位				分包项目经理	
施工执行标准名称及编号					
施工质量验收规范的规定				施工单位检查评定记录	监理（建设）单位验收记录
一般项目	1	排水沟坡度	1‰～2‰		
	2	井管（点）垂直度	1%		
	3	井管（点）间距（与设计相比）	≤150%		
	4	井管（点）插入深度（与设计相比）	≤200mm		
	5	过滤砂砾料填灌（与计算值相比）	≤5mm		
	6	井点真空度：轻型井点 　　　　　喷射井点	>60kPa >93kPa		
	7	电渗井点阴阳距离：轻型井点 　　　　　　　　喷射井点	80～100mm 120～150mm		
施工单位检查评定结果	专业工长（施工员）			施工班组长	
	项目专业质量检查员：　　　　　　　年　　月　　日				
监理（建设）单位验收结论	专业监理工程师： （建设单位项目专业技术负责人）：　　　　　　年　　月　　日				

2. 基坑支护质量验收

（1）基坑支护检查内容

具体检查内容包括：锚杆土钉长度、锚杆锁定力、锚杆或土钉位置、钻孔倾斜度、浆体强度、注浆量、土钉墙面厚度、墙体强度，见表 1-12。

锚杆及土钉墙支护工程质量检验标准　　　　　　　　表 1-12

项目	序号	检查项目	允许偏差或允许值		检查方法
			单位	数值	
主控项目	1	锚杆土钉长度	mm	±30	用钢尺量
	2	锚杆锁定力	设计要求		现场实测
一般项目	1	锚杆或土钉位置	mm	±100	用钢尺量
	2	钻孔倾斜度	°	±1	测钻机倾角
	3	浆体强度	设计要求		试样送检
	4	注浆量	大于理论计算浆量		检查计量数据
	5	土钉墙面厚度	mm	±10	用钢尺量
	6	墙体强度	设计要求		试样送检

（2）检查方法

1）主控项目

① 锚杆工程所用原材料，钢材、水泥浆、水泥砂浆强度等级，必须符合设计要求，锚具应有出厂合格证和试验报告。

② 锚固体的直径、标高、深度和倾角必须符合设计要求。

③ 锚杆的组装和安放必须符合《岩土锚杆（索）技术规程》CECS 22：2005 的要求。

④ 锚杆的张拉、锁定和防锈处理，必须符合设计和施工规范的要求。

⑤ 土层锚杆的试验和监测，必须符合设计和施工规范的规定。

2）一般项目

① 水泥砂浆必须经过试验，并符合设计和施工规范的要求，有合格的试验资料。

② 进行张拉和锁定时，台座的承压面应平整，并与锚杆的轴线方向垂直。

③ 进行基本试验时，所施加最大试验荷载不应超过钢丝、钢绞线、钢筋强度标准值的 80%。

④ 基本试验所得的总弹性位移应超过自由段长度理论弹性伸长的 80%，且小于自由段长度与 1/2 锚固段长度之和的理论弹性伸长。

⑤ 注浆强度及喷射混凝土强度检验。用于注浆时的水泥浆或水泥砂浆强度用 70mm×70mm×70mm 立方体试件经标准养护后测定，每批至少留取 3 组（每组 3 块）试件，给出 3d 和 28d 强度，注浆强度等级不低于 12MPa，3d 不低于 6MPa；喷射混凝土强度可用边长 100mm 立方体试块进行测定，制作试块时应将试模底面紧贴边壁，从侧向喷入混凝土，每批至少取 3 组（每组 3 块）试件，强度等级不低于 C20，3d 不低于 10MPa。

⑥ 喷射混凝土厚度检验。喷射混凝土厚度，可采用凿孔法作为检查依据，也可以用混凝土厚度标志或其他方法检查，有争议时以凿孔法为准。检查数量为每 100m² 取一组，每组不少于 3 个点，其合格条件可定为：全部检查处厚度平均值应大于设计厚度，最小厚度不应小于设计厚度的 80%。

（3）验收表格（表 1-13）

锚杆及土钉墙支护工程检验批质量验收记录表　　　　表 1-13

010204□□

单位（子单位）工程名称					
分部（子分部）工程名称				验收部位	
施工单位				项目经理	
分包单位				分包项目经理	
施工执行标准名称及编号					

施工质量验收规范的规定				施工单位检查评定记录	监理（建设）单位验收记录
主控项目	1	锚杆土钉长度	±30mm		
	2	锚杆锁定力	设计要求		
一般项目	1	锚杆或土钉位置	±100mm		
	2	钻孔倾斜度	±1°		
	3	浆体强度	设计要求		
	4	注浆量	>1		
	5	土钉墙面厚度	±10mm		
	6	墙体强度	设计要求		

施工单位检查评定结果	专业工长（施工员）		施工班组长	
	项目专业质量检查员：　　　　　　　　　　　　　　　年　月　日			

监理（建设）单位验收结论	专业监理工程师： （建设单位项目专业技术负责人）：　　　　　　　　　年　月　日

【知识链接】

一、土钉墙施工工艺流程图（图 1-1）

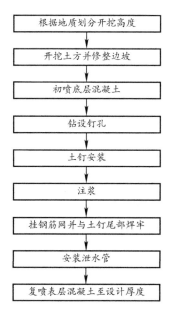

根据地质划分开挖高度

开挖土方并修整边坡

初喷底层混凝土

钻设钉孔

土钉安装

注浆

挂钢筋网并与土钉尾部焊牢

安装泄水管

复喷表层混凝土至设计厚度

图 1-1　流程图

二、地下水控制技术方案选择

（1）地下水控制应根据工程地质情况、基坑周边环境、支护结构形式选用截水、降水、集水明排或其组合的技术方案。

（2）在软土地区开挖深度浅时，可边开挖边用排水沟和集水井进行集水明排；当基坑开挖深度超过 3m，一般就要用井点降水。当因降水而危及基坑及周边环境安全时，宜采用截水或回灌方法。

（3）当基坑底为隔水层且层底作用有承压水时，应进行坑底突涌验算。必要时可采取水平封底隔渗或钻孔减压措施，保证坑底土层稳定；避免突涌的发生。

三、基坑支护方式

（一）浅基坑支护

1. 斜柱支撑：水平挡土板钉在柱桩内侧，柱桩外侧用斜撑支顶，斜撑底端支在木桩上，在挡土板内侧回填土。适于开挖较大型、深度不大的基坑或使用机械挖土时。

2. 锚拉支撑：水平挡土板支在柱桩的内侧，柱桩一端打入土中，另一端用拉杆与锚桩拉紧，在挡土板内侧回填土。适于开挖较大型、深度较深的基坑或使用机械挖土，不能安设横撑时使用。

3. 型钢桩横挡板支撑：沿挡土位置预先打入钢轨、工字钢或 H 型钢桩，间距 1.0～1.5m，然后边挖方，边将 3～6cm 厚的挡土板塞进钢桩之间挡土，并在横向挡板与型钢桩之间打上楔子，使横板与土体紧密接触。适于地下水位较低、深度不很大的一般黏性土层或砂土层中使用。

4. 短桩横隔板支撑：打入小短木桩或钢桩，部分打入土中，部分露出地面，钉上水平挡土板，在背面填土、夯实。适于开挖宽度大的基坑，当部分地段下部放坡不够时使用。

5. 临时挡土墙支撑：沿坡脚用砖、石叠砌或用装水泥的聚丙烯扁丝编织袋、草袋装土、砂堆砌，使坡脚保持稳定。适于开挖宽度大的基坑，当部分地段下部放坡不够时使用。

6. 挡土灌注桩支护：在开挖基坑的周围，用钻机或洛阳铲成孔，桩径400～500mm，现场灌注钢筋混凝土桩，桩间距为1.0～1.5m，将桩间土方挖成外拱形，使之起土拱作用。适用于开挖较大、较浅（小于5m）基坑，邻近有建筑物，不允许背面地基有下沉、位移时采用。

7. 叠袋式挡墙支护：采用编织袋或草袋装碎石（砂砾石或土）堆砌成重力式挡墙作为基坑的支护，在墙下部砌500mm厚块石基础，墙底宽由1500～2000mm，顶宽适当放坡卸土1.0～1.5m，表面抹砂浆保护。适用于一般性土、面积大、开挖深度应在5m以内的浅基坑支护。

（二）深基坑支护

深基坑土方开挖，当施工现场不具备放坡条件，放坡无法保证施工安全，通过放坡及加设临时支撑已经不能满足施工需要时，一般采用支护结构进行临时支挡，以保证基坑的土壁稳定。支护结构的选型有排桩、地下连续墙、水泥土墙、逆作拱墙或采用上述形式的组合等。

1. 排桩支护

通常由支护桩、支撑（或土层锚杆）及防渗帷幕等组成。排桩可根据工程情况为悬臂式支护结构、拉锚式支护结构、内撑式支护结构和锚杆式支护结构。

适用条件：基坑侧壁安全等级为一级、二级、三级；适用于可采取降水或止水帷幕的基坑。

2. 地下连续墙

地下连续墙可与内支撑、逆作法、半逆作法结合使用，施工振动小、噪声低，墙体刚度大，防渗性能好，对周围地基扰动小，可以组成具有很大承载力的连续墙。地下连续墙宜同时用作主体地下结构外墙。

适用条件：基坑侧壁安全等级为一级、二级、三级；适用于周边环境条件复杂的深基坑。

3. 水泥土桩墙

水泥土桩墙，依靠其本身自重和刚度保护坑壁，一般不设支撑，特殊情况下经采取措施后也可局部加设支撑。水泥土墙有深层搅拌水泥土桩墙、高压旋喷桩墙等类型，通常呈格构式布置。

4. 逆作拱墙

当基坑平面形状适合时，可采用拱墙作为围护墙。拱墙有圆形闭合拱墙、椭圆形闭合拱墙和组合拱墙。对于组合拱墙，可将局部拱墙视为两铰拱。

适用条件：基坑侧壁安全等级宜为二、三级；淤泥和淤泥质土场地不宜采用；拱墙轴线的矢跨比不宜小于1/8；基坑深度不宜大于12m；地下水位高于基坑底面时，应采取降水或截水措施。

【拓展提高】

某上跨乡村道路的两跨简支梁小桥，其桥墩采用天然地基上的浅基础，使用明挖法施工，地质依次为3m黏土，以下为碎石土。地下水位线离地面2.7m。

题目（A）：写出天然地基上浅基础的施工顺序。

题目 (B)：写出两种基坑支护方法：_____、_____。

题目 (C)：针对地质情况，提出你认为可行的基坑排水方法，并写出该排水工程施工中的注意事项。

【课后自测及相关实训】

1. 基坑工程相关工作页。

2. 以小组为单位按照给出资料完成工作页中检验批质量验收记录。

任务 3 检查地基处理工程质量

子情景：

接收项目后，工程按照施工进度计划已经完成实训场的土方开挖工程，开挖需要进行土方工程的质量检查。具体要求如下：

(1) 以小组为单位确定验收程序；

(2) 要求查阅图纸确定检验批；

(3) 要求确定验收要点；

(4) 填写土方工程工程检验批质量验收记录；

(5) 评定土方工程工程质量是否合格。

导言：

随着地基处理设计水平的提高、施工工艺的改进和施工设备的更新，我国地基处理技术发展很快，对于各种不良地基，经过地基处理后，一般均能满足建造大型、重型或高层建筑的要求。由于地基处理的适用范围进一步扩大，地基处理项目的增多，用于地基处理的费用在工程建设投资中所占比重的不断增大。因而，地基处理的设计和施工必须认真贯彻执行国家的技术经济政策，做到安全适用、技术先进、经济合理、确保质量、保护环境。

1. 地基处理检查内容

搜集详细的工程质量、水文地质及地基基础的设计材料。根据结构类型、荷载大小及使用要求，结合地形地貌、土层结构、土质条件、地下水特征、周围环境和相邻建筑物等因素，初步选定几种可供考虑的地基处理方案。另外，在选择地基处理方案时，应同时考虑上部结构、基础和地基的共同作用；也可选用加强结构措施（如设置圈梁和沉降缝等）和处理地基相结合的方案。

对初步选定的各种地基处理方案，分别从处理效果、材料来源及消耗、机具条件、施工进度、环境影响等方面进行认真的技术经济分析和对比，根据安全可靠、施工方便、经济合理等原则，因地制宜地寻找最佳的处理方法。值得注意的是，每一种处理方法都有一定的适用范围、局限性和优缺点。没有一种处理方案是万能的。必要时也可选择两种或多种地基处理方法组成的综合方案。

对已选定的地基处理方法，应按建筑物重要性和场地复杂程度，可在有代表性的场地上进行相应的现场试验和试验性施工，并进行必要的测试以验算设计参数和检验处理效果。如达不到设计要求时，应查找原因、采取措施或修改设计，以达到满足设计要求为目的。

地基土层的变化是复杂多变的，因此，确定地基处理方案，一定要有经验的工程技术人员参加，对重大工程的设计一定要请专家们参加。当前有一些重大的工程，由于设计部门缺乏经验和过分保守，往往很多方案确定得不合理，浪费也很严重，必须引起有关领导的重视。

【知识链接】

1. 建筑地基土如何分类

根据《建筑地基基础设计规范》GB 50007—2011 和《岩土工程勘察规范》GB 50021—2001（2009 年版），将建筑地基分为人工填土、黏性土、粉土、砂土、碎石土、岩石和特殊土。

（1）人工填土：按填土的成分和形成方式分为素填土、杂填土和冲填土。

（2）黏性土：按塑性指数将黏性土分为黏土和粉质黏土。

$$17 < I_P \quad 黏土$$

$$10 < I_P \leqslant 17 \quad 粉质黏土$$

（3）粉土：粉土性质介于砂土和黏性土之间。$I_P \leqslant 10$ 且粒径 > 0.075mm 含量小于全重 50% 的土为粉土。

（4）砂土：砂土按粒径大小和占的重量比分为砾砂、粗砂、中砂、细砂和粉砂。

（5）碎石土：碎石土按粒径大小、形状和占的重量比分为漂石、块石、卵石、碎石、圆砾和角砾。

（6）岩石：岩石指颗粒间牢固连接，呈整体或具有节理裂隙的岩体。按牢固性分为硬质岩和软质岩。按风化程度分为微风化岩石、中风化岩石和强风化岩石。

（7）特殊土：土在特殊工程地质环境中生成时，具有特殊的物力学性质。我国不同地区分布有红黏土、膨胀土、湿陷性黄土、冻土、盐渍土、软土和山区土等特殊地基土。

2. 地基处理方法

常用的地基处理方法有：换填垫层法、强夯法、砂石桩法、振冲法、水泥土搅拌法、高压喷射注浆法、预压法、夯实水泥土桩法、水泥粉煤灰碎石桩（CFG 桩）法、石灰桩法、灰土挤密桩法和土挤密桩法、柱锤冲扩桩法、单液硅化法和碱液法等。

（1）换填垫层法

适用于浅层软弱地基及不均匀地基的处理。其主要作用是提高地基承载力，减少沉降量，加速软弱土层的排水固结，防止冻胀和消除膨胀土的胀缩。

（2）强夯法

适用于处理碎石土、砂土、低饱和度的粉土与黏性土、湿陷性黄土、杂填土和素填土等地基。强夯置换法适用于高饱和度的粉土，软-流塑的黏性土等地基上对变形控制不严的工程，在设计前必须通过现场试验确定其适用性和处理效果。强夯法和强夯置换法主要用来提高土的强度，减少压缩性，改善土体抵抗振动液化能力和消除土的湿陷性。对饱和黏性土宜结合堆载预压法和垂直排水法使用。

（3）砂石桩法

适用于挤密松散砂土、粉土、黏性土、素填土、杂填土等地基，提高地基的承载力和降低压缩性，也可用于处理可液化地基。对饱和黏土地基上变形控制不严的工程也可采用砂石桩置换处理，使砂石桩与软黏土构成复合地基，加速软土的排水固结，提高地基承载力。

（4）振冲法

分加填料和不加填料两种。加填料的通常称为振冲碎石桩法。振冲法适用于处理砂土、粉土、粉质黏土、素填土和杂填土等地基。对于处理不排水抗剪强度不小于 20kPa 的黏性土和饱和黄土地基，应在施工前通过现场试验确定其适用性。不加填料振冲加密适用于处理黏粒含量不大于 10% 的中、粗砂地基。振冲碎石桩主要用来提高地基承载力，减少地基沉降量，还可用来提高土坡的抗滑稳定性或提高土体的抗剪强度。

（5）水泥土搅拌法

分为浆液深层搅拌法（简称湿法）和粉体喷搅法（简称干法）。水泥土搅拌法适用于处理正常固结的淤泥与淤泥质土、黏性土、粉土、饱和黄土、素填土以及无流动地下水的饱和松散砂土等地基。不宜用于处理泥炭土、塑性指数大于 25 的黏土、地下水具有腐蚀性以及有机质含量较高的地基。若需采用时必须通过试验确定其适用性。当地基的天然含水量小于 30%（黄土含水量小于 25%）、大于 70% 或地下水的 pH 值小于 4 时不宜采用此法。连续搭接的水泥搅拌桩可作为基坑的止水帷幕，受其搅拌能力的限制，该法在地基承载力大于 140kPa 的黏性土和粉土地基中的应用有一定难度。

（6）高压喷射注浆法

适用于处理淤泥、淤泥质土、黏性土、粉土、砂土、人工填土和碎石土地基。当地基中含有较多的大粒径块石、大量植物根茎或较高的有机质时，应根据现场试验结果确定其适用性。对地下水流速度过大、喷射浆液无法在注浆套管周围凝固等情况不宜采用。高压旋喷桩的处理深度较大，除地基加固外，也可作为深基坑或大坝的止水帷幕，目前最大处理深度已超过 30m。

（7）预压法

适用于处理淤泥、淤泥质土、冲填土等饱和黏性土地基。按预压方法分为堆载预压法及真空预压法。堆载预压分塑料排水带或砂井地基堆载预压和天然地基堆载预压。当软土层厚度小于 4m 时，可采用天然地基堆载预压法处理，当软土层厚度超过 4m 时，应采用塑料排水带、砂井等竖向排水预压法处理。对真空预压工程，必须在地基内设置排水竖井。预压法主要用来解决地基的沉降及稳定问题。

（8）夯实水泥土桩法

适用于处理地下水位以上的粉土、素填土、杂填土、黏性土等地基。该法施工周期短、造价低、施工文明、造价容易控制，在北京、河北等地的旧城区危改小区工程中得到不少成功的应用。

（9）水泥粉煤灰碎石桩（CFG 桩）法

适用于处理黏性土、粉土、砂土和已自重固结的素填土等地基。对淤泥质土应根据地区经验或现场试验确定其适用性。基础和桩顶之间需设置一定厚度的褥垫层，保证桩、土共同承担荷载形成复合地基。该法适用于条基、独立基础、箱基、筏基，可用来提高地基承载力和减少变形。对可液化地基，可采用碎石桩和水泥粉煤灰碎石桩多桩型复合地基，达到消除地基土的液化和提高承载力的目的。

（10）石灰桩法

适用于处理饱和黏性土、淤泥、淤泥质土、杂填土和素填土等地基。用于地下水位以上的土层时，可采取减少生石灰用量和增加掺合料含水量的办法提高桩身强度。该法不适用于地下水下的砂类土。

（11）灰土挤密桩法和土挤密桩法

适用于处理地下水位以上的湿陷性黄土、素填土和杂填土等地基，可处理的深度为

5～15m。当用来消除地基土的湿陷性时，宜采用土挤密桩法；当用来提高地基土的承载力或增强其水稳定性时，宜采用灰土挤密桩法；当地基土的含水量大于24%、饱和度大于65%时，不宜采用这种方法。灰土挤密桩法和土挤密桩法在消除土的湿陷性和减少渗透性方面的效果基本相同，土挤密桩法地基的承载力和水稳定性不及灰土挤密桩法。

（12）柱锤冲扩桩法

适用于处理杂填土、粉土、黏性土、素填土和黄土等地基，对地下水位以下的饱和松软土层，应通过现场试验确定其适用性。地基处理深度不宜超过6m。

（13）单液硅化法和碱液法

适用于处理地下水位以上渗透系数为0.1～2m/d的湿陷性黄土等地基。在自重湿陷性黄土场地，对Ⅱ级湿陷性地基，应通过试验确定碱液法的适用性。

（14）综合比较法

在确定地基处理方案时，宜选取不同的多种方法进行比选。对复合地基而言，方案选择是针对不同土性、设计要求的承载力提高幅度、选取适宜的成桩工艺和增强体材料。

（15）地基基础其他处理办法

地基基础其他处理办法还有：砖砌连续墙基础法、混凝土连续墙基础法、单层或多层条石连续墙基础法、浆砌片石连续墙（挡墙）基础法等。

以上地基处理方法与工程检测、工程监测、桩基动测、静载实验、土工试验、基坑监测等相关技术整合在一起，称之为地基处理的综合技术。

3. 验收表格（表1-14）

地基处理记录 表1-14

工程名称		施工单位	
处理原因及部位			
处理方法			
处理范围示意图			

建设监理单位：　　　　设计单位：　　　　施工单位：

【知识链接】

几种常见的地基处理施工方法

1. 搅拌桩施工工艺流程图（图 1-2）

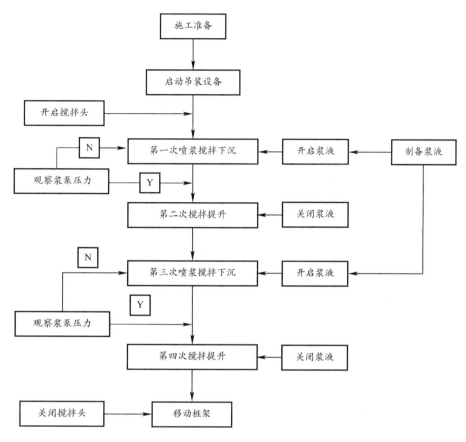

图 1-2　搅拌桩施工工艺流程图

2. 挤密桩

（1）振动沉管挤密碎石桩施工工艺流程图（图 1-3）

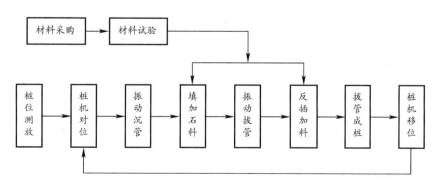

图 1-3　振动沉管挤密碎石桩施工工艺流程图

（2）振冲挤密碎石桩施工工艺流程图（图1-4）

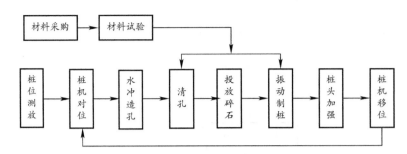

图1-4 振冲挤密碎石桩施工工艺流程图

【拓展提高】

案例 A

（A）工程概述

北京百盛大厦二期工程，基坑深15m，采用桩锚支护，钢筋混凝土灌注桩直径为800mm，桩顶标高−3.0m，桩顶设一道钢筋混凝土圈梁，圈梁上做3m高的挡土砖墙，并加钢筋混凝土结构柱。在圈梁下2m处设置一层锚杆，用钢腰梁将锚杆固定，其实锚杆长20m，角度15°~18°，锚筋为钢绞线。

该场地地质情况从上到下依次为：杂填土、粉质黏土、黏质粉土、粉细砂、中粗砂、石层等。地下水分为上层滞水和承压水两种。

基坑开挖完毕后，进行底板施工。一夜的大雨，基坑西南角30余根支护桩折断坍塌，圈梁拉断，锚杆失效拔出，砖护墙倒塌，大量土方涌入基坑。西侧基坑周围地面也出现大小不等的裂缝。

（B）事故分析

a. 锚杆设计的角度偏小，锚固段大部分位于黏性土层中，使得锚固力较小，后经验算，发现锚杆的安全储备不足。

b. 持续的大雨使地基土的含水量剧增，黏性土体的内摩擦角和黏聚力大大降低，导致支护桩的主动土压力增加。同时沿地裂缝（甚至于空洞）渗入土体中的雨水，使锚杆锚固端的摩阻力大大降低，锚固力减小。

c. 基坑西南角挡土墙后滞留着一个老方洞，大量的雨水从此窜入，对该处的支护桩产生较大的侧压力，并且冲刷锚杆，使锚杆失效。

（C）事故处理

事故发生后，施工单位对西侧桩后出现裂缝的地段紧急用工字钢斜撑支护的圈梁，阻止其继续变形。西南角塌方地带，从上到下进行人工清理，边清理边用土钉墙进行加固。

案例 B

（A）工程概况

某地区商住楼为32层钢筋混凝土框筒结构大楼，一层地下室，总面积23150m²。基坑最深处（电梯井）−6.35m。

该大楼位于珠海市香洲区主干道凤凰路与乐园路交叉口，西北两面临街，南面与市粮食局5层办公楼相距3~4m，东面为渔民住宅，距离大海200m。

地质情况大致为：地表下第一层为填土，厚2m；第二层为海砂沉积层，厚7m；第三层为密实中粗砂，厚10m；第四层为黏土，厚6m；—25m以下为起伏岩层。地下水与海水相通，水位为—2.0m，砂层渗透系数为 $K=43.2\sim51.3\mathrm{m/d}$。

（B）基坑设计与施工

基坑采用直径480mm的振动灌注桩支护，桩长9m，桩距800mm，当支护桩施工至粮食局办公楼附近时，大楼的伸缩缝扩大，外装修马赛克局部被振落，因此在粮食局办公楼前做5排直径为500mm的深层搅拌桩兼作基坑支护体与止水帷幕，其余区段在震动灌注桩外侧做3排深层搅拌桩（桩长11～13m，相互搭接50～100mm），以形成止水帷幕。基坑的支护桩和止水桩施工完毕后，开始机械开挖，当局部挖至—4m时，基坑内涌水涌砂，坑外土体下陷，危及附近建筑物及城市干道的安全，无法继续施工，只好回填基坑，等待处理。

（C）事故分析

止水桩施工质量差是造成基坑涌水涌砂的主要原因。基坑开挖后发现，深层搅拌止水桩垂直度偏差过大，一些桩根本没有相互搭接，桩间形成缝隙，甚至为空洞。坑内降水时，地下水在坑内外压差作用下，穿透层层桩间空隙进入基坑，造成基坑外围水土流失，地面塌陷，威胁临近的建筑物和道路。另外，深层搅拌桩相互搭接仅50mm，在桩长13m的范围内，很难保证相邻的完全咬合。

从以上分析可见，由于深层搅拌桩相互搭接量过小，施工设备的垂直度掌握不好，致使相邻体不能完全弥合成为一个完整的防水体，所以即使基坑周边做了多排（3～5排）搅拌，也没有解决好止水的问题，造成不必要的经济损失。

（D）事故处理

a. 采用压力注浆堵塞桩间较小的缝隙，用水泥浆堵塞桩间小洞。用砂为堰堵砂，导管引水，局部用灌注混凝土的方法堵塞桩间大洞。

b. 在搅拌桩和灌注桩桩顶做一道钢筋混凝土圈梁，增加支护结构整体性。

c. 在基坑外围挖宽0.8m、深2.0m的渗水槽至海砂层，槽内填碎石，在基坑降水的同时，向渗水槽回灌，控制基坑外围地下水位。

通过采取以上综合处理措施，基坑内涌砂涌水现象消失，基坑外地面沉陷得以控制，确保了相邻建筑物和道路的安全。

案例C

（A）工程概况

温州某工程位于市心十字路口，基坑平面呈"L"形，开挖深度5.75m。该工程地面以下为流塑状淤泥土，厚达25m以上。支护结构采用悬臂式钻孔浇桩，桩径600mm，桩长15m，间距1000mm，桩顶做300mm高钢筋混凝土圈梁。该工程土方从中间向两端开挖，土方挖至1/3时，靠近马路一侧的支护桩整体倾斜，最大桩顶位移达750mm，压顶圈梁多处断裂，人行道大面积塌陷，靠近支护桩的14根工程桩（$\phi800$的钻孔灌注桩）也随之断裂内移，造成较大的经济损失。

（B）事故分析

a. 设计参数选择不当。设计计算时选用固结排水剪强度指标，这对于没有任何降排水措施的淤泥土质土，该参数的选择显然偏大，从而使得支护结构设计的安全储备过小，甚至于危险。一般对淤泥土中支护结构计算宜选用直剪或不排水三轴试验所提供的强度指标，如勘察单位没提供该数据据，对应固结排水剪的张度指标进行修正。

b. 由于淤泥土渗透性较差，故设计时没考虑止水措施，且间距过大（桩间净距400mm）。尽管淤泥土的渗透性很小，但流塑状的淤泥土在渗透水压的作用下，极易造成"流土"现象。从本工程支护桩外人行道大面积下陷的现象分析，土方开挖过程中产生大量流土（坑底隆起）。工程桩的断裂主要是由于土体的滑坡所造成。

c. 施工单位考虑到原支护桩设计采用悬臂结构不安全，在土方开挖到一半深度时用现有的型钢做临时支撑，但支撑长细比过大（截面尺寸400mm×400mm，长17m），造成支撑受压后失稳，没有起到相应的作用。

(C) 事故处理

该工程采取以下措施进行补救：

将底板分三块施工，留两条垂直工缝，施工缝处设计钢板止水带，已开挖部分先清理后浇筑板底，然后再开挖另外两块土方，避免坑底土体暴露时间过长。

对于后开挖的部分，在−2.5m处设钢筋混凝土圈梁一道，然后每隔6m左右设一道型钢支撑，并设连系杆控制长强比，防止失稳，两端部设钢筋混凝土角撑。

南边及东边均有旧建筑，距离约有8m，为防止桩间挤土面危害旧房，在围护桩外打2排 $\phi600$ 水泥搅拌桩用于止水挡土，水泥掺量13%，并掺加2%的石膏快凝。

对于断裂的工程桩，采用沉井做围护下挖至断裂处，清理上部断桩后用高一等级混凝土接至设计标高，并在施工时随时注意观察坑底有无涌土或隆起现象。

经过以上措施，该地下室工程得以顺利实施。

【课后自测及相关实训】

1. 相关工作页。

2. 以小组为单位按照给出资料完成工作页中检验批质量验收记录。

任务 4 检查桩基础工程质量

子情景：

接收项目后，工程按照施工进度计划已经完成实训场的基础工程，现在需要进行桩基础的质量检查。具体要求如下：

(1) 以小组为单位确定验收程序；

(2) 要求查阅图纸确定检验批；

(3) 要求确定验收要点；

(4) 填写桩基础工程工程检验批质量验收记录；

(5) 评定桩基础工程工程质量是否合格。

1. 桩基工程检查内容

桩位的放样允许偏差如下：

群桩 20mm；

单排桩 10mm。

桩基工程的桩位验收，除设计有规定外，应按下述要求进行：

1) 当桩顶设计标高与施工现场标高相同时，或桩基施工结束后，有可能对桩位进行检查时，桩基工程的验收应在施工结束后进行。

2) 当桩顶设计标高低于施工场地标高，送桩后无法对桩位进行检查时，对打入桩可在每根桩桩顶沉至场地标高时，进行中间验收，待全部桩施工结束，承台或底板开挖到设计标高后，再做最终验收。对灌注桩可对护筒位置做中间验收。

桩顶标高低于施工场地标高时，如不做中间验收，在土方开挖后如有桩顶位移发生不易明确责任，究竟是土方开挖不妥，还是本身桩位不准（打入桩施工不慎，会造成挤土，导致桩位位移），加一次中间验收有利于责任区分，引起打桩及土方承包商的重视。

打（压）入桩（预制凝土方桩、先张法预应力管桩、钢桩）的桩位偏差，必须符合表 1-14 的规定。斜桩倾斜度的偏差不得大于倾斜角正切值的 15%（倾斜角系桩的纵向中心线与铅垂线间夹角）。见表 1-15。

预制桩（钢桩）桩位的允许偏差（mm）　　　　　表 1-15

项	项目	允许偏差
1	盖有基础梁的桩： (1) 垂直基础梁的中心线 (2) 沿基础梁的中心线	100+0.01H 150+0.01H
2	桩数为 1～3 根桩基中的桩	100
3	桩数为 4～16 根桩基中的桩	1/2 桩径或边长
4	桩数大于 16 根桩基中的桩： (1) 最外边的桩 (2) 中间桩	1/3 桩径或边长 1/2 桩径或边长

注：H 为施工现场地面标高与桩顶设计标高的距离。

表 1-15 中的数值未计算由于降水和基坑开挖等造成的位移，但由于打桩顺序不当，造成挤土而影响已入桩的位移，包括在表列数值中。为此必须在施工中考虑合适的顺序及打桩速率。布桩密集的基础工程应有必要的措施来减少沉桩的挤土影响。

灌注桩的桩位偏差必须符合表 1-16 的规定，桩顶标高至少要比设计标高高出 0.5m，桩底清孔质量按不同的成桩工艺有不同的要求，应按本章的各节要求执行。每浇筑 50m³ 必须有 1 组试件，小于 50m³ 的桩，每根桩必须有 1 组试件。

灌注桩的平面位置和垂直度的允许偏差　　　　　表 1-16

序号	成孔方法		桩径允许偏差（mm）	垂直度允许偏差（%）	桩位允许偏差（mm）	
					1～3 根、单排桩基垂直于中心线方向和群桩基础的边桩	条形桩基沿中心线方向和群桩基础的中间桩
1	泥浆护壁	$D≤1000mm$	±50	<1	$D/6$，且不大于 100	$D/4$，且不大于 150
		$D>1000mm$	±50		100+0.01H	150+0.01H
2	套管成孔灌注桩	$D≤500mm$	−20	<1	70	150
		$D>500mm$			100	150

序号	成孔方法		桩径允许偏差（mm）	垂直度允许偏差（%）	桩位允许偏差（mm）	
					1～3根、单排桩基垂直于中心线方向和群桩基础的边桩	条形桩基沿中心线方向和群桩基础的中间桩
3	干成孔灌注桩		−20	<1	70	150
4	人工挖孔桩	混凝土护壁	+50	<0.5	50	150
		钢套管护壁	+50	<1	100	200

注：1. 桩径允许偏差的负值是指个别断面。
　　2. 采用复打、反插法施工的桩，其桩径允许偏差不受上表限制。
　　3. H 为施工现场地面标高与桩顶设计标高的距离，D 为设计桩径。

工程桩应进行承载力检验。对于地基基础设计等级为甲级或地质条件复杂、成桩质量可靠性低的灌注桩，应采用静载荷试验的方法进行检验，检验桩数不应少于总数的 1%，且不应少于 3 根，当总桩数不少于 50 根时，不应少于 2 根。

对重要工程（甲级）应采用静载荷试验检验桩的垂直承载力。工程的分类按现行国家标准《建筑地基基础设计规范》GB 50007 第 3.0.1 条的规定。关于静载荷试验桩的数量，如果施工区域地质条件单一，当地又有足够的实践经验，数量可根据实际情况，由设计确定。承载力检验不仅能检验施工的质量而且也能检验设计是否达到工程的要求。因此，施工前的试桩如没有破坏又用于实际工程中应可作为验收的依据。非静载荷试验桩的数量，可按国家现行行业标准《建筑工程基桩检测技术规范》JGJ 106 的规定。

桩身质量应进行检验。对设计等级为甲级或地质条件复杂、成桩质量可靠性低的灌注桩，抽检数量不应少于总数的 30%，且不应少于 20 根；其他桩基工程的抽检数量不应少于总数的 20%，且不应少于 10 根；对混凝土预制桩及地下水位以上且终孔后经过核验的灌注桩，检验数量不应少于总桩数的 10%，且不得少于 10 根。每个柱子承台下不得少于 1 根。

桩身质量的检验方法很多，可按国家现行行业标准《建筑基桩检测技术规范》JGJ 106 所规定的方法执行。打入桩制桩的质量容易控制，问题也较易发现，抽查数可较灌注桩少。

对砂、石子、钢材、水泥等原材料的质量、检验项目、批量和检验方法，应符合国家现行标准的规定。

除本规范规定的主控项目外，其他主控项目应全部检查，对一般项目，除已明确规定外，其他可按 20% 抽查，但混凝土灌注桩应全部检查。

2. 静力压桩质量检查方法

施工前应对成品桩（锚杆静压成品桩一般均由工厂制造，运至现场堆放）做外观及强度检验，按桩用焊条或半成品硫黄胶泥应有产品合格证书，或送有关部门检验，压桩用压力表、锚杆规格及质量也应进行检查、硫黄胶泥半成品应每 100kg 做一组试件（3 件）。

用硫黄胶泥接桩，在大城市因污染空气已较少使用，但考虑到有些地区仍在使用，因此本规范仍放入硫黄胶泥接桩内容。半成品硫黄胶泥必须在进场后做检验。压桩用压力表必须标定合格方能使用，压桩时的压力数值是判断承载力的依据，也是指导压桩施工的一项重要参数。

压桩过程中应检查压力、桩垂直度、接桩间歇时间、桩的连接质量及压入深度、重要工程应对电焊接桩的接头做 10% 的探伤检查。对承受反力的结构应加强观测。

施工中检查压力目的在于检查压桩是否下沉。接桩间歇时间对硫黄胶泥必须控制，间歇过短，硫黄胶泥强度未达到，容易被压坏，接头处存在薄弱环节，甚至断桩。浇注硫黄泥时间必须快，慢了硫黄胶泥在容器内结硬，浇筑连接孔内不能均匀流淌，质量也不易保证。

施工结束后，应做桩的承载力及桩体质量检验。

锚杆静压桩质量检验标准应符合表 1-17 的规定。

静力压桩质量检验标准　　　　　　　　　　表 1-17

项	序	检查项目		允许偏差或允许值		检查方法
				单位	数值	
主控项目	1	桩体质量检验		按基桩检测技术规范		按基桩检测技术规范
	2	桩位偏差		见规范表 5.1.3		用钢尺量
	3	承载力		按基桩检测技术规范		按基桩检测技术规范
一般项目	1	成品桩质量	外观	表面平整，颜色均匀，掉角深度<10mm，蜂窝面积小于总面积的 0.5%		直观
			外形尺寸	见规范表 5.4.5		见规范表 5.4.5
			强度	满足设计要求		查产品合格证书或钻芯试压
	2	硫黄胶泥质量（半成品）		设计要求		查产品合格证书或抽样送检
	3	接桩	电焊接桩	焊缝质量	见规范表 5.5.4-2	见规范表 5.5.4-2
				电焊结束后停歇时间	min >1	秒表测定
			硫黄胶泥接桩	胶泥浇注时间	min <2	秒表测定
				浇注后停歇时间	min >7	秒表测定
	4	电焊条质量		设计要求		查产品合格证书
	5	压桩压力（设计有要求时）		(%)	±5	查压力表读数
	6	接桩时上下节平面偏差		mm	<10	用钢尺量
		接桩时节点弯曲矢高			<1/1000l	用钢尺量，l 为两节桩长
	7	桩顶标高		mm	±50	水准仪

3. 混凝土灌注桩检查方法

施工前应对水泥、砂、石子（如现场搅拌）、钢材等原材料进行检查，对施工组织设计中制定的施工顺序、监测手段（包括仪器、方法）也应检查。

混凝土灌注桩的质量检验应较其他桩种严格，这是工艺本身要求，再则工程事故也较多，因此，对监测手段要事先落实。

施工中应对成孔、清查、放置钢筋笼、灌注混凝土等进行全过程检查，人工挖孔桩尚应复验孔底持力层土（岩）性。嵌岩桩必须有桩端持力层的岩性报告。

沉渣厚度应在钢筋笼放入后，混凝土浇筑前测定，成孔结束后，放钢筋笼、混凝土导管都会造成土体跌落，增加沉渣厚度，因此，沉渣厚度应是二次清孔后的结果。沉渣厚度的检查目前均用重锤，有些地方用较先进的沉渣仪，这种仪器应预先做标定。人工挖孔桩一般对持力层有要求，而且到孔底察看土性是有条件的。

施工结束后，应检查混凝土强度，并应做桩体质量及承载力的检验。

混凝土灌注桩的质量检验标准应符合表 1-18、表 1-19 的规定。

混凝土灌注桩钢筋笼质量检验标准（mm）　　　　　表 1-18

项	序	检查项目	允许偏差或允许值	检查方法
主控项目	1	主筋间距	±10	用钢尺量
	2	长度	±100	用钢尺量
一般项目	1	钢筋材质检验	设计要求	抽样送检
	2	箍筋间距	±20	用钢尺量
	3	直径	±10	用钢尺量

混凝土灌注桩质量检验标准　　　　　表 1-19

项	序	检查项目	允许偏差或允许值		检查方法
			单位	数值	
主控项目	1	桩位	见本规范表 5.1.4		基坑开挖前量护筒，开挖后量桩中心
	2	孔深	mm	＋300	只深不浅，用重锤测，或测钻杆、套管长度，嵌岩桩应确保进入设计要求的嵌岩深度
	3	桩体质量检验	按基桩检测技术规范。如钻芯取样，大直径嵌岩桩应钻至桩尖下 50cm		按基桩检测技术规范
	4	混凝土强度	设计要求		试件报告或钻芯取样送检
	5	承载力	按基桩检测技术规范		按基桩检测技术规范

续表

项	序	检查项目		允许偏差或允许值		检查方法
				单位	数值	
一般项目	1	垂直度		见本规范表5.1.4		测大管或钻杆，或用超声波探测，干施工时吊垂球
	2	桩径		见本规范表5.1.4		井径仪或超声波检测，干施工时吊垂球
	3	泥浆比重（黏土或砂性土中）		1.15～1.20		用比重计测，清孔后在距孔底50cm处取样
	4	泥浆面标高（高于地下水位）		m	0.5～1.0	目测
	5	沉渣厚度	端承桩	mm	≤50	用沉渣仪或重锤测量
			摩擦桩	mm	≤150	
	6	混凝土坍落度	水下灌注	mm	160～220	坍落度仪
			干施工	mm	70～100	
	7	钢筋笼安装深度		mm	±100	用钢尺量
	8	混凝土充盈系数		＞1		检查每根桩的实际灌注量
	9	桩顶标高		mm	+30 −50	水准仪，需扣除桩顶浮浆层及劣质桩体

灌注桩的钢筋笼有时在现场加工，不是在工厂加工完后运到现场，为此，列出了钢筋笼的质量检验标准。

4. 常见质量问题分析

桩基础不按规范要求进行承载力及有关质量检测，单柱单桩的大直径嵌岩桩未按规范要求对桩底持力层进行检验。

预防措施：

（1）桩基监督检测

混凝土桩的桩身完整性检测的抽检数量应符合下列规定：

1）柱下三桩或三桩以下的承台抽检桩数不得少于一根；

2）地基基础设计等级为甲级，或地质条件复杂、成桩质量可靠性较低的灌注桩，抽检桩数不应少于总桩数的30%，且不得少于20根；其他桩基工程的抽检数量不应少于总桩数的20%，且不得少于10根。地基基础设计等级见表1-20。

地基基础设计等级 表1-20

设计等级	建筑和地基类别
甲级	重要的工业与民用建筑物 30层以上的高层建筑 体型复杂、层数相差超过10层的高低层连成一体的建筑物 大面积的多层地下建筑（如地下车库、商场运动场等） 对地基变形有特殊要求的建筑物 复杂地质条件下的坡上建筑物（包括高边坡） 对原有工程影响较大的新建建筑物 场地和地质条件复杂的一般建筑物 位于复杂地质条件及软土地区的二层及二层以上地下室的基坑工程

设计等级	建筑和地基类别
乙级	除甲级、丙级以外的工业与民用建筑物
丙级	场地和地质条件简单、荷载分布均匀的七层及七层以下民用建筑及一般工业建筑物；次要的轻型建筑物

注：1. 对端承型大直径灌注桩，应在上述两款规定的抽检数量范围内，选用钻孔抽芯法或声波透射法对部分受检桩进行桩身完整性检测，抽检桩数不得少于总桩数的10%；其他抽检桩可用可靠的动测法进行检测。
2. 地下水位以上且终孔后桩端持力层已经过核验的人工挖孔桩，以及单节混凝土预制桩，抽检数量可适当减少，但不应少于总桩数的10%，且不应少于10根。
3. 当施工质量有疑问的桩、设计认为重要的桩、局部地质条件出现异常的桩或施工工艺不同的桩的桩数较多时，或为了全面了解整个工程基桩的桩身完整性情况时，应当增加抽检数量。

（2）桩基承载力的检测

1）桩基承载力应按下列要求检测：

① 进行静载试验：抽检数量不应少于单位工程总桩数的1%，且不少于3根；当总桩数在50根以内时，不应少于2根。

② 进行高应变法检测：抽检数量不应少于单位工程总桩数的5%，且不得少于5根。

2）对于端承型大直径灌注桩，当受设备或现场条件限制无法采用静载试验及高应变法检测单桩承载力时，可选用下列方法进行检测：

① 当桩端持力层为密实砂卵石或其他承载力类似的土层时，对单桩承载力很高的大直径端承型桩，可采用深层平板载荷试验法检测桩端土层在承压板下应力主要影响范围内的承载力，同一土层的试验点不应少于3点。

② 采用岩基载荷试验确定完整、较完整、较破碎岩基作为桩基础持力层时的承载力，载荷试验的数量不应少于3个。

③ 采用钻芯法测定桩底沉渣厚度并钻取桩端持力层岩土芯样检验桩端持力层，抽检数量不应少于总桩数的10%，且不应少于10根。

④ 大直径嵌岩桩的承载力可根据终孔时桩端持力层岩性报告结合桩身质量检验报告核验。

（3）桩基的评价性检测与处理

1）单桩竖向抗压承载力检测：

① 进行单桩承载力静载验收检测，如其检测结果的极差不超过其平均值的30%，可取其平均值为单桩承载力，如其极差超过其平均值的30%，宜增加一倍的静载试验数量进行检测；对桩数为三根以下的柱下承台，取最小值为其单桩承载力。其扩大检测方案应经设计单位认可。

② 采用高应变法进行单桩承载力验收检测时，单桩竖向极限承载力的评价方法同静载检测。

③ 对桩身完整性检测中发现的Ⅲ、Ⅳ类桩，由设计单位确定承载力检测数量，但不应低于20%的承载力检测，必要时可对其全部进行承载力检测。

2）桩身完整性检测：

当采用低应变法、高应变法和声波透射法抽检桩身完整性所发现的Ⅲ、Ⅳ类桩之和大于抽检桩数的20%时，宜采用原检测方法（声波透射法改用钻芯法），在未检桩中继续加倍抽测。桩身浅部缺陷应开挖验证。其检测方案应经设计单位认可。

3）承载力达不到设计要求及桩身质量检测发现的Ⅲ、Ⅳ类桩，应请设计单位拿出处理意见（方案）。桩身完整性分类见表 1-21。

桩身完整性分类 表 1-21

桩身完整性类别	分 类 原 则
Ⅰ类桩	桩身完整
Ⅱ类桩	桩身有轻微缺陷，不会影响桩身结构承载力的正常发挥
Ⅲ类桩	桩身有明显缺陷，对桩身结构承载力有影响
Ⅳ类桩	桩身存在严重缺陷

（4）人工挖孔桩终孔时，应进行桩端持力层检验。对单柱单桩大直径嵌岩桩，应视岩性检验桩底下 $3d$ 或 5m 深度范围内有无空洞、破碎带、软弱夹层等不良地质条件。

5. 验收表格（表 1-22、表 1-23）

混凝土灌注桩（钢筋笼）工程检验批质量验收记录表 表 1-22

单位（子单位）工程名称					
分部（子分部）工程名称				验收部位	
施工单位				项目经理	
分包单位				分包项目经理	
施工执行标准名称及编号					
施工质量验收规范的规定			施工单位检查评定记录		监理（建设）单位验收记录
主控项目	1	主筋间距（mm）	±10		
	2	长度（mm）	±100		
一般项目	1	钢筋材质检验	设计要求		
	2	箍筋间距（mm）	±20		
	3	直径（mm）	±10		
施工单位检查评定结果	专业工长（施工员）			施工班组长	
	项目专业质量检查员：　　　　　　　　　　　　　年　月　日				
监理（建设）单位验收结论	专业监理工程师： （建设单位项目专业技术负责人）：　　　　　　　年　月　日				

混凝土灌注桩工程检验批质量验收记录表　　　　表 1-23

单位（子单位）工程名称						
分部（子分部）工程名称					验收部位	
施工单位					项目经理	
分包单位					分包项目经理	
施工执行标准名称及编号						

		施工质量验收规范的规定		施工单位检查评定记录	监理（建设）单位验收记录
主控项目	1	桩位	第 5.1.4 条		
	2	孔深（mm）	＋300		
	3	桩体质量检验	设计要求		
	4	混凝土强度	设计要求		
	5	承载力	设计要求		
一般项目	1	垂直度	第 5.1.4 条		
	2	桩径	第 5.1.4 条		
	3	泥浆比重（黏土或砂性土中）	1.15～1.20		
	4	泥浆面标高（高于地下水位）（m）	0.5～1.0		
	5	沉渣厚度：端承桩（mm）　　　　　摩擦桩（mm）	≤50　　≤150		
	6	混凝土坍落度：水下灌注（mm）　　　　　　　干施工（mm）	160～220　　70～100		
	7	钢筋笼安装深度（mm）	±100		
	8	混凝土充盈系数	＞1		
	9	桩顶标高（mm）	＋30，−50		

施工单位检查评定结果	专业工长（施工员）		施工班组长	
	项目专业质量检查员：		年　月　日	

监理（建设）单位验收结论	专业监理工程师：（建设单位项目专业技术负责人）：	年　月　日

【知识链接】

　　桩基施工，是指对建筑物基础施工过程。桩基由桩和桩承台组成。桩基的施工法分为预制桩和灌注桩两大类。打桩方法的选定，除了根据工程地质条件外，还要考虑桩的类型、断面、长度、场地环境及设计要求。

一、施工方法

　　1. 预制桩的施工

　　预制桩的施工方法有：锤击法、振动法、压入法和射水法。

　　① 锤击法。桩基施工中采用最广泛的一种沉桩方法。以锤的冲击能量克服土对桩的阻力，使桩沉到预定深度。一般适用于硬塑、软塑黏性土。用于砂土或碎石土有困难时，可辅以钻孔法及水冲法。常用桩锤有蒸汽锤、柴油锤（见打桩机）。

　　② 振动法。振动法沉桩是以大功率的电动激振器产生频率为 700～900 次/分钟的振动，克服土对桩的阻力，使桩沉入土中。一般适用于砂土中沉入钢板桩，也可辅以水冲法沉入预制钢筋混凝土管桩。用于振动沉桩的振动机的常用规格为 20t 及 40t。目前，使用高频率达 10000 次/分钟的沉桩机头，震动与噪声小，沉桩速度快（见振动沉桩机）。

　　③ 压入法。压入法沉桩具有无噪声、无震动、成本低等优点，常用压桩机有 80t 及 120t 两种。压桩需借助设备自重及配重，经过传动机构加压把桩压入土中，故仅用于软土地基。

　　④ 射水法。锤击、振动两种沉桩方法的辅助方法。施工时利用高压水泵，产生高速射流，破坏或减小土的阻力，使锤击或振动更易将桩沉入土中。射水法多适用于砂土或碎石土中，使用时需控制水冲深度。

　　2. 灌注桩施工

　　灌注桩，是直接在桩位上就地成孔，然后在孔内安放钢筋笼灌注混凝土而成。灌注桩能适应各种地层，无需接桩，施工时无振动、无挤土、噪声小，宜在建筑物密集地区使用。但其操作要求严格，施工后需较长的养护期方可承受荷载，成孔时有大量土渣或泥浆排出。根据成孔工艺不同，分为干作业成孔的灌注桩、泥浆护壁成孔的灌注桩、套管成孔的灌注桩和爆扩成孔的灌注桩等。灌注桩施工工艺近年来发展很快，还出现夯扩沉管灌注桩、钻孔压浆成桩等一些新工艺。

　　（1）灌注桩施工、干作业成孔

　　干作业成孔灌注桩适用于地下水位较低、在成孔深度内无地下水的土质，不需护壁可直接取土成孔。目前常用螺旋钻机成孔。

　　施工工艺流程

　　场地清理→测量放线定桩位→桩机就位→钻孔取土成孔→清除孔底沉渣→成孔质量检查验收→吊放钢筋笼→浇筑孔内混凝土。

　　施工注意事项

　　① 开始钻孔时，应保持钻杆垂直、位置正确，防止因钻杆晃动引起孔径扩大及增多孔底虚土。

　　② 发现钻杆摇晃、移动、偏斜或难以钻进时，应提钻检查，排除地下障碍物，避免桩孔偏斜和钻具损坏。

　　③ 钻进过程中，应随时清理孔口黏土，遇到地下水、塌孔、缩孔等异常情况，应停止钻孔，同有关单位研究处理。

　　④ 钻头进入硬土层时，易造成钻孔偏斜，可提起钻头上下反复扫钻几次，以便削去硬土。若纠正无效，可在孔中局部回填黏土至偏孔处 0.5m 以上，再重新钻进。

　　⑤ 成孔达到设计深度后，应保护好孔口，按规定验收，并做好施工记录。

⑥孔底虚土尽可能清除干净，可采用夯锤夯击孔底虚土或进行压力注水泥浆处理，然后快吊放钢筋笼，并浇筑混凝土。混凝土应分层浇筑，每层高度不大于1.5m。

（2）泥浆护壁成孔灌注桩施工

泥浆护壁成孔灌注桩是利用泥浆护壁，钻孔时通过循环泥浆将钻头切削下的土渣排出孔外而成孔，而后吊放钢筋笼，水下灌注混凝土而成桩。成孔方式有正（反）循环回转钻成孔、正（反）循环潜水钻成孔、冲击钻成孔、冲抓锥钻成孔、钻斗钻成孔等。

施工工艺流程

1）测定桩位

平整清理好施工场地后，设置桩基轴线定位点和水准点，根据桩位平面布置施工图，定出每根桩的位置，并做好标志。施工前，桩位要检查复核，以防被外界因素影响而造成偏移。

2）埋设护筒

护筒的作用是：固定桩孔位置，防止地面水流入，保护孔口，增高桩孔内水压力，防止塌孔，成孔时引导钻头方向。护筒用4～8mm厚钢板制成，内径比钻头直径大100～200mm，顶面高出地面0.4～0.6m，上部开1～2个溢浆孔。埋设护筒时，先挖去桩孔处表土，将护筒埋入土中，其埋设深度，在黏土中不宜小于1m，在砂土中不宜小于1.5m。其高度要满足孔内泥浆液面高度的要求，孔内泥浆面应保持高出地下水位1m以上。采用挖坑埋设时，坑的直径应比护筒外径大0.8～1.0m。护筒中心与桩位中心线偏差不应大于50mm，对位后应在护筒外侧填入黏土并分层夯实。

3）泥浆制备

泥浆的作用是护壁、携砂排土、切土润滑、冷却钻头等，其中以护壁为主。

泥浆制备方法应根据土质条件确定：在黏土和粉质黏土中成孔时，可注入清水，以原土造浆，排渣泥浆的密度应控制在1.1～1.3g/cm³；在其他土层中成孔，泥浆可选用高塑性（$I_P \geqslant 17$）的黏土或膨润土制备；在砂土和较厚夹砂层中成孔时，泥浆密度应控制在1.1～1.3g/cm³；在穿过砂夹卵石层或容易塌孔的土层中成孔时，泥浆密度应控制在1.3～1.5g/cm³。施工中应经常测定泥浆密度，并定期测定黏度、含砂率和胶体率。泥浆的控制指标为黏度18～22s、含砂率不大于8%、胶体率不小于90%，为了提高泥浆质量可加入外掺料，如增重剂、增黏剂、分散剂等。施工中废弃的泥浆、泥渣应按环保的有关规定处理。

4）成孔方法

回转钻成孔。回转钻成孔是国内灌注桩施工中最常用的方法之一。按排渣方式不同分为正循环回转钻成孔和反循环回转钻成孔两种。

5）清孔

当钻孔达到设计要求深度并经检查合格后，应立即进行清孔，目的是清除孔底沉渣以减少桩基的沉降量，提高承载能力，确保桩基质量。清孔方法有真空吸泥渣法、射水抽渣法、换浆法和掏渣法。

清孔应达到如下标准才算合格：一是对孔内排出或抽出的泥浆，用手摸捻应无粗粒感觉，孔底500mm以内的泥浆密度小于1.25g/cm³（原土造浆的孔则应小于1.1g/cm³）；二是在浇筑混凝土前，孔底沉渣允许厚度符合标准规定，即端承桩≤50mm，摩擦端承桩、端承摩擦桩≤100mm，摩擦桩≤300mm。

6）吊放钢筋笼

清孔后应立即安放钢筋笼、浇混凝土。钢筋笼一般都在工地制作，制作时要求主筋环向均匀布置，箍筋直径及间距、主筋保护层、加劲箍的间距等均应符合设计要求。分段制作的钢筋笼，其接头采用焊接且应符合施工及验收规范的规定。钢筋笼主筋净距必须大于3倍的骨料粒径，加劲箍宜设在主筋外侧，钢筋保护层厚度不应小于35mm（水下混凝土不得小于50mm）。可在主筋外侧安设钢筋定位器，以确保保护层厚度。为了防止钢筋笼变形，可在钢筋笼上每隔2m设置一道加强箍，并在钢筋笼内每隔3～4m装一个可拆卸的十字形临时加劲架，在吊放入孔后拆除。吊放钢筋笼时应保持垂直、缓缓放入，防止碰撞孔壁。

若造成塌孔或安放钢筋笼时间太长，应进行二次清孔后再浇筑混凝土。

（3）沉管灌注桩

套管成孔灌注桩是利用锤击打桩法或振动沉桩法，将带有活瓣式桩靴或带有预制混凝土桩靴的钢套管沉入土中，然后边拔套管边灌注混凝土而成。若配有钢筋时，则在浇筑混凝土前先吊放钢筋骨架。利用锤击沉桩设备沉管、拔管，称为锤击沉管灌注桩；利用激振器的振动沉管、拔管，称为振动沉管灌注桩。

1）锤击沉管灌注桩

锤击沉管灌注桩的机械设备由桩管、桩锤、桩架、卷扬机滑轮组、行走机构组成。

锤击沉管桩适用于一般黏性土、淤泥质土、砂土和人工填土地基，但不能在密实的砂砾石、漂石层中使用。它的施工程序一般为：定位埋设混凝土预制桩尖→桩机就位→锤击沉管→灌注混凝土→边拔管、边锤击、边继续灌注混凝土（中间插入吊放钢筋笼）→成桩。

施工时，用桩架吊起钢桩管，对准埋好的预制钢筋混凝土桩尖。桩管与桩尖连接处要垫以麻袋、草绳，以防地下水渗入管内。缓缓放下桩管，套入桩尖压进土中，桩管上端扣上桩帽，检查桩管与桩锤是否在同一垂直线上，桩管垂直度偏差≤0.5％时即可锤击沉管。先用低锤轻击，观察无偏移后再正常施打，直至符合设计要求的沉桩标高，并检查管内有无泥浆或进水，即可浇筑混凝土。管内混凝土应尽量灌满，然后开始拔管。凡灌注配有不到孔底的钢筋笼的桩身混凝土时，第一次混凝土应先灌至笼底标高，然后放置钢筋笼，再灌混凝土至桩顶标高。第一次拔管高度应控制在能容纳第二次所需灌入的混凝土量为限，不宜拔得过高。在拔管过程中应用专用测锤或浮标检查混凝土面的下降情况。

锤击沉管桩混凝土强度等级不得低于C20，每立方米混凝土的水泥用量不宜少于300kg。混凝土坍落度在配钢筋时宜为80～100mm，无筋时宜为60～80mm。碎石粒径在配有钢筋时不大于25mm，无筋时不大于40mm。预制钢筋混凝土桩尖的强度等级不得低于C30。混凝土充盈系数（实际灌注混凝土体积与按设计桩身直径计算体积之比）不得小于1.0，成桩后的桩身混凝土顶面标高应至少高出设计标高500mm。

2）振动沉管灌注桩

振动沉管灌注桩是利用振动桩锤（又称激振器）、振动冲击锤将桩管沉入土中，然后灌注混凝土而成。这两种灌注桩与锤击沉管灌注桩相比，更适合于稍密及中密的砂土地基施工。振动沉管灌注桩和振动冲击沉管桩的施工工艺完全相同，只是前者用振动锤沉桩，后者用振动带冲击的桩锤沉桩。

振动灌注桩可采用单打法、反插法或复打法施工。

二、配筋长度

1) 端承型桩和位于坡地岸边的基桩应沿桩身等截面或变截面通长配筋；

2) 桩径大于600mm的摩擦型桩配筋长度不应小于2/3桩长；当受水平荷载时，配筋长度尚不宜小于4.0/α（α为桩的水平变形系数）；

3) 对于受地震作用的基桩，桩身配筋长度应穿过可液化土层和软弱土层，进入稳定土层的深度不应小于本规范规定的深度；

4) 受负摩阻力的桩、因先成桩后开挖基坑而随地基土回弹的桩，其配筋长度应穿过软弱土层并进入稳定土层，进入的深度不应小于2～3倍桩身直径；

5) 专用抗拔桩及因地震作用、冻胀或膨胀力作用而受拔力的桩，应等截面或变截面通长配筋。

三、受水平荷载的桩

主筋不应小于8ϕ12；对于抗压桩和抗拔桩，主筋不应少于6ϕ10；纵向主筋应沿桩身周边均匀布置，其净距不应小于60mm。

四、箍筋

应采用螺旋式，直径不应小于6mm，间距宜为200～300mm；受水平荷载较大桩基、承受水平地震作用的桩基以及考虑主筋作用计算桩身受压承载力时，桩顶以下5d范围内的箍筋应加密，间距不应大于100mm；当桩身位于液化土层范围内时箍筋应加密；当考虑箍筋受力作用时，箍筋配置应符合现行国家标准《混凝土结构设计规范》GB 50010—2010（2015年版）的有关规定；当钢筋笼长度超过4m时，应每隔2m设一道直径不小于12mm的焊接加劲箍筋。

五、桩身混凝土及混凝土保护层厚度

应符合下列要求：

（1）桩身混凝土强度等级不得小于C25，混凝土预制桩尖强度等级不得小于C30；

（2）灌注桩主筋的混凝土保护层厚度不应小于35mm，水下灌注桩的主筋混凝土保护层厚度不得小于50mm；

（3）四类、五类环境中桩身混凝土保护层厚度应符合国家现行标准《港口工程混凝土结构设计规范》JTJ 267、《工业建筑防腐蚀设计规范》GB 50046的相关规定。

六、扩底灌注桩扩底端尺寸

应符合下列规定：

（1）当持力层承载力较高、上覆土层较差、桩的长径比较小时，可采用扩底桩；扩底端直径与桩身直径之比D/d，应根据承载力要求及扩底端侧面和桩端持力层土性特征以及扩底施工方法确定；挖孔桩的D/d不应大于3，钻孔桩的D/d不应大于2.5；

（2）扩底端侧面的斜率应根据实际成孔及土体自立条件确定，a/h_c可取1/4～1/2，砂土可取1/4，粉土、黏性土可取1/3～1/2；

（3）扩底端底面宜呈锅底形，矢高h_b可取(0.15～0.20)D。

【拓展提高】

[背景资料A] 某桥梁主墩基础采用钻孔灌注桩（泥浆护壁），地质依次为2m砾石，以下为软土。主要施工过程如下：平整场地、桩位放样、埋设护筒，采用正循环工艺成

孔，成孔后立即吊装钢筋笼并固定好，对导管接头进行了抗拉试验，试验合格后，安装导管，导管底口距孔底 30cm，混凝土坍落度 180mm。施工单位考虑到灌注时间较长，经甲方同意，在混凝土中加入了缓凝剂。首批混凝土灌注后导管埋深为 1.2m，随后的灌注连续均匀地进行。当灌注到 23m 时，发现导管埋管，施工人员采取了强制提升的方法。灌注到 30m 时，发生堵管现象，施工人员采用型钢插入法疏通。灌注完成，养生后检测发现断桩。

　　题目（A）：护筒的作用是什么？泥浆的作用是什么？对泥浆有何要求？

　　题目（B）：何为正循环工艺？

　　题目（C）：指出施工过程中的错误之处。

　　题目（D）：断桩可能发生在何处？为什么？

　　[背景资料 B] 2009 年 6 月 27 日清晨，上海市某座在建 13 层住宅楼发生整体倒塌，桩基被整齐折断，造成一名工人死亡。经上海市城乡建设与交通委员会组织专家组调查，该楼房采用 PHC 管桩基础，桩基和楼体结构设计均符合规范要求。楼房左侧进行了地下车库基坑的开挖，开挖深度 4.6m，右侧在短期内堆积了 10m 高的土方（图 1-5）。

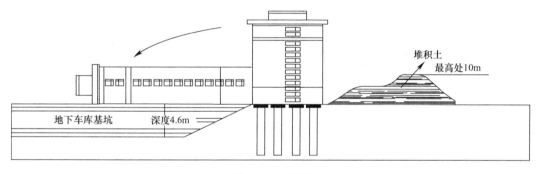

图 1-5　示意图

　　题目（A）：哪些情况下适用桩基础？

　　题目（B）：试分析该楼房倒塌的原因。

【课后自测及相关实训】

　　1. 桩基础工程相关工作页。

　　2. 以小组为单位按照给出资料完成工作页中检验批质量验收记录。

任务 5　检查地下防水工程质量

子情景：

　　接收项目后，由于本工程的地下水位较高，基础工程进行了防水工程，需要进行防水工程的质量检查。具体要求如下：

　　（1）以小组为单位确定验收程序；

　　（2）要求查阅图纸确定检验批；

　　（3）要求确定验收要点；

（4）填写防水工程工程检验批质量验收记录；

（5）评定防水工程工程质量是否合格。

1．防水施工检查内容

（1）材料检查

每次材料进场时，报送材料的出厂合格报告到监理方，监理验收合格后，由监理方通知甲方对该批次材料进行验收，验收合格后由三方签字，形成书面的材料进场验收单，现场对该批次材料取样、封样、送检，方可下车投入使用（图1-6）。

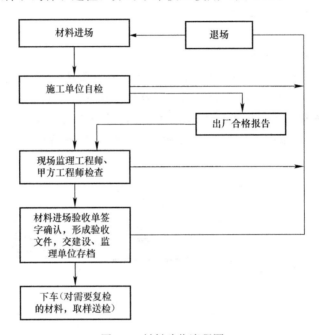

图 1-6　材料验收流程图

验收内容：材料的规格、品牌、型号、材质是否符合设计要求，是否与合同约定一致，必须同时形成验收合格记录。如果验收不合格，乙方立即无条件将该批次材料退场。未经验收合格的材料，施工单位不得擅自使用。在验收的同时，施工单位必须提供相关的验收资料，做到验收资料与实体验收同步，验收合格后，形成验收资料。

（2）防水工程检查

施工单位在施工前上报各楼栋的防水专项施工方案到监理处审批，审批合格后报送甲方。要求防水方案的编制具有合理性及针对性，满足规范要求。防水验收分防水基层验收和防水隐蔽验收。

施工单位于防水基层清理、R角施工完成并自检合格后，通知监理方对该部位进行验收，监理方验收合格后通知甲方对该工序进行验收，验收合格后，进入下一道工序。施工单位于防水施工完成并自检合格后，通知监理方对该部位进行验收，监理方验收合格后通知甲方对该工序进行验收，验收合格后，进入下一道工序（图1-7）。

验收内容：防水基层是否清理干净、R角施工是否合格、防水冷底子油是否合适、防水附加层是否按图纸、方案及规范施工、后浇带、施工缝的防水是否按方案及规范施工、防水搭接宽度是否按方案及规范施工、防水是否有空鼓现象，以及规范和图纸的其他要求。

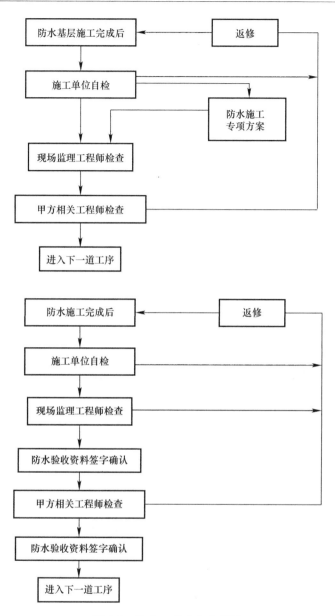

图 1-7　防水工程验收流程图

2. 检查方法

（1）防水工程检查方法

1）防水混凝土的原材料、外加剂及预埋件等必须符合设计要求和施工规定以及有关标准规定。

2）防水混凝土必须密实，其强度和抗渗等级必须符合设计要求及有关规定。

3）施工缝、变形缝、止水带、穿墙管件、支模铁件等设置和构造均必须符合设计要求和施工规范规定，严禁有渗漏。

4）混凝土表面应平整，无漏筋、蜂窝等缺陷，预埋件的位置、标高正确。

允许偏差项目见表 1-24。

地下防水混凝土工程允许偏差 表1-24

项次	项目		允许偏差（mm）		检验方法
			高层框架	高层大模	
1	轴线位移		5		尺量检查
2	楼层标高		±5	±10	用水准仪或尺量检查
3	截面尺寸		+5	+5，−2	尺量检查
4	墙垂直度	每层	5		用2m托线板检查
		全高	$H/1000$，且不大于30		用经纬仪或吊线和尺量检查
5	表面平整		8	4	用2m靠尺和锲形尺检查
6	预埋钢板中心位置偏移		10		尺量检查
7	预埋件、管埋螺栓中心位置偏移		5		
8	电梯井	井筒长、宽对中心线	+25 −0		用吊线和尺量检查
		井筒全高垂直度	$H/1000$，且不大于30		

注：1. 上表允许偏差系高层大模、高层框架地下室，如其他工程，可使用其他混凝土结构的允许偏差值。

2. H为墙的全高。

（2）卷材防水层检查方法

1）基层表面应平整、牢固、阴阳角处呈现圆弧形或钝角，冷底子油应涂布均匀，无漏涂。

2）卷材防水层铺贴方式和搭接、收头符合施工规范的规定，粘结牢固、紧密，接缝封严，无损伤和空鼓等缺陷。

3）卷材防水层的表面应平整，不得有皱折、空鼓、气泡、翘边和封口不严等缺陷。

4）地下防水结构的转角处，穿过防水层的管道与防水层之间的空隙，均应铺贴牢固和封闭严密。

5）卷材防水层保护层应粘结牢固，结合紧密，厚度均匀一致。

（3）涂料防水层检查方法

1）所有涂膜防水材料的品种、牌号及配合比，必须符合设计要求和有关标准的规定，每批产品应附有出厂证明文件。

2）涂膜防水层及其变形缝、预埋管件等细部做法，必须符合设计要求和施工规范的规定，并不允许有渗漏现象。

3）基层应牢固、表面洁净、平整，阴阳角处呈圆弧形或钝角，底胶应涂布均匀，无漏涂。

4）底胶、涂膜附加层涂刷方法、搭接、收头应符合施工规范规定，并应粘结牢固、紧密，接缝封严，无损伤、空鼓等现象。

5）应涂刷均匀，保护层和防水层粘结牢固，紧密结合，不得有损伤、厚度不均等缺陷。

3. 常见质量问题分析

地下室的防水混凝土结构的施工质量也是地下室防水工程的重点，而且混凝土是整个防水工程的主要材料，混凝土质量的好坏直接关系到整个防水工程的好坏。混凝土的质量问题一般都是在施工过程中出现裂缝，而混凝土出现裂缝是导致地下室渗水的主要原因，所以，对于混凝土的质量我们一定要严格把控，并且对混凝土的浇筑作业进行严格的规范。可以从以下几个方面来进行：

（1）设置伸缩缝、后浇带、膨胀加强带等，在混凝土中掺入膨胀剂，用来补偿混凝土的收缩应力，或者是在混凝土中掺入纤维类的物质，使其具有一定的抗拉强度，控制混凝土裂缝的产生。

（2）设置防裂钢筋。增加构造钢筋，提高混凝土的防裂性能，在地下室的外墙水平筋应该尽量采用小直径以及小间距，使钢筋起到温度筋的作用，提高混凝土的防裂性能。

（3）做好混凝土的配合比以及养护工作。对于水泥、沙子、石子的选择一定要严格按照相关的规范以及要求，并且采用外加剂和外掺料，改善混凝土拌合物的和易性。

4. 验收表格（表 1-25）

防水混凝土检验批质量验收记录表　　　　　　　　表 1-25

单位（子单位）工程名称						
分部（子分部）工程名称					验收部位	
施工单位					项目经理	
施工执行标准名称及编号						

		施工质量验收规范的规定		施工单位检查评定记录	监理（建设）单位验收记录
主控项目	1	原材料、配合比坍落度	第 4.1.7 条		
	2	抗压强度、抗渗压力	第 4.1.8 条		
	3	细部做法	第 4.1.9 条		
一般项目	1	表面质量	第 4.1.10 条		
	2	裂缝宽度	≤0.2mm，并不得贯通		
	3	防水混凝土结构厚度≥250mm 迎水面保护层 50mm	＋15mm，－10mm ±10mm		

施工单位检查评定结果	专业工长（施工员）		施工班组长	
	项目专业质量检查员：　　　　　　　　　　　年　月　日			
监理（建设）单位验收结论	专业监理工程师： （建设单位项目专业技术负责人）：　　　　　　　　　　年　月　日			

单元 2　主体工程质量验收

【知识目标】　掌握模板安装验收方法；掌握钢筋进场、加工、连接及安装中质量检查方法；掌握混凝土质量检查方法；掌握现浇混凝土结构质量验收方法；掌握填充墙砌筑质量检查方法；掌握装配式施工质量验收方法；掌握主体工程检验批、分项、分部工程质量验收记录填写方法。

【能力目标】　能进行模板安装工程、钢筋安装工程和混凝土浇筑工程验收；能正确使用规范进行验收记录填写；能正确检查梁板柱外观质量缺陷。

【素质目标】　具有规范工作习惯；具有信息获取能力；具有良好职业行为；具有团结协作能力；具有语言表达能力。

情景设计：

总任务——辽宁城建学院土建实训场三层框架结构办公楼，独立基础，建筑面积 600m², 目前工程主体已经于 2015 年 12 月完成，室内进行了简单装饰。在图纸和施工方案的基础上，要对各分部分项工程进行质量检查，目前需要小组合作完成主体结构、装饰装修工程进行检查具体要求：

(1) 要求在规定时间内完成分部工程或子分部工程质量检查；

(2) 填写混凝土工程、室内装饰装修工程相关分项工程检验批验收记录。

具体安排：

全班分组完成任务，每组最多 5 人，按班级实际人数进行分组。教师为监理工程师，其中每组为质检小组。

质量评定依据：

(1)《建筑工程施工质量验收统一标准》GB 50300—2013；

(2)《混凝土结构工程施工质量验收规范》GB 50204—2015；

(3)《混凝土结构工程施工规范》GB 50666—2011；

(4) 施工承包合同和监理合同；

(5) 经图审的设计图纸以及会审纪要设计变更（重大变更仍需要原图审单位审批）；

(6) 国家和地方标准图集；

(7) 经批准的施工组织设计。

导言：

根据现行国家标准《建筑工程施工质量验收统一标准》GB 50300—2013 的有关规定，对混凝土结构施工现场和施工项目的质量管理体系和质量保证体系提出了要求。施工单位应推行生产控制和合格控制的全过程质量控制。对施工现场质量管理，要求有相应的技术标准、健全的质量管理体系、施工质量控制和质量检验制度；对具体的施工项目，要求有经审查批准的施工方案。上述要求应能在施工过程中有效运行。施工方案应按程序审批，对涉及结构安全和人身安全的内容，应有明确的规定和相应的措施。

混凝土结构子分部工程可划分为模板、钢筋、混凝土、现浇结构、预应力和装配式结构等分项工程。各分项工程可根据与生产和施工方式相一致且便于控制施工质量的原则，按工作班、楼层、结构缝❶或施工段划分为若干检验批。检验批是工程质量验收的基本单元。检验批通常按下列原则划分：

(1) 检验批内质量均匀一致，抽样应符合随机性和真实性的原则；

(2) 贯彻过程控制的原则，按施工次序、便于质量验收和控制关键工序质量的需要划分检验批。

混凝土结构子分部工程的质量验收，应在钢筋、预应力、混凝土、现浇结构或装配式结构等相关分项工程验收合格的基础上，进行质量控制资料检查及观感质量验收，并应对涉及结构安全的、有代表性的部位进行结构实体检验。

模板工程仅作为分项工程验收，旨在确保模板工程的质量，并尽量避免模板工程质量

---

❶ "结构缝"系指为避免温度胀缩、地基沉降和地震碰撞等而在相邻两建筑物或建筑物的两部分之间设置的伸缩缝、沉降缝和防震缝等的总称。

问题造成的各类安全事故，对结构工程验收来讲，模板不再是结构的一部分，因此不作为结构验收的内容。通常混凝土结构验收包括钢筋、混凝土、现浇结构三个分项工程，对装配式混凝土结构，应增加装配式结构分项的验收；对预应力混凝土结构，应增加预应力分项的验收。

检验批验收前，施工单位应完成自检，对存在的问题自行处理，然后填写"检验批或分项工程质量验收记录"的相应部分，并由项目专业质量检查员在检验批质量检验记录中签字，然后由监理工程师组织，严格按规定程序进行验收。当工程未设监理时，也可由建设单位项目专业技术负责人执行。

检验批质量验收合格的条件：主控项目和一般项目检验均应合格，且资料完整。检验批验收合格后，在形成验收文件的同时宜作出合格标志，以利于施工现场管理和作为后续工序施工的条件。检验批的合格质量主要取决于主控项目和一般项目的检验结果。主控项目是对检验批的基本质量起决定性影响的检验项目，这种项目的检验结果具有否决权。由于主控项目对工程质量起重要作用，从严要求是必需的。

对采用计数检验的一般项目❶，规范的要求为80％及以上，且在允许存在的20％以下的不合格点中不得有严重缺陷。本规范中少量采用计数检验的一般项目，合格点率要求为90％及以上，同时也不得有严重缺陷❷。根据《建筑工程施工质量验收统一标准》GB 50300—2013的规定，检验批质量验收时可选择经实践检验有效的抽样方案。一般项目所采用的计数检验，基本上采用了原规范的方案。对于这种计数抽样方案，尚可根据质量验收的需要和抽样检验理论作一步完善。

资料检查中重要工序的施工记录是体现过程质量控制的有效方法，如预应力筋张拉记录能够反映出张拉质量控制情况，抽样检测报告和抽样检验报告能够反映如焊接连接、钢筋接头等重要工程施工质量的实际控制情况。而隐蔽工程验收记录反映隐蔽部分的工程质量情况。

检验批抽样样本应随机抽取，满足分布均匀、具有代表性的要求，抽样数量应符合有关专业验收规范的规定。当采用计数抽样时，最小抽样数量应符合表2-1的要求。明显不合格的个体可不纳入检验批，但应进行处理，使其满足有关专业验收规范的规定，对处理的情况应予以记录并重新验收。

检验批最小抽样数量 表 2-1

检验批容量	最小抽样数量	检验批容量	最小抽样数量
2～15	2	151～280	13
16～25	3	281～500	20
26～90	5	501～1200	32
91～150	8	1201～3200	50

对于计数抽样的一般项目，正常检验一次抽样应按表2-2判定，正常检验二次抽样应按表2-3判定。样本容量在表2-2或表2-3给出的数值之间时，合格判定数和不合格判定数可通过插值并四舍五入取整数值。

---

❶　主控项目指建筑工程中的对安全、卫生、环境保护和公众利益起决定作用的检验项目。除主控项目以外的检验项目称为一般项目。

❷　严重缺陷 serious defect：对结构构件的受力性能或安装使用性能有决定性影响的缺陷。

一般项目正常一次性抽样的判定　　　　　　　表 2-2

样本容量	合格判定数	不合格判定数	样本容量	合格判定数	不合格判定数
5	1	2	32	7	8
8	2	3	50	10	11
13	3	4	80	14	15
20	5	6	125	21	22

一般项目正常二次性抽样的判定　　　　　　　表 2-3

抽样次数	样本容量	合格判定数	不合格判定数	抽样次数	样本容量	合格判定数	不合格判定数
(1)	3	0	2	(1)	20	3	6
(2)	6	1	2	(2)	40	9	10
(1)	5	0	3	(1)	32	5	9
(2)	10	3	4	(2)	64	12	13
(1)	8	1	3	(1)	50	7	11
(2)	16	4	5	(2)	100	18	19
(1)	13	2	5	(1)	80	11	16
(2)	26	6	7	(2)	160	26	27

注：（1）和（2）表示抽样次数，（2）对应的样本容量为二次抽样的累计数量。

进场验收不合格的材料、构配件、器具及半成品不得用于工程中。对混凝土浇筑前出现的施工质量不合格的检验批，允许返工、返修后重新验收；对混凝土浇筑后出现的不合格检验批，规定应按本规范各章节的有关规定处理并重新验收。实际上，当出现较严重质量缺陷时，由于其对结构安全性影响较大，必须按有关规定程序进行处理。

在确保产品质量的前提下，尽量减轻进场检验的工作量，降低质量控制的社会成本。经过认证部门认证的产品，意味着其产品的生产设备、人员配备、质量管理等环节对质量控制的有效性，产品质量是稳定且有保证的；此外，连续三次检验均一次合格，同样意味着该产品的质量稳定性。然而，无论是认证产品，还是连续三次检验均一次合格的产品，扩大检验批容量后，若出现不合格的情况，则必须提高警惕，并从严验收其质量，因此规定其检验批容量重新按扩大前的规定执行。需要说明的是，当上述两个条件都满足时，检验批容量只扩大一次。

任务 1　检查模板工程质量

子情景：

接收项目后，工程此时刚刚结束实训场二楼、梁、板柱模板安装及模板支架搭设工作，需要进行二楼模板工程质量检查。具体要求如下：

（1）以小组为单位选取检查工具；

（2）要求查阅图纸确定检验批；

（3）要求计算同一检验批❶最小和实际抽查数量；

❶　检验批：按相同的生产条件或规定的方式汇总起来供抽样检验用的由一定数盈样本组成的检验体。

（4）填写模板安装工程检验批质量验收记录；

（5）评定模板安装工程质量是否合格。

导言：

模板分项工程是对混凝土浇筑成型用的模板及其支架的设计、安装、拆除等一系列技术工作和完成实体的总称。由于模板可以连续周转使用，模板分项工程所含检验批通常根据模板安装和拆除的数量确定。

模板拆除的内容，主要因为国家标准《混凝土结构工程施工规范》GB 50666—2011已经包含模板拆除的规定，且模板拆除属于施工过程，不宜作为模板工程的验收内容加以要求，所以此次任务只针对模板安装工程及模板支架搭设工程质量检查。

模板工程应编制施工方案。爬升式模板工程、工具式模板工程及高大模板支架工程的施工方案，应按有关规定进行技术论证。

高大模板支撑系统专项施工方案，应先由施工单位技术部门组织本单位施工技术、安全、质量等部门的专业技术人员进行审核，经施工单位技术负责人签字后，再按照相关规定组织专家论证。

《危险性较大的分部分项工程安全管理办法》（中华人民共和国住房和城乡建设部二〇〇九年五月十三日）中所称危险性较大的分部分项工程是指建筑工程在施工过程中存在的、可能导致作业人员群死群伤或造成重大不良社会影响的分部分项工程。

危险性较大的分部分项工程安全专项施工方案（以下简称"专项方案"），是指施工单位在编制施工组织（总）设计的基础上，针对危险性较大的分部分项工程单独编制的安全技术措施文件。施工单位应当在危险性较大的分部分项工程施工前编制专项方案；对于超过一定规模的危险性较大的分部分项工程，施工单位应当组织专家对专项方案进行论证。

危险性较大的分部分项工程范围

（1）各类工具式模板工程：包括大模板、滑模、爬模、飞模等工程。

（2）混凝土模板支撑工程：搭设高度 5m 及以上；搭设跨度 10m 及以上；施工总荷载 10kN/m² 及以上；集中线荷载 15kN/m 及以上；高度大于支撑水平投影宽度且相对独立无联系构件的混凝土模板支撑工程。

超过一定规模的危险性较大的分部分项工程范围

（1）工具式模板工程：包括滑模、爬模、飞模工程。

（2）混凝土模板支撑工程：搭设高度 8m 及以上；搭设跨度 18m 及以上；施工总荷载 15kN/m² 及以上；集中线荷载 20kN/m 及以上。

为此，住房和城乡建设部二〇〇九年颁布了《建设工程高大模板支撑系统施工安全监督管理导则》。

1. 模板安装检查内容

具体检查内容包括：轴线位置、底模上表面标高、截面内部尺寸、层高垂直度、相邻两板表面高低差、表面平整度。

2. 检查方法

（1）现浇结构模板安装检查方法

现浇结构模板安装的尺寸偏差及检验方法应符合表 2-4 的规定。

现浇结构模板安装的允许偏差及检验方法　　　　　　　　　　表 2-4

项目		允许偏差（mm）	检验工具
轴线位置		5	尺量
底模上表面标高		±5	水准仪或拉线、尺量
模板内部尺寸	基础	±10	尺量
	柱、墙、梁	±5	尺量
	楼梯相邻踏步高差	±5	尺量
垂直度	柱、墙层高≤6m	8	经纬仪或吊线、尺量
	柱、墙层商>6m	10	经纬仪或吊线、尺量
相邻两块模摄表面高差		2	尺量
表面平整度		5	2m靠尺和塞尺量测

注：检查轴线位置当有纵横两个方向时，沿纵、横两个方向最测，并取其中偏差的较大值。

检查方法：

1）轴线位置：根据结构层图纸轴线的几何尺寸关系，用钢尺丈量出轴线的长度和宽度。其允许偏差为 5mm。

2）底模上表面标高：底模上表面标高＝层高—板厚（或梁高），其检验方法为水准仪、拉线或钢尺检查。以钢尺检查为例，用钢尺分别量底模上表面的两端和中间位置到楼底的高度。其允许偏差为±5mm。

3）截面内部尺寸：模板截面内部尺寸主要是丈量基础、柱、墙、梁的几何尺寸。用钢尺丈量它们的长、宽、高与对应的结构图纸相比较。基础的允许偏差为±10mm，柱、墙、梁的允许偏差为＋4mm，—5mm。如图 2-1 所示。

图 2-1　截面内部尺寸检查

4）层高垂直度：层高垂直度检查可以通过检查剪力墙和框架柱的垂直度来检查。其检验方法为：找一个线锤和木条，线锤的尾部线缠在木条的一端，木条的另一端水平插在剪力墙或框架柱的模板上，线锤垂直吊在地面上空。待线锤稳定后，用钢尺丈量模板到线锤线的水平距离，竖直方向依次丈量两个点，看读数是否一致，否则就有偏差。其允许偏差为：层高不大于 5m，允许偏差为 6mm；层高大于 5m，允许偏差为 8m。如图 2-2 所示。

5）相邻两板表面高低差：根据结构图纸，当梁两边的板高度一样时，用钢尺丈量梁板左右两边的模板高度，如果丈量的高度一样，则没有高低差，否则有高低差；当梁两边的板高度不一样时，先根据结构图纸算出它们之间的绝对高低差，再用钢尺丈量梁板左右两边的模板高度，丈量的高度数值相减后再减去它们之间的绝对高低差，如果最后相减结果为零，则没有高低差，否则有高低差。其允许偏差为 2mm。如图 2-3 所示。

6）表面平整度：先找一根细长线，线的两端分别系在两根柱钢筋的结构 50 线上，用钢尺丈量模板到线的高度，依次在线的两端和线的中间丈量出三个点的高度，看丈量的结果是否一致，否则有偏差。其允许偏差为 5mm。

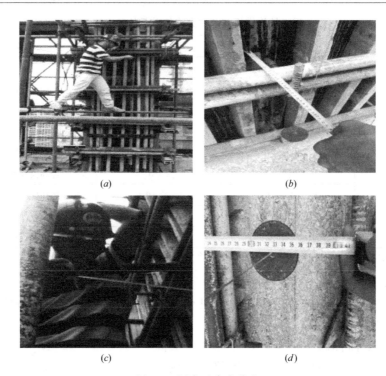

(a) 　　　　　　　　　　*(b)*

(c) 　　　　　　　　　　*(d)*

图 2-2　层高垂直度检查

（*a*）用铅垂量取柱子顶点和地点；（*b*）用卷尺量取低点模板距铅垂距离；

（*c*）用卷尺量取顶点模板距铅垂距离；（*d*）计算高低两点距离差

检查数量：在同一检验批内，对梁、柱和独立基础，应抽查构件数量的 10%，且不应少于 3 件；对墙和板，应按有代表性的自然间抽查 10%，且不应少于 3 间；对大空间结构，墙可按相邻轴线间高度 5m 左右划分检查面，板可按纵、横轴线划分检查面，抽查 10%，且均不应少于 3 面。

（2）预制构件模板安装检查方法

预制构件模板安装的偏差及检验方法应符合表 2-5 的规定。

图 2-3　相邻两板表面高低差检查

预制构件模板安装的允许偏差及检验方法　　　　　　　　表 2-5

项目		允许偏差（mm）	检验方法
长度	梁、板	±4	尺量两侧边，取其中较大值
	薄腹梁、桁架	±8	
	柱	0，−10	
	墙板	0，−5	
宽度	板、墙板	0，−5	尺量两端及中部，取其中较大值
	薄腹梁、桁架	+2，−5	
高（厚）度	板	+2，−3	尺量两端及中部，取其中较大值
	墙板	0，−5	
	梁、薄腹梁、桁架、柱	+2，−5	

续表

项目		允许偏差（mm）	检验方法
侧向弯曲	梁、板、柱	$L/1000$ 且≤15	拉线、尺量 最大弯曲处
	墙板、薄腹梁、桁架	$L/1500$ 且≤15	
板的袭面平整度		3	2m 靠尺和塞尺量测
相邻两扳表面高低差		1	尺量
对角线差	板	7	尺量两对角线
	墙板	5	
翘曲	板、墙板	$L/1500$	水平尺在两端量测
设计起拱	薄腹梁、桁架、梁	±3	拉线、尺量跨中

注：L 为构件长度（mm）。

检查数盘：首次使用及大修后的模板应全数检查；使用中的模板应抽查 10%，且不应少于 5 件，不足 5 件时应全数检查。

（3）预埋件及预留孔洞检查方法

固定在模板上的预埋件和预留孔洞不得遗漏，且应安装牢固。有抗渗要求的混凝土结构中的预埋件，应按设计及施工方案的要求采取防渗措施。

预埋件和预留孔洞的位置应满足设计和施工方案的要求。当设计无具体要求时，其位置偏差应符合表 2-6 的规定。

预埋件和预留孔洞的安装允许偏差　　　　　　　　　表 2-6

项目		允许偏差（mm）
预埋板中心线位盟		3
预埋管、预留孔中心线位置		3
插筋	中心线位置	5
	外露长度	+10，0
预埋螺栓	中心线位置	2
	外露长度	+10，0
预留洞	中心线位置	10
	尺寸	+10，0

注：检查中心线位置时，沿纵、横两个方向量测，并取其中偏差的较大值。

检验方法：观察，尺量。

检查数量：在同一检验批内，对梁、柱和独立基础，应抽查构件数量的 10%，且不应少于 3 件；对墙和板，应按有代表性的自然间抽查 10%，且不应少于 3 间；对大空间结构墙可按相邻轴线间高度 5m 左右划分检查面，板可按纵、横轴线划分检查面，抽查 10%，且均不应少于 3 面。

（4）模板安装其余检查方法

模板安装质量应符合下列规定：模板的接缝应严密；模板内不应有杂物、积水或冰雪等；模板与混凝土的接触面应平整、清洁；用作模板的地坪、胎膜等应平整、清洁，不应有影响构件质量的下沉、裂缝、起砂或起鼓；对清水混凝土及装饰混凝土构件，应使用能达到设计效果的模板。

隔离剂的品种和涂刷方法应符合施工方案的要求。隔离剂不得影响结构性能及装饰施工；不得沾污钢筋、预应力筋、预埋件和混凝土接槎处；不得对环境造成污染。

（5）模板支架检查方法

模板及支架，应根据施工过程中的各种工况进行设计，应具有足够的承载力和刚度，并应保证其整体稳固性。

支架比模板更重要，如果模板出问题，支架无问题，会造成混凝土变形、胀模等问题，一般不会垮塌；但支架出问题，往往整体垮塌，造成重大安全事故。

整体稳固性更为重要，沈阳多次出现的垮塌事故，基本上是由于失稳造成，不是由于承载力不足所致。

模板及支架虽然是施工过程中的临时结构，但由于其在施工过程中可能遇到各种不同的荷载及其组合，某些荷载还具有不确定性，故其设计既要符合建筑结构设计的基本要求，要考虑结构形式、荷载大小等，又要结合施工过程的安装、使用和拆除等各种主要工况进行设计，以保证其安全可靠，在任何一种可能遇到的工况下仍具有足够的承载力、刚度和稳固性。

结构的整体稳固性系指结构在遭遇偶然事件时，仅产生局部损坏而不致出现与起因不相称的整体性破坏；模板及支架的整体稳固性系指在遭遇不利施工荷载工况时，不因构造不合理或局部支撑杆件缺失造成整体性坍塌。模板及支架设计时应考虑模板及支架自重、新浇筑混凝土自重、钢筋自重、施工人员及施工设备荷载、新浇筑混凝土对模板侧面的压力、混凝土下料产生的水平荷载、泵送混凝土或不均匀堆载等因素产生的附加水平荷载、风荷载等。各种工况可以理解为各种可能遇到的荷载及其组合产生的效应。

对模板及支架工程的基本要求，直接影响模板及支架的安全，并与混凝土结构施工质量密切相关，故列为强制性条文，必须严格执行。

现浇混凝土结构的模板及支架安装完成后，应按照专项施工方案对下列内容进行检查验收：模板的定位；支架杆件的规格、尺寸、数量；支架杆件之间的连接；支架的剪刀撑和其他支撑设置；支架与结构之间的连接设置；支架杆件底部的支承情况。检查数量：全数检查。检验方法：观察、尺量检查；力矩扳手检查。根据《混凝土工程施工规范》GB 50666—2011第4.4.7条规定总结出表2-7。此表适合于采用扣件式钢管作模板支架时，支架搭设的规定。若采用扣件式钢管作高大模板支架时，支架搭设除应符合表2-7规定外，尚应符合规范4.4.8的规定。

模板支撑、立柱位置和垫板质量检查 表2-7

序号	验收项目		设计要求及规范规定	检查记录	检查结果
1	立杆纵距		≤1.5m		
2	立杆横距		≤1.5m		
3	支架步距		≤2.0m		
4	扫地杆距立杆底部		纵下横上，≤200mm		
5	顶层水平杆中心线距支撑点距离		≤600mm		
6	可调托撑	伸出长度	≤300mm		
		插入立杆长度	≥150mm		
		螺杆外径	≥36mm		
		托板厚度	≥5mm		

续表

序号	验收项目		设计要求及规范规定		检查记录	检查结果
7	钢管	外径	48.3mm	允许偏差 10%		
		壁厚	3.6mm			
8	扣件螺栓拧紧力矩		≥40N·m 且≤65N·m			
9	支架立杆搭设垂直偏差		≤5/1000 且≤100			

注：支架周边应连续设置竖向剪刀撑。支架长度或宽度大于 6m 时，应设置中部纵向或横向的竖向剪刀撑，剪刀撑的间距和单幅剪刀撑的宽度均不宜大于 8m，剪刀撑与水平杆的夹角宜为 45°～60°，支架高度大于 3 倍步距时，支架顶部宜设置一道水平剪刀撑，剪刀撑应延伸至周边。立杆、水平杆、剪刀撑的搭接长度，不应小于 0.8m，且不应少于 2 个扣件连接，扣件盖板边缘到杆端不应小于 100mm。

目前沈阳市模板支架多采用扣件式钢管，应按现行行业标准《建筑施工模板安全技术规范》JGJ 162—2008 和《建筑施工扣件式钢管脚手架安全技术规范》JGJ 130—2011 的有关规定执行。

3. 常见质量问题分析

（1）模板安装接缝不严

1）现象

由于模板间接缝不严有间隙，混凝土浇筑时产生漏浆，混凝土表面出现蜂窝，严重的出现孔洞、露筋。

2）原因分析

① 翻样不认真或有误，模板制作马虎，拼装时接缝过大。

② 木模板安装周期过长，因木模干缩造成裂缝。

③ 木模板制作粗糙，拼缝不严。

④ 浇筑混凝土时，木模板未提前浇水湿润，使其胀开。

⑤ 钢模板变形未及时修整。

⑥ 钢模板接缝措施不当。

⑦ 梁、柱交接部位，接头尺寸不准、错位。

3）防治措施

① 翻样要认真，严格按 1/10～1/50 比例将各分部分项细部翻成详图，详细编注，经复核无误后认真向操作工人交底，强化工人质量意识，认真制作定型模板和拼装。

② 严格控制木模板含水率，制作时拼缝要严密。

③ 木模板安装周期不宜过长，浇筑混凝土时，木模板要提前浇水湿润，使其胀开密缝。

④ 钢模板变形，特别是边框外变形，要及时修整平直。

⑤ 钢模板间嵌缝措施要控制，不能用油毡、塑料布、水泥袋等去嵌缝堵漏。

⑥ 梁、柱交接部位支撑要牢靠，拼缝要严密（必要时缝间加双面胶纸），发生错位要校正好。

（2）模板拆除后混凝土缺棱掉角

1）现象

混凝土棱角破损、脱落，如图 2-4 所示。

2）原因分析

① 拆模过早，混凝土强度不足。

② 操作人员不认真，用大锤、撬棍硬砸猛撬，造成混凝土棱角破损、脱落。

3）防治措施

① 混凝土强度必须达到质量验收标准中的要求方可拆模。

② 对操作人员进行技术交底，严禁用大锤、撬棍硬砸猛撬。

（3）大模板墙体"烂根"质量问题

墙体"烂根"已成为剪力墙混凝土施工的一大质量常见问题，尽管采取了不少办法，但效果不佳。某施工单位在施工中对大模板根部进行了改进，将面板底边钢框板割掉，水平上移70mm，重新焊好。在移动后的钢框板上用电钻钻 ϕ16 孔，孔距控制为 100～200mm。用 3mm 厚的钢板制成如图 2-5 所示的卡具，卡住高弹性橡胶条（橡胶条断面尺寸为 30mm×40mm）。卡具上表面连接如图 2-5 所示的螺栓，螺栓间距与钢框板上的 ϕ16 孔孔距一致。将图 2-5 所示的配件穿过钢框板上的圆孔，与大模板根部相连接。

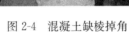

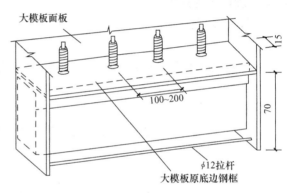

图 2-4　混凝土缺棱掉角　　　　图 2-5　配件与大模板连接示意图

待大模板支撑加固达到要求后，用特制扳手拧动卡具上的螺栓，使橡胶条不断下降并紧贴混凝土表面，不留缝隙。这样做的目的是，利用橡胶的弹性压缩量来抵消混凝土表面因平整度超标而造成的高低差。这种做法在实际工程中应用后，可杜绝墙体"烂根"现象。

4. 验收表格

现浇模板安装的检验批的划分：按楼层、结构缝、施工段划分。预制构件模板安装的检验批的划分：按构件型号、使用时间划分。具体验收记录单见表 2-8、表 2-9。

模板安装工程检验批质量验收记录　　　　　　　　　　　表 2-8

编号：＿＿＿＿＿＿＿

单位（子单位）工程名称		分部（子分部）工程名称		分项工程名称	
施工单位		项目负责人		检验批容量	
分包单位		分包单位项目负责人		检验批部位	
施工依据		验收依据		《混凝土结构工程施工质量验收规范》GB 50204—2015	

续表

		验收项目		设计要求及规范规定	最小/实际抽样数量	检查记录	检查结果
主控项目	1	模板工程施工方案及论证		第4.1.1条	/		
	2	模板及支架用材料质量		第4.2.1条	/		
	3	现浇混凝土模板及支架安装		第4.1.2条 第4.2.2条	/		
	4	后浇带模板及支架独立设置		第4.2.3条	/		
	5	支架竖杆或竖向模板安装		第4.2.4条	/		
一般项目	1	模板安装的一般要求		第4.2.5条	/		
	2	隔离剂的品种与涂刷方法		第4.2.6条	/		
	3	模板起拱		第4.2.7条	/		
	4	多层连续支模竖杆及垫板		第4.2.8条	/		
	5	预埋件和预留孔洞安装允许偏差（mm）	预埋件和预留孔洞留置与防渗措施	第4.2.9条	/		
			预埋板中心线位置	3	/		
			预埋管、预留孔中心线	3	/		
			插筋 中心线位置	5	/		
			插筋 外露长度	+10，0	/		
			预埋螺栓 中心线位置	2	/		
			预埋螺栓 外露长度	+10，0	/		
			预留洞 中心线位置	10	/		
			预留洞 尺寸	+10，0	/		
	6	模板安装允许偏差（mm）	轴线位置	5	/		
			底模上表面标高	±5	/		
			模板内部尺寸 基础	±10	/		
			模板内部尺寸 柱、墙、梁	±5	/		
			楼梯相邻踏步高差	5	/		
			墙、柱垂直度 层高≤6m	8	/		
			墙、柱垂直度 层高>6m	10	/		
			相邻模板表面高差	2	/		
			表面平整度	5	/		

施工单位检查结果	专业工长：项目专业质量检查员： 年　月　日
监理（建设）单位验收结论	专业监理工程师：（建设单位项目专业技术负责人） 年　月　日

注：模板的起拱应符合现行国家标准《混凝土结构工程施工规范》GB 50666的规定，并应符合设计及施工方案的要求。对跨度不小于4m的梁、板，其模板起拱高度宜为梁、板跨度的1/1000～3/1000，起拱不得减少构件的截面高度。

检查数量：在同一检验批内，对梁，跨度大于18m时应全数检查，跨度不大于18m时应抽查构件数量的10%，且不应少于3件；对板，应按有代表性的自然间抽查10%，且不应少于3间；对大空间结构，板可按纵、横轴线划分检查面，抽查10%，且不应少于3面。

检验方法：水准仪或尺量。

预制构件模板安装检验批质量验收记录   表 2-9

编号：_____

单位（子单位）工程名称			分部（子分部）工程名称		分项工程名称	
施工单位			项目负责人		检验批容量	
分包单位			分包单位项目负责人		检验批部位	
施工依据			验收依据		《混凝土结构工程施工质量验收规范》GB 50204—2015	

		验收项目			设计要求及规范规定	最小/实际抽样数量	检查记录	检查结果
主控项目	1	模板工程施工方案			第4.1.1条	/		
	2	模板材料质量			第4.2.1条	/		
	3	模板安装			第4.1.2条 第4.2.2条	/		
一般项目	1	模板安装的一般要求			第4.2.5条	/		
	2	隔离剂的品种与涂刷方法			第4.2.6条	/		
	3	预埋件预留孔洞安装及措施			第4.2.9条	/		
	4	预制构件模板安装允许偏差（mm）	长度	梁、板	± 4	/		
				薄腹梁、桁架	± 8	/		
				柱	0，-10	/		
				墙板	0，-5	/		
			宽度	板、墙板	0，-5	/		
				梁、薄腹梁、桁架	$+2$，-5	/		
			高（厚）度	板	$+2$，-3	/		
				墙板	0，-5	/		
				梁、薄腹梁、桁架、柱	$+2$，-5	/		
			侧向弯曲	梁、板、柱	$L/1000$ 且$\leqslant 15$	/		
				墙板、薄腹梁、桁架	$L/1000$ 且$\leqslant 15$	/		
			板的表面平整度		3	/		
			相邻模板表面高差		1	/		
			对角线差	板	7	/		
				墙板	5	/		
			翘曲	板、墙板	$L/1500$	/		
			设计起拱	薄腹梁、桁架、梁	± 3	/		
	5	预埋件和预留孔洞安装允许偏差（mm）	预埋板中心线位置		3	/		
			预埋管、预留孔中心线		3	/		

续表

		验收项目		设计要求及规范规定	最小/实际抽样数量	检查记录	检查结果
一般项目	5　预埋件和预留孔洞安装允许偏差（mm）	插筋	中心线位置	5	/		
			外露长度	+10, 0	/		
		预埋螺栓	中心线位置	2	/		
			外露长度	+10, 0	/		
		预留洞	中心线位置	10	/		
			尺寸	+10, 0	/		

施工单位检查结果	专业工长： 项目专业质量检查员： 　　　　　　　　　　　　年　月　日
监理（建设）单位验收结论	专业监理工程师： （建设单位项目专业技术负责人） 　　　　　　　　　　　　年　月　日

【知识链接】

1. 现浇模板支模顺序：

柱→剪力墙→梁底模→板底模→绑梁钢筋→梁侧模→绑板钢筋

2. 现浇模板拆模顺序：

柱→剪力墙→板底模→梁侧模→梁底模

3. 根据《混凝土工程施工规范》GB 50666—2011 中第 4.5.2 条规定：底模及支架应在混凝土强度达到设计要求时再拆除；当设计无具体要求时，同条件养护试件的混凝土抗压强度应符合表 2-10 的规定。

底模拆除时的混凝土强度要求　　　　　　　　表 2-10

构件类型	构件跨度（m）	达到设计混凝土强度等级的百分率
板	≤2	≥50
	>2，≤8	≥75
	>8	≥100
梁、拱、壳	≤8	≥75
	>8	≥100
悬臂结构		≥100

注：表中要求的混凝土强度是在正常情况下的要求，如果进度较快，该楼层之上，还有若干层梁板的荷载（包括永久荷载和可变施工荷载）该楼层的混凝土强度即使达到本条规定，其底模与支撑也不能拆除。

4. 模板按材质分类：钢质、木或竹质、铝合金质、玻璃钢质、塑钢质。

5. 模板按形式分类：木模板、组合钢模板、大模板、滑升模板、爬升模板、台模（也称飞模）、永久模板。

6. 脚手架种类：扣件式、碗扣式、插接式、盘销式。

【拓展提高】

辽宁城市建设职业技术学院实训场办公楼为框架结构，共3层，室内为普通抹灰，检查时，该工程室二层模板安装工程已结束，在检查中发现二层模板安装检验批质量验收记录，一份评定结果详见表2-11，该工程对模板安装工程评定是否符合规定？如不符合规定，说明理由。

模板安装检验批质量验收记录　　　　　　　　　　　　　　　表2-11

单位（子单位）工程名称		辽宁城市建设职业技术学院实训场	分部（子分部）工程名称	主体结构/混凝土结构	分项工程名称	模板
施工单位		北京工建标建筑有限公司	项目负责人	赵斌	检验批容量	90m²
分包单位		/	分包单位项目负责人	/	检验报量部位	二层梁板柱
施工依据		《混凝土结构工程施工规范》GB 50666—2011		验收依据	《混凝土结构工程施工质量验收规范》GB 50204—2015	

		验收项目		设计要求及规范规定	最小/实际抽样数量	检查记录	检查结果
主控项目	1	模板支撑、立柱位置和垫板		第4.2.1条	3/3	模板的支撑系统稳定可靠，立柱位置正确，方便施工，垫板设置规范	100%
	2	避免隔离剂沾污		第4.2.2条	5/5	全数检查模板面层，无污染现象	√
一般项目	1	模板安装一般要求		第4.2.3条	/	/	/
	2	用作模板的地坪、胎膜质量		第4.2.4条	/	/	/
	3	模板直拱高度		第4.2.5条	3/3	抽查3处/合格2处	66.7%
	4	预埋钢板中心线位置 mm		3	/	/	/
		预埋管、预埋孔中心线位置 mm		3	3/3	抽查3处/合格3处	100%
	5	模板项目允许偏差	插筋	中心线位置 mm	5	3/3	抽查3处/合格3处	100%
				外露长度 mm	+10.0	3/3	抽查3处/合格3处	100%
			预埋螺栓	中心线位置 mm	2	/	/	/
				外露长度 mm	+10.0	/	/	/
			预留洞	中心线位置 mm	10	3/3	抽查3处/合格3处	100%
				尺寸 mm	+10.0	3/3	抽查3处/合格3处	100%

续表

		验收项目		设计要求及规范规定	最小/实际抽样数量	检查记录	检查结果
一般项目	5	模板项目允许偏差	轴线位置	5	3/3	抽查 3 处/合格 3 处	100%
			底模上表面标高	±5	3/3	抽查 3 处/合格 3 处	100%
		截面内部尺寸 mm	基础	±10	/	/	/
			柱、墙、梁	+4.5	3/3	抽查 3 处/合格 3 处	100%
		层垂直度 mm	不大于 5mm	6	3/3	抽查 3 处/合格 3 处	100%
			大于 5mm	8	/	/	/
		相邻两板高低差 mm		2	3/3	抽查 3 处/合格 3 处	100%
		表面平整度 mm		5	3/3	抽查 3 处/合格 3 处	100%

施工单位检查结果	符合要求	专业工长： 项目专业质量检查员： 　　2016 年 10 月　　日
监理单位验收结论	合格，同意验收	专业监理工程师： 　　2016 年 10 月　　日

【课后自测及相关实训】

1. 模板工程相关工作页。

2. 以小组为单位实测实量模板安装工程检查内容，并完成工作页中模板安装检验批质量验收记录及模板支撑、立柱位置和垫板质量检查记录。

任务 2　检查钢筋（原材料、加工）工程质量

子情景：

接收项目后，工程此时正在进行三层柱、梁、板钢筋绑扎工作，需要进行钢筋原材料进场验收❶、抽样复验及钢筋加工棚中钢筋加工质量检查工作。具体要求如下：

（1）以小组为单位模拟现场进行钢筋送检检测；

（2）要求查阅图纸确定钢筋进场检验批；

（3）要求计算同一检验批见证取样❷的最小抽查数量；

---

❶　进场验收：对进入施工现场的材料、构配件、器具及半成品等，按相关标准的要求进行检验，并对其质量达到合格与否做出确认的过程。主要包括外观检查、质量证明文件检查、抽样检验等。

❷　见证取样和送检制度：是指在建设监理单位或建设单位见证下，对进入施工现场的有关建筑材料，由施工单位专职材料试验人员在现场取样或制作试件后，送至符合资质资格管理要求的试验室进行试验的一个程序。

（4）填写钢筋（原材料、加工）检验批质量验收记录；

（5）要求计算钢筋进场时的重量偏差及与直径偏差的关系；

（6）要求总结受力钢筋弯钩和弯折相关规定、箍筋末端弯钩相关规定、拉筋弯钩处理。

导言：

钢筋是钢筋混凝土结构的骨架，依靠锚固与混凝土结合成整体，共同工作，作为混凝土结构中主要抗拉材料，钢筋的质量对混凝土结构整体受力性能，有重要决定作用。对于提高结构延性和抗震性具有重要意义，应引起足够的重视。

作为材料设备进场验收：应遵循甲供物资到场；乙供物资到场、进场复试合格；见证送检在材料设备进场后，正式施工前。a）甲供物资进场后，由业主项目部组织合约管理部、监理、供应商、接收单位进行验收、移交，并在《甲供材料设备进场验收单》上签字并盖章，确认移交。供应商应随车附带相关合格证、检查报告、3C 认证等；由接收单位根据规定报送《材料设备报审表》，监理验收。需送检的，应取得合格的《质量检验复试报告》后，完成甲供物资的验收及移交。甲供物资：由业主项目部组织材料设备供应商、接收单位、监理、总包单位进行甲供物资验收及交接；遵循"甲供必检"的原则。b）乙供物资：由施工单位组织总包、监理、业主项目部进行验收，业主项目部实行"三检制度"：首批必检、关键必检、中间抽检，抽检不少于 30％。c）见证送检由施工单位请建设单位委托的第三方检测中心进行材料设备的复试，施工单位及监理做好《见证送检台账》。

甲供材料：《甲供材料设备进场验收单》、合格证、检测报告、3C 认证、《质量检验复试报告》；乙供材料：《首批材料进场验收单》、《材料进场验收单》、合格证、检测报告、3C 认证、《质量检验复试报告》；见证送检：《质量检验复试报告》。

1. 钢筋（原材料、加工）检查内容

浇筑混凝土之前，应进行钢筋隐蔽工程验收。隐蔽工程验收应包括下列主要内容：

1）纵向受力钢筋的牌号、规格、数量、位置；

2）钢筋的连接方式、接头位置、接头质量、接头面积百分率、搭接长度、锚固方式及锚固长度；

3）箍筋、横向钢筋的牌号、规格、数量、间距、位置，箍筋弯钩的弯折角度及平直段长度；

4）预埋件的规格、数量和位置。

（1）钢筋进场检查内容

钢筋进场，要检查出厂合格证及钢筋的品种、型号、规格、数量、外观检查和见证取样（包括屈服强度、抗拉强度、伸长率、弯曲性能、重量偏差）。检验方法：检查质量证明文件和抽样检验报告。

钢筋进场时要对全部钢筋进行观察，钢筋是否平直、有无损伤，表面有无裂纹、油污、颗粒状或片状老锈。

对于有抗震要求的建筑，钢筋进场时钢筋表面必须要有 E 符号。对按一、二、三级抗震等级设计的框架和斜撑构件（含梯段）中的纵向受力普通钢筋应采用 HRB335E、HRB400E、HRB500E、HRBF335E、HRBF400E 或 HRBF500E 钢筋，其强度和最大力下总伸长率的实测值应符合下列规定：

1）抗拉强度实测值与屈服强度实测值的比值不应小于 1.25（强屈比）；

2）屈服强度实测值与屈服强度标准值的比值不应大于 1.30（或称为屈强比、超屈比、超强比，应为屈标比）；

3）最大力下总伸长率不应小于 9%（称为均匀伸长率）。

满足以上三点的钢筋就称之为抗震钢筋。理想情况是，屈服强度实测值稍高于标准值，但不要过高，因为它在第一款中作分母，第二款中作分子，其值过高，可能违背这两款要求。均匀伸长率的测定方法不同于断后伸长率。均匀伸长率要求不小于 9%，提高了标准（非抗震钢筋为 7.5%）。抗震钢筋的要点不是提高强度，而是提高伸长率，重点是提高颈缩之前的均匀伸长率。

牌号带"E"的钢筋是专门为满足以上三条性能要求生产的钢筋，其表面轧有专用标志。轧上标志是厂家对这三种性能的保证。HRBF 是细晶粒钢筋。

各种钢筋表面轧制标志方法：HRB335 为 3，HRB400 为 4，HRB500 为 5；细晶粒钢筋加 C，HRBF335 为 C3，HRBF400 为 C4，HRB500F 为 C5；牌号带"E"的钢筋，轧制标志也带"E"，如 HRB335E 的轧制标志为 3E。检查数量是按进场的批次和产品的抽样检验方案确定。检验方法是检查抽样检验报告。

（2）钢筋加工检查内容

成型钢筋❶的外观质量和尺寸偏差应符合《混凝土结构用成型钢筋制品》GB/T 29733—2013 规定。钢筋加工的形状、尺寸应符合设计要求，其偏差应符合表 2-12、表 2-13 的规定。

钢筋弯折的弯弧内直径规定 表 2-12

钢筋级别	钢筋加工外形		规范要求
HPB300	2.5d	3d	光圆钢筋，不应小于钢筋直径的 2.5 倍；纵向受力钢筋的弯折后平直段长度应符合设计要求。光圆钢筋末端作 180°弯钩时，弯钩的平直段长度不应小于钢筋直径的 3 倍
HRB335、HRB400	4d	设计要求	335MPa 级、400MPa 级带肋钢筋，不应小于钢筋直径的 4 倍
HRB500	$d \leqslant 28$　6d	设计要求	500MPa 级带肋钢筋，当直径为 28mm 以下时不应小于钢筋直径的 6 倍，当直径为 28mm 及以上时不应小于钢筋直径的 7 倍
	$d > 28$　7d	设计要求	
纵向受力钢筋	受力钢筋沿长度方向的净尺寸　允许偏差±10		

---

❶ 成型钢筋为按规定形状、尺寸通过机械加工成型的普通钢筋制品。分为单件成型钢筋制品和组合成型钢筋制品。

<table>
<tr><td colspan="2" align="center">箍筋、拉筋的末端按设计要求作弯钩制作规定</td><td align="right">表 2-13</td></tr>
</table>

钢筋形式类别		钢筋加工外形	规范要求
箍筋		10*d*且≥75　135° 箍筋外廓尺寸 梁宽*b*-2*c*(*c*为混凝土保护层厚度) 允许偏差尺寸±5 弯弧直径为纵向 受力钢筋的直径*d*	箍筋弯折处尚不应小于纵向受力钢筋的直径。（1）对一般结构构件，箍筋弯钩的弯折角度不应小于90°，弯折后平直段长度不应小于箍筋直径的5倍；对有抗震设防及设计有专门要求的结构构件，箍筋弯钩的弯折角度不应小于135°，弯折后平直段长度不应小于箍筋直径的10倍和75mm的较大值； （2）圆柱箍筋的搭接长度不应小于其受拉锚固长度，两末端均应作135°弯钩，弯折后平直段长度对一般结构构件不应小于箍筋直径的5倍，对有抗震设防要求的结构构件不应小于箍筋直径的10倍和75mm的较大值
拉筋	梁、柱内拉筋	纵向受力钢筋的直径*d*　135°　10*d*且≥75	拉筋用作梁、柱复合箍筋中单肢箍筋或腰梁间拉结筋时，两端弯钩的弯折角度均不应小于135°，弯折后平直段长度应符合上面（1）有关规定；拉筋用作剪力墙、楼板等构件中拉结筋时，两端弯钩可采用一端135°，另一端90°，弯折后平直段长度不应小于拉筋直径的5倍。两种拉筋要区别对待，避免不必要的麻烦
	剪力墙、楼板拉筋	纵向受力钢筋的直径*d*　90°　5*d*　5*d*	

2. 检查方法

（1）钢筋进场检查方法

钢筋、成型钢筋进场检验，当满足下列条件之一时，其检验批容量可扩大一倍：

1）获得认证的钢筋、成型钢筋；

2）同一厂家、同一牌号、同一规格的钢筋，连续三批均一次检验合格；

3）同一厂家、同一类型、同一钢筋来源的成型钢筋，连续三批均一次检验合格。

　　所以，同一厂家、同一类型、同一钢筋来源的钢筋进场检验批为60t一批，连续三批均一次检验合格可扩大一倍划批；同一厂家、同一类型、同一钢筋来源的钢筋进棚调直30t为一检验批，连续三批均一次检验合格可扩大一倍划批；同一厂家、同一类型、同一钢筋来源的成品钢筋进场30t为一检验批，连续三批均一次检验合格可扩大一倍划批。每批中每种钢筋牌号、规格均应至少抽取 1 个钢筋试件，总数不应少于 3 个。

【知识链接】

1. 钢筋牌号的含义

HRB335 什么意思呢？钢筋牌号中，H、R、B 分别为热轧（Hot rolled）、带肋（Ribbed）、钢筋（Bars）三个词的英文首位字母。HRBF 是细晶粒热轧钢筋，其中 F 为细（Fine）的英文首位字母。C 是冷轧（cold），P（Plain）是光圆。后面数据是屈服强度标准值。

2. 要弄懂几个术语：强度标准值、强度实测值、断后伸长率、最大力下总伸长率。

表 2-14 中的各项指标就是标准值，若钢筋的实测值（即检测时的实际数值）低于标准值，该钢筋是不合格的。

钢筋性能基本要求（标准值）　　　　　　　　　表 2-14

牌号	公称直径 （mm）	屈服强度 R_{eL} 或 f_{yk} 不小于 （N/mm²）	抗拉强度 R_m 或 f_{stk} 不小于 （N/mm²）	断后伸长率 A 不小于 （%）	最大力下总 伸长率 A_{gt} 不小于（%）
HPB300	6～22	300	420	25.0	10.0
HRB335 HRBF335	6～50	335	455	17.0	7.5
HRB400 HRBF400	6～50	400	540	16.0	7.5
HRB500 HRBF500	6～50	500	630	15.0	7.5
RRB400	8～40	400	600	14.0	5.0

图 2-6 中，PM 平行于 OJ，OP 等于最大力下的塑性变形（A_g 也称最大力非比例伸长率），PQ 等于最大力下的弹性变形，二者之和（OQ）是最大力下总伸长率（A_{gt}）。RN 也平行于 OJ，RS 等于断裂后消失的弹性变形，OS 为断裂总伸长率（A_t），两者之差，为断后伸长率 A。最大力下总伸长率包括最大力下的弹性变形和最大力下的塑性变形，不包括颈缩后的变形断后伸长率包括颈缩前、颈缩后塑性变形（OP＋PR）；不包括弹性变形（RS）。

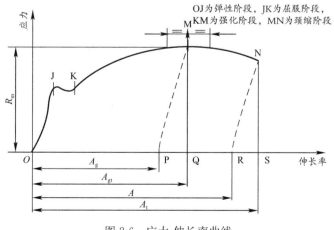

图 2-6　应力-伸长率曲线

（2）重量偏差检验

《混凝土结构工程施工质量验收规范》GB 50204—2015 关于钢筋进场检验的内容增加了重量检查，防止出现"瘦身钢筋"。

国家标准《钢筋混凝土用钢 第 1 部分：热轧光圆钢筋》GB 1499.1—2008 和《钢筋混凝土用钢 第 2 部分：热轧带肋钢筋》GB 1499.2—2007 中规定每批抽取 5 个试件，先进行重量偏差检验，再取其中 2 个试件进行力学性能检验。见图 2-7。

图 2-7 见证取样标识

钢筋进场时检验重量偏差，检查数量：按进场批次和产品的抽样检验方案确定。检验方法：检查质量证明文件和抽样检验报告。

钢筋进场时检验重量偏差要求见表 2-15。钢筋进场时检验重量偏差要抽取 5 根，每根长度不小于 500mm。

钢筋断后伸长率、重量偏差要求 表 2-15

钢筋牌号	断后伸长率 A（%）	重量偏差（%）		
		直径 6～12mm	直径 14～20mm	直径 22～50mm
HPB300	≥25	±7	±5	±4
HRB335、HRBF335	≥17			
HRB400、HRBF400	≥16			
HRB500、HRBF500	≥15			

表 2-16 是调直后的断后伸长率、重量偏差要求，抽查数量是 3 根，每根长度不小于 500mm。

盘卷钢筋调直后的断后伸长率、重量偏差要求 表 2-16

钢筋牌号	断后伸长率 A（%）	重量偏差（%）	
		直径 6～12mm	直径 14～16mm
HPB300	≥21	≥−10	—
HRB335、HRBF335	≥16	≥−8	≥−6
HRB400、HRBF400	≥15		
RRB400	≥13		
HRB500、HRBF500	≥14		

注：断后伸长率 A 的量测标距为 5 倍钢筋直径。

检查钢筋重量的实质是检查钢筋的直径，杜绝"瘦身"钢筋。重量不足必然是直径不够。

乍看起来，这两个标准很宽松，实则不然。钢筋试件可视为圆柱体，比重是固定的，重量与体积成正比，体积与长度成正比，体积与横截面圆的面积成正比，而横截面圆的面积与直径（或半径）的平方成正比，总之，钢筋的重量与钢筋直径的平方成正比。如果重量允许偏差为4%，即直径（或半径）的允许偏差为2%，（0.98×0.98＝0.96）如果是直径25的钢筋，其直径的允许偏差为0.5mm，肉眼无法鉴别。重量允许偏差为7%，即直径的允许偏差为2.6%，12mm钢筋直径的允许偏差为0.3mm。

【知识链接】

重量检验方法：

重量偏差的测量，测量钢筋重量偏差时，试样应从不同根钢筋上截取，数量不少于5支。每支试样长度，不小于500mm。长度应逐支测量，应精确到1mm。测量试样总重量时，应精确到不大于总重量的1%。钢筋实际重量与理论重量的偏差，按下面公式计算：

$$重量偏差 = \frac{试样实际总重量 - (试件总长度 \times 理论重量)}{试件总长度 \times 理论重量} \times 100\%$$

每米长钢筋理论重量的简易计算方法：用钢筋直径（mm）的平方乘以0.00617。0.617是ϕ10钢筋每米重量。钢筋重量与直径的平方成正比。例如ϕ66×6×0.00617＝0.22212kg。

（3）钢筋加工检查方法

检查数量为按每工作班同一类型钢筋、同一加工设备抽查不应少于3件。检验方法是尺量。

箍筋外廓尺寸允许偏差（mm）±5与以前不同，以前检查内径尺寸，因为原来钢筋保护层厚度❶是指纵向受力钢筋，不包括箍筋，箍筋内径尺寸决定了纵向受力钢筋的位置，决定了保护层的厚度。现在不然，保护层是从最外层的钢筋算起，所以箍筋外廓尺寸就决定了保护层的厚度，见表2-17。

钢筋加工的允许偏差　　　　　　　　　　　　　　　　　表2-17

项目	允许偏差（mm）
受力钢筋沿长度方向的净尺寸	±10
弯起钢筋的弯折位置	±20
箍筋外廓尺寸	±5

3. 常见质量问题分析

（1）钢筋存放管理质量常见问题

1）现象

钢筋品种、强度等级混杂不清，直径大小不同的钢筋堆放在一起；虽然具备必要的合格证件（出厂质量证明书或试验报告单），但证件与实物不符；非同批原材料码放在一堆，难以分辨，影响使用。

2）原因分析

原材料仓库管理不当，制度不严；钢筋出厂所捆绑的标牌脱落；对直径大小相近的钢

---

❶　结构构件中钢筋外边缘至构件表面范围用于保护钢筋的混凝土，简称保护层。

筋，用目测有时分不清；合格证件未随钢筋实物同时送交仓库。

3）预防措施

仓库应设专人验收入库钢筋；库内划分不同钢筋堆放区域，每堆钢筋应立标签或挂牌，表明其品种、强度等级、直径、合格证件编号及整批数量等；验收时要核对钢筋类型，并根据钢筋外表的厂家标记（一般都应有厂名、钢筋品种和直径）与合格证件对照，确认无误；钢筋直径不易分清的，要用卡尺测量检查。

4）治理方法

发现混料情况后应立即检查并进行清理，重新分类堆放；如果翻垛工作量大，不易清理，应将该堆钢筋做出记号，以备发料时提醒注意；已发出去的混料钢筋应立即追查，并采取防止事故的措施。

（2）钢筋缩径现象常见治理方法

1）现象

钢筋实际直径（用卡尺测量多点）较进货单标明直径稍大，便按实际直径代换使用。

2）原因分析

钢筋生产工艺落后（通常是非正规厂家），材质不均匀；个别生产厂为了牟利，故意按正公差生产，以增加重量；利用旧式轧辊轧制，有的是英制直径。

3）预防措施

要求供料单位正确书写进货单，按货单上的钢筋直径作为检验依据。

4）治理方法

对于存在正公差直径的钢筋，只能按相应公称直径取用。特别注意直径 6.5mm 和 6mm 的应按《低碳钢热轧圆盘条》GB/T 701—2008 规定，公称直径既有 6mm 的，也有 6.5mm 的。但设计单位作施工图绝大部分取 6mm；相反施工单位进料却绝大部分取 6.5mm，以致用料混乱的情况屡见，在工程中应根据实际直径作代换，以免造成质量事故或浪费；尤其是当实际直径大小混淆不清时（例如实际 6.35mm，考虑公差后易被充当 6.5mm），更应注意确认实物状况。

4. 验收表格

（1）钢筋原材料进场验收记录填写

检验批的划分：按进场批次划分。见表 2-18。

钢筋原材料检验批质量验收记录   表 2-18

编号：_____

单位（子单位）工程名称		分部（子分部）工程名称		分项工程名称	
施工单位		项目负责人		检验批容量	
分包单位		分包单位项目负责人		检验批部位	
施工依据		验收依据		《混凝土结构工程施工质量验收规范》GB 50204—2015	

续表

		验收项目	设计要求及规范规定	最小/实际抽样数量	检查记录	检查结果
主控项目	＊1	钢筋原材力学性能和重量偏差检验	第5.2.1条 第5.1.2条	/		
	2	成型钢筋力学性能和重量偏差检验	第5.2.2条 第5.1.2条	/		
	＊3	抗震用钢筋强度实测值	第5.2.3条	/		
一般项目	1	钢筋外观质量	第5.2.4条	/		
	2	成型钢筋外观质量和尺寸偏差	第5.2.5条	/		
	3	钢筋机械连接套筒、锚固板及预埋件外观质量	第5.2.6条	/		

施工单位检查结果	专业工长： 项目专业质量检查员： 年 月 日
监理（建设）单位验收结论	专业监理工程师： （建设单位项目专业技术负责人） 年 月 日

注：＊为新增检查项目。

（2）钢筋加工检验批质量验收记录填写

检验批的划分：按进场批次、数量和工作班划分。见表2-19。

钢筋加工检验批质量验收记录   表2-19

编号：_____

单位（子单位）工程名称		分部（子分部）工程名称		分项工程名称	
施工单位		项目负责人		检验批容量	
分包单位		分包单位项目负责人		检验批部位	
施工依据			验收依据	《混凝土结构工程施工质量验收规范》GB 50204—2015	

		验收项目	设计要求及规范规定	最小/实际抽样数量	检查记录	检查结果
主控项目	1	钢筋弯折的弯弧内直径	第5.3.1条	/		
	2	纵向受力钢筋弯折要求	第5.3.2条	/		
	3	箍筋、拉筋末端弯钩要求	第5.3.3条	/		
	4	盘卷钢筋调直应进行力学性能和重量偏差检验	第5.3.4条	/		

续表

验收项目		设计要求及规范规定	最小/实际抽样数量	检查记录	检查结果
一般项目	1　钢筋加工允许偏差（mm）　受力钢筋沿长度方向的净尺寸	±10	/		
	弯起钢筋的弯折位置	±20	/		
	箍筋外廓尺寸	±5	/		

施工单位检查结果	专业工长： 项目专业质量检查员： 　　　　　　　　年　月　日
监理（建设）单位验收结论	专业监理工程师： （建设单位项目专业技术负责人） 　　　　　　　　年　月　日

【课后自测及相关实训】

1. 完成钢筋（进场、加工）工程相关工作页。

2. 以小组为单位实测实量实训场二楼钢筋原材料及加工钢筋工程检查内容，并完成钢筋（原材料、加工）检验批质量验收记录。

任务 3　检查钢筋工程（连接、安装）质量

子情景：

接收项目后，工程此时正在进行二层柱、梁、板钢筋绑扎工作，需要进行钢筋连接、安装检查工作。具体要求如下：

（1）要求查阅图纸确定二层钢筋安装工程检验批；

（2）要求计算同一检验批的最小抽查和实际数量；

（3）要求计算钢筋纵筋锚固长度及搭接长度；

（4）要求总结钢筋接头方式、接头质量、接头位置、接头百分率的相关规定；

（5）填写钢筋（连接、安装）检验批质量验收记录。

1. 钢筋（连接、安装）检查内容

（1）钢筋的连接检查内容

钢筋的连接方式应符合设计要求，要求全数检查。钢筋接头的位置应符合设计和施工方案要求。有抗震设防要求的结构中，梁端、柱端箍筋加密区范围内不应进行钢筋搭接。接头末端至钢筋弯起点的距离不应小于钢筋直径的 10 倍。

钢筋连接的原则为：受力钢筋的连接接头宜设置在受力较小处，在同一根钢筋上宜少设接头。

$$
\text{非加密区内}
\begin{cases}
\text{柱连接区}
\begin{cases}
\text{嵌固部位} \geqslant \dfrac{1}{3} H_n \\[2mm]
\text{基础顶面} \geqslant h_c
\end{cases}
\begin{cases}
\text{箍筋直径不应小于搭接钢筋} \\[2mm]
\text{较大直径的} \dfrac{1}{4}
\end{cases} \\[6mm]
\text{梁连接区：跨中} \dfrac{1}{3} l_n \text{内} \\[4mm]
\text{板连接区：跨中} \dfrac{1}{2} l_n \text{内}
\end{cases}
$$

1) 当纵向受力钢筋采用机械连接接头或焊接接头时，同一连接区段内纵向受力钢筋的接头面积百分率应符合设计要求；当设计无具体要求时，应符合下列规定：

① 受拉接头，不宜大于 50%；受压接头，可不受限制；

② 直接承受动力荷载的结构构件中，不宜采用焊接；当采用机械连接时，不应超过 50%。

2) 当纵向受力钢筋采用绑扎搭接接头时，接头的设置应符合下列规定：

① 接头的横向净间距不应小于钢筋直径，且不应小于 25mm。

② 同一连接区段内，纵向受拉钢筋的接头面积百分率应符合设计要求；当设计无具体要求时，应符合下列规定：

a. 梁类、板类及墙类构件，不宜超过 25%；基础筏板，不宜超过 50%。

b. 柱类构件，不宜超过 50%。

c. 当工程中确有必要增大接头面积百分率时，对梁类构件，不应大于 50%。

（2）钢筋的安装检查内容

构件交接处的钢筋位置应符合设计要求。当设计无要求时，应保证主要受力构件和构件中主要受力方向的钢筋位置。框架节点处梁纵向受力钢筋宜置于柱纵向钢筋内侧；当主次梁底部标高相同时，次梁钢筋宜放在主梁钢筋之上；剪力墙中水平分布钢筋宜放在外部，并宜在墙端弯折锚固。

钢筋安装应采用定位件固定钢筋的位置，并宜采用专用定位件。定位件应具有足够的承载力、刚度、稳定性和耐久性。定位件的数量、间距和固定方式应能保证钢筋的位置偏差符合国家现行有关标准的规定。混凝土框架梁、柱保护层内，不宜采用金属定位件。定位件主要有专用定位件、砂浆或混凝土垫块、铁马凳等。定位件不用金属的，主要考虑端部锈蚀问题，砂浆或混凝土垫块应保证强度符合要求。

2. 检查方法

（1）钢筋连接检查方法

接头百分率检查数量为在同一检验批内，对梁、柱和独立基础，应抽查构件数量的 10%，且不应少于 3 件；对墙和板，应按有代表性的自然间抽查 10%，且不应少于 3 间；对大空间结构，墙可按相邻轴线间高度 5m 左右划分检查面，板可按纵横轴线划分检查面，抽查 10%，且均不应少于 3 面。检验方法：观察，尺量。

接头连接区段是指长度为 1.3 倍搭接长度的区段。搭接长度取相互连接两根钢筋中较小直径计算。同一连接区段内纵向受力钢筋接头面积百分率为接头中点位于该连接区段长度内的纵向受力钢筋截面积与全部纵向受力钢筋截面面积的比值。见图 2-8、

图 2-9。

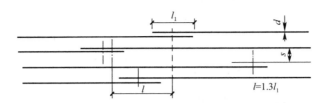

图 2-8　纵向受拉钢筋绑扎接头错开示意

注：图中所示，同一连接区段内的搭接接头钢筋为两根，当钢筋直径相同时，钢筋搭接接头面积百分率为 50%。

图 2-9　钢筋焊接接头错开示意

绑扎接头钢筋搭接长度是否符合设计要求，对构件的结构性能有重要影响。但规范 GB 50204—2015 和 GB 50666—2011 都没有将此列为检查项目。结构图上必然给出钢筋搭接长度，GB 50666—2011 附录 C 也给出纵向受拉钢筋最小搭接长度（当然应以设计优先），对照检查很方便。所以，检查绑扎接头钢筋搭接长度的偏差，不仅是必要的，也是很容易的。新版《辽宁省建筑工程施工质量验收实施细则》增加了这个检查项目，列为一般项目，其允许偏差定为 −25，正值不限。（钢筋锚固长度允许偏差为 −20，正值不限）

（2）钢筋安装检查方法

钢筋安装时，受力钢筋的牌号、规格和数量必须符合设计要求。检查数量：全数检查。检验方法：观察，尺量。

钢筋安装偏差及检验方法应符合表 2-20 的规定。梁板类构件上部受力钢筋保护层厚度的合格点率应达到 90% 及以上，且不得有超过表中数值 1.5 倍的尺寸偏差。检查数量：在同一检验批内，对梁、柱和独立基础，应抽查构件数量的 10%，且不应少于 3 件；对墙和板，应按有代表性的自然间抽查 10%，且不应少于 3 间；对大空间结构，墙可按相邻轴线间高度 5m 左右划分检查面，板可按纵、横轴线划分检查面，抽查 10%，且均不应少于 3 面。

钢筋安装允许偏差和检验方法　　　　　　　　　　　表 2-20

项目		允许偏差（mm）	检验方法
绑扎钢筋网	长、宽	±10	尺量
	网眼尺寸	±20	尺量连续三档，取最大偏差值
绑扎钢筋骨架	长	±10	尺量
	宽、高	±5	尺量
纵向受力钢筋	锚固长度	−20	尺量
	间距	±10	尺量两端、中间各一点，取最大偏差值
	排距	±5	尺量

续表

项目		允许偏差 (mm)	检验方法
纵向受力钢筋、箍筋的混凝土保护层厚度	基础	±10	尺量
	柱、梁	±5	尺量
	板、墙、壳	±3	尺量
绑扎钢筋、横向钢筋间距		±20	尺量连续三档，取最大偏差值
钢筋弯起点位置		20	尺量，沿纵、横两个方向量测，并取其中偏差的较大值
预埋件	中心线位置	5	尺量
	水平高差	+3, 0	塞尺量测

注：钢筋安装偏差及检验方法应符合表 2-20 的规定。受力钢筋保护层厚度的合格点率应达到 90% 及以上，且不得有超过表中数值 1.5 倍的尺寸偏差。

【知识链接】

1. 钢筋连接方式

$$
\text{连接方式}
\begin{cases}
\text{绑扎搭接：梁内}
\begin{cases}
\text{受拉钢筋 } d>25 \\
\text{受压钢筋 } d>28
\end{cases} \blacktriangleright \text{不宜绑扎} \\
\text{焊接连接}
\begin{cases}
\text{压焊：闪光对接焊、电阻点焊、气压焊} \\
\text{熔焊：电弧焊、电渣压力焊}
\end{cases} \\
\text{机械连接}
\begin{cases}
\text{挤压连接} \\
\text{螺纹套管连接}
\end{cases}
\end{cases}
$$

2. 纵向钢筋对于方形和圆形柱应沿截面周边均匀布置，而对于矩形柱应沿其短边均匀布置，钢筋净距不应小于 50mm 且不宜大于 300mm；对水平浇筑的预制柱，其纵向受力钢筋的净距应不小于 25mm 及钢筋直径。梁内纵筋净距如图 2-10 所示。

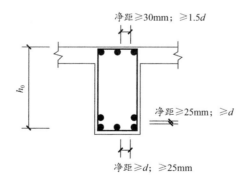

图 2-10　纵向受力钢筋的间距

3. 钢筋代换

（1）等强度代换 $A_s f_y = A_s' f_y'$，钢筋代换后不能强度太高也不能太低。太高会造成薄弱部位转移，太低承载力又不够。但要注意两点：第一，箍筋间距不能变；第二，纵筋要对受力钢筋代换。

（2）并筋代换

并筋不宜用光圆钢筋代换带肋钢筋。为解决无法获得足够直径钢筋及配筋密集引起设计、施工的困难，将几根钢筋并在一起的布置方式。相同直径的二并筋等效直径可取为1.41倍单根钢筋直径；三并筋等效直径可取为1.73倍单根钢筋直径。

4. 常见质量问题分析

钢筋代换截面积不足。

（1）现象

绑扎柱子钢筋骨架时，发现受力面钢筋不足。

（2）原因分析

对于偏心受压柱配筋，没有按受力面钢筋进行代换，而按全截面钢筋进行代换。

例如，如图2-11（a）所示是柱子原设计配筋，配料时按全截面钢筋 8Φ20＋2Φ14代 10Φ18，则应照图2-11（b）绑扎。但是该柱为偏心受压构件，（a）图中Φ14不参与受力，故应按每4根20进行代换，而4Φ18的钢筋抗力小于4Φ20的钢筋抗力，因此受力筋（处于受力面）代换后截面不足。

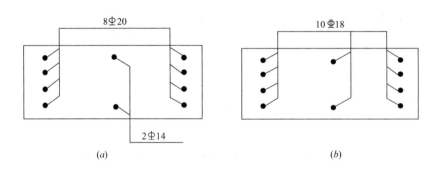

图 2-11　柱钢筋代换错误

（a）柱子原设计配筋；（b）代换后柱子配筋

5. 验收表格

（1）钢筋连接检验批质量验收记录填写

检验批的划分：按楼层、结构缝、施工段划分。见表2-21。

钢筋连接检验批质量验收记录　　　　　　　　　　　表 2-21

编号：_____

单位（子单位） 工程名称		分部（子分部） 工程名称		分项工程 名称	
施工单位		项目负责人		检验批容量	
分包单位		分包单位项目 负责人		检验批部位	
施工依据		验收依据		《钢筋焊接及验收规程》 JGJ 18—2012	

续表

		验收项目	设计要求及规范规定	最小/实际抽样数量	检查记录	检查结果
主控项目	1	钢筋的连接方式	第5.4.1条	/		
	2	机械连接、焊接接头力学性能、弯曲性能	第5.4.2条	/		
	3	机械连接接头检验结果	第5.4.3条	/		
一般项目	1	钢筋接头位置	第5.4.4条	/		
	2	机械连接和焊接的外观质量	第5.4.5条	/		
	3	机械连接和焊接的接头面积百分率	第5.4.6条	/		
	4	绑扎搭接接头设置、接头面积百分率	第5.4.7条	/		
	5	搭接长度范围内的箍筋	第5.4.8条	/		

施工单位检查结果	专业工长： 项目专业质量检查员： 年　月　日
监理（建设）单位验收结论	专业监理工程师： （建设单位项目专业技术负责人） 年　月　日

（2）钢筋安装检验批质量验收记录填写

检验批的划分：按楼层、结构缝、施工段划分。见表2-22。

钢筋安装检验批质量验收记录　　　　　表2-22

编号：_____

单位（子单位）工程名称		分部（子分部）工程名称		分项工程名称	
施工单位		项目负责人		检验批容量	
分包单位		分包单位项目负责人		检验批部位	
施工依据		验收依据	《混凝土结构工程施工质量验收规范》GB 50204—2015		

		验收项目	设计要求及规范规定	最小/实际抽样数量	检查记录	检查结果
主控项目	1	受力钢筋牌号、规格、数量	第5.5.1条	/		
	2	钢筋牢固及位置、锚固方式	第5.5.2条	/		

验收项目			设计要求及规范规定	最小/实际抽样数量	检查记录	检查结果
一般项目	1 钢筋安装允许偏差（mm）	绑扎钢筋网	长、宽	±10	/		
			网眼尺寸	±20	/		
		绑扎钢筋骨架	长	±10	/		
			宽、高	±5	/		
		纵向受力钢筋	锚固长度	−20	/		
			间距	±10	/		
			排距	±5	/		
		纵向受力钢筋、箍筋的混凝土保护层厚度	基础	±10	/		
			柱、梁	±5	/		
			板、墙、壳	±3	/		
		绑扎钢筋、横向钢筋间距		±20	/		
		钢筋弯起点位置		20	/		
		预埋件	中心线位置	5	/		
			水平高差	+3，0	/		

施工单位检查结果	专业工长： 项目专业质量检查员： 　　　　　　　　　　年　月　日
监理（建设）单位验收结论	专业监理工程师： （建设单位项目专业技术负责人） 　　　　　　　　　　年　月　日

【拓展提高】

综合实训检查模板安装、钢筋安装质量

土建综合实训楼一层框模板及钢筋展示区，拟将采用 C30 混凝土，梁、柱混凝土保护层厚度为 20mm，抗震等级二级。钢筋规格、型号请亲自查阅，梁、柱截面尺寸请亲自量取。请根据规范《混凝土结构工程施工质量验收规范》GB 50204—2015 相关要求，要对混凝土结构子分部工程中模板安装工程、钢筋安装工程进行检验，请随机抽取一点检查并完成以下内容。

A. 用卷尺量柱边长_____及保护层实际尺寸_____。请评定柱、梁保护层是否合格。

B. 用卷尺量柱纵筋高低连接点高差_____是否合格_____。

C. 柱箍筋弯钩是否合格_____？梁拉筋间距是否合格_____？
梁拉筋弯钩是否正确_____？梁拉筋弯折长度_____，是否合格_____？

D. 梁箍筋弯钩是否合格_____？检查箍筋弯折朝向是否合格_____？梁箍筋加

密区长度_____并判定是否合格_____？

　　E. 梁受力钢筋锚固长度柱箍筋弯钩是否合格_____，判定是否合格_____？腰筋锚固长度_____，并判定是否合格_____？

　　F. 计算柱上下端加密区高度_____。梁内箍筋间距是否合格_____。

　　G. 梁内受压钢筋净距_____，受拉钢筋净距_____。

　　H. 梁内第一根箍筋距离柱箍筋距离_____，并判定是否合格_____？

　　I. 立杆纵距_____，并判定是否合格_____？

　　J. 立杆横距_____，并判定是否合格_____？

　　K. 扫地杆距立杆底部距离_____，并判定是否合格_____？

　　L. 可调托撑长度_____，并判定是否合格_____？托板厚度_____，并判定是否合格_____？

　　M. 支架立杆搭设垂直偏差_____，并判定是否合格_____？

　　N. 钢管外径尺寸_____，并判定是否合格_____？

【课后自测及相关实训】

　　1. 完成钢筋（连接、安装）工程相关工作页。

　　2. 以小组为单位实测实量实训场二楼钢筋连接及安装检查内容，并完成钢筋（连接、安装）检验批质量验收记录。

任务 4　检查混凝土（原材料、拌合物、施工）工程质量

子情景：

　　接收项目后，工程此时刚刚结束实训场二楼、梁、板柱模板安装及模板支架搭设工作，二楼模板工程，钢筋工程质量检查合格。具体要求如下：

　　（1）以小组为单位选取检查工具；

　　（2）要求查阅图纸确定检验批；

　　（3）要求计算同一检验批最小和实际抽查数量；

　　（4）填写混凝土分项工程检验批质量验收记录；

　　（5）做出评定混凝土分项工程质量是否合格。

导言：

　　混凝土分项工程是混凝土拌制、运输、浇筑、养护过程中质量控制工程。混凝土浇筑前做好准备工作。包含以下内容：（1）钢筋的隐蔽工作已经完成，并已核实预埋件、线管、孔洞的位置、数量及固定情况无误。（2）模板的预检工作已经完成，模板标高、位置、尺寸准确符合设计要求，支架稳定，支撑和模板固定可靠，模板拼缝严密，符合规范要求。（3）由商品混凝土搅拌站试验室确定配合比及外加剂用量。（4）混凝土浇筑前组织施工人员进行方案的学习，由技术部门讲述施工方案，对重点部位单独交底，设专人负责。（5）浇筑混凝土用架子、走道及工作平台，安全稳固，能够满足浇筑要求。（6）混凝土浇筑前，仔细清理泵管内残留物，确保泵管畅通，仔细检查井字架加固情况。（7）提前签订商品混凝土供货合同，签订时由技术部门提供具体供应时间、强度等级、所需车辆数

量及其间隔时间，特殊要求如抗渗、防冻剂、入模温度、坍落度、水泥及预防混凝土碱集料反应所需提供的资料等。

混凝土强度应按现行国家标准《混凝土强度检验评定标准》GB/T 50107 的规定分批检验评定。划入同一检验批的混凝土，其施工持续时间不宜超过3个月。检验评定混凝土强度时，应采用28d或设计规定龄期的标准养护试件。试件成型方法及标准养护条件应符合现行国家标准《普通混凝土力学性能试验方法标准》GB/T 50081 的规定。采用蒸汽养护的构件，其试件应先随构件同条件养护，然后再置入标准养护条件下继续养护至28d或设计规定龄期。当采用非标准尺寸试件时，应将其抗压强度乘以尺寸折算系数，折算成边长为150mm的标准尺寸试件抗压强度。尺寸折算系数应按现行国家标准《混凝土强度检验评定标准》GB/T 50107 采用。当混凝土试件强度评定不合格时，可采用非破损或局部破损的检测方法，并按国家现行有关标准的规定对结构构件中的混凝土强度进行推定。混凝土有耐久性指标要求时，应按现行行业标准《混凝土耐久性检验评定标准》JGJ/T 193 的规定检验评定。大批量、连续生产的同一配合比混凝土，混凝土生产单位应提供基本性能试验报告。预拌混凝土的原材料质量、制备等应符合现行国家标准《预拌混凝土》GB/T 14902 的规定。

1. 混凝土（原材料、拌合物、施工）检查内容

混凝土原材料主要是水泥、矿物掺合料、粗骨料、细骨料、外加剂、水六种材料，混凝土原材料质量控制就是这六种原材料的质量，混凝土原材料质量直接影响着混凝土的强度、耐磨性、稳定性、耐久性等性能，因而原材料必须严格控制。

混凝土各组成材料按一定比例配合，拌制而成的尚未凝结硬化的塑性状态拌合物，称为混凝土拌合物。它必须具有良好的和易性，便于施工，以保证能获得良好的浇灌质量；混凝土拌合物凝结硬化以后，应具有足够的强度，以保证建筑物能安全地承受设计荷载并应具有必要的耐久性。混凝土结构施工宜采用预拌混凝土。

混凝土浇筑前对模板、钢筋、预留孔等进行检查：检查模板、垂直、平整度、拼缝、刚度、稳固度。检查钢筋保护层，负筋有没有垫好，负筋用铁马凳按规范要求垫起。检查预留孔位置，尺寸、数量等有没有遗漏。严格按照配合比配料，保证混凝土振捣密实不漏振，不过振。混凝土浇筑完不准有露筋、蜂窝麻面、空洞、夹杂物、裂缝等缺陷。柱子、梁、边、沿等不许有缺棱掉角、棱角不直、翘曲不平等现象。混凝土板面必须挂线找平，用抹子抹平压光，严禁出现凹凸不平、麻面、掉皮、起砂等外表缺陷，卫生间下沉部位、楼梯平台上浮部位必须将四周模板固定好，保证尺寸不移位，保证混凝土棱角分明。混凝土浇完后必须按要求进行浇水养护，保证混凝土表面湿润，混凝土柱拆模后必须包膜浇水养护，养护时间不得少于7d。

2. 检查方法

（1）检查水泥方法

水泥进场时，应对其品种、代号、强度等级、包装或散装仓号、出厂日期等进行检查，并应对水泥的强度、安定性和凝结时间进行检验，检验结果应符合现行国家标准《通用硅酸盐水泥》GB 175—2007 的相关规定。

检查数量：按同一厂家、同一品种、同一代号、同一强度等级、同一批号且连续进场的水泥，袋装不超过200t为一批，散装不超过500t为一批，每批抽样数量不应少于一次。

应对水泥的强度、安定性、凝结时间及其他必要指标进行检验。

检验方法：检查质量证明文件和抽样检验报告。

（2）检查混凝土外加剂方法

外加剂进场时，应对其品种、性能、出厂日期等进行检查，并应对外加剂的相关性能指标进行检验，检验结果应符合现行国家标准《混凝土外加剂》GB 8076 和《混凝土外加剂应用技术规范》GB 50119 的规定。

检查数量：按同一厂家、同一品种、同一性能、同一批号且连续进场的混凝土外加剂，不超过 50t 为一批，每批抽样数最不应少于一次。

检验方法：检查质量证明文件和抽样检验报告。

水泥、外加剂进场检验，当满足下列条件之一时，其检验批容量可扩大一倍：

1）获得认证的产品；

2）同一厂家、同一品种、同一规格的产品，连续三次进场检验均一次检验合格。

（3）检查混凝土用矿物掺合料方法

矿物掺合料进场时，应对其品种、性能、出厂日期等进行检查，并应对矿物掺合料的相关性能指标进行检验，检验结果应符合国家现行有关标准的规定。

检查数量：按同一厂家、同一品种、同一批号且连续进场的矿物掺合料，粉煤灰、矿渣粉、磷渣粉、钢铁渣粉和复合矿物掺合料不超过 200t 为一批，沸石粉不超过 120t 为一批，硅灰不超过 30t 为一批，每批抽样数量不应少于一次。

检验方法：检查质量证明文件和抽样检验报告。

（4）检查粗细骨料方法

混凝土原材料中的粗骨料、细骨料质量应符合现行行业标准《普通混凝土用砂、石质量及检验方法标准》JGJ 52 的规定，使用经过净化处理的海砂应符合现行行业标准《海砂混凝土应用技术规范》JGJ 206 的规定，再生混凝土骨料应符合现行国家标准《混凝土用再生粗骨料》GB/T 25177 和《混凝土和砂浆用再生细骨料》GB/T 25176 的规定。

检查数量：按现行行业标准《普通混凝土用砂、石质量及检验方法标准》JGJ 52 的规定确定。

检验方法：检查抽样检验报告。

（5）检查混凝土拌制及养护用水方法

应符合现行行业标准《混凝土用水标准》JGJ 63 的规定。采用饮用水作为混凝土用水时，可不检验；采用中水、搅拌站清洗水、施工现场循环水等其他水源时，应对其成分进行检验。

检查数量：同一水源检查不应少于一次。

检验方法：检查水质检验报告。

（6）检查预拌混凝土进场方法

预拌混凝土进场时，其质量应符合现行国家标准《预拌混凝土》GB/T 14902 的规定。采用预拌混凝土时，供方应提供混凝土配合比通知单、混凝土抗压强度报告、混凝土质量合格证和混凝土运输单；当需要其他资料时，供需双方应在合同中明确约定。

预拌混凝土质量控制资料的保存期限，应满足工程质量追溯的要求。

检查数量：全数检查。

检查方法：检查质量证明文件。

1) 检查发货单。发货单至少应包括以下内容：合同编号；发货单编号；工程名称；需方单位名称；供方单位名称；浇筑部位；混凝土标记；供货日期；运输车号、供货数量、发车时间、到达时间、限制使用时间；供需双方确认手续。

2) 应按子分部工程分混凝土品种、强度等级检查预拌混凝土出厂合格证。出厂合格证至少应包括以下内容：出厂合格证编号；合同编号；工程名称；需方；供方；浇筑部位；混凝土标记；混凝土其他要求；其他技术要求；供货量（m³）；原材料的品种、规格、混凝土配合比编号；混凝土强度指标；其他性能指标；质量评定。

(7) 检查混凝土拌合物和易性方法

混凝土拌合物满足施工操作要求及保证混凝土均匀密实应具备的特性，主要包括流动性、黏聚性和保水性，简称混凝土工作性。为了符合施工要求，现场进行混凝土拌合物性能检查。

1) 坍落度检测

避免因坍落度不符合要求造成泵送困难，对每车预拌混凝土都进行坍落度检查。坍落度的测试方法：用一个上口直径 100mm、下口直径 200mm、高 300mm 的坍落度桶，灌入混凝土后捣实，检测坍塌下落高度。具体检测方法：湿润坍落度筒及各种拌合用具，并把坍落筒放在拌合用平板上；按要求取得试样后，分三层均匀装入筒内，捣实后每层高约为筒高的 1/3，每层用捣棒插捣 25 次，在整个截面上由外向中心均匀插捣，捣棒应插透本层，并与下层接触。顶层插捣完毕，刮去多余混凝土后抹平；清除筒周边混凝土，垂直平稳提起坍落度筒，提离过程应在 5~10s 内完成。从开始装料到提起坍落度筒的整个过程，应不间断进行，并应在 150s 内完成。提出坍落筒后，立即量测筒高与坍落后混凝土试体最高点之间的高度差，即为该拌合物的坍落度。混凝土拌合物坍落度以 mm 为单位，结果精确至 5mm。

2) 测坍落度过程中，检查混凝土拌合物黏聚性，不应有离析现象。

检查数量：全数检查。

检查方法：观察。

3) 留取试件

用于交货检验的混凝土试样应在交货地点采取，且应符合《混凝土结构工程施工质量验收规范》GB 50204 的规定。交货地点是指施工工地，根据《混凝土结构工程施工质量验收规范》的规定，"应在混凝土的浇筑地点随机抽取"。混凝土式样应在卸料过程中卸料量的 1/4~3/4 之间采取。交货检验混凝土试样的采取及坍落度试验应在混凝土运到交货地点时开始算起 20min 内完成，试件的制作应在 40min 内完成。应根据事先编制的"混凝土同条件养护试件留置方案"留置同条件养护试件。监理工程师应见证混凝土试件的留置过程并签字确认。由于预拌混凝土的试件质量涉及供货和施工两个单位，因此供货和施工单位都宜在取样单上签字。施工现场必须要有标准养护室及专人养护，并要有签字的养护记录，交货检验的试验结果应在试验结束后 15d 内通知供方。

混凝土中氯离子含量和碱总含量应符合现行国家标准《混凝土结构设计规范》GB 50010 的规定和设计要求。

检查数量：同一配合比的混凝土检查不应少于一次。

检查方法：检查原材料试验报告和氯离子、碱的总含量计算书。

首次使用的混凝土配合比应进行开盘鉴定，其原材料、强度、凝结时间、稠度等应满足设计配合比的要求。

检查数量：同一配合比的混凝土检查不应少于一次。

检验方法：检查开盘鉴定资料和强度试验报告。

混凝土拌合物稠度应满足施工方案的要求。

检查数量：对同一配合比混凝土，取样应符合下列规定：

每拌制 100 盘且不超过 100m³ 时，取样不得少于一次；每工作班拌制不足 100 盘时，取样不得少于一次；每次连续浇筑超过 1000m³ 时，每 200m³ 取样不得少于一次；每一楼层取样不得少于一次。

检验方法：检查稠度抽样检验记录。

（8）检查混凝土耐久性方法

耐久性指标要求时，应在施工现场随机抽取试件进行耐久性检验，其检验结果应符合国家现行有关标准的规定和设计要求。

检查数量：同一配合比的混凝土，取样不应少于一次，留置试件数量应符合国家现行标准《普通混凝土长期性能和耐久性能试验方法标准》GB/T 50082 和《混凝土耐久性检验评定标准》JGJ/T 193 的规定。

检验方法：检查试件耐久性试验报告。

（9）检查混凝土抗冻方法

有抗冻要求时，应在施工现场进行混凝土含气量检验，其检验结果应符合国家现行有关标准的规定和设计要求。

检查数量：同一配合比的混凝土，取样不应少于一次，取样数量应符合现行国家标准《普通混凝土拌合物性能试验方法标准》GB/T 50080 的规定。

检验方法：检查混凝土含气量检验报告。

（10）检查混凝土施工质量方法

混凝土浇筑前对模板、钢筋、预留孔等进行检查：检查模板垂直、平整度、拼缝、刚度、稳固度。检查钢筋保护层，负筋有没有垫好，负筋用铁马凳按规范要求垫起。检查预留孔位置，尺寸、数量等有没有遗漏。严格按照配合比配料，保证混凝土振捣密实不漏振，不过振。混凝土浇筑完不准有露筋、蜂窝麻面、空洞、夹杂物、裂缝等缺陷。柱子、梁、边、沿等不许有缺棱掉角、棱角不直、翘曲不平等现象。混凝土板面必须挂线找平，用抹子抹平压光，严禁出现凹凸不平、麻面、掉皮、起砂等外表缺陷，卫生间下负部位、楼梯平台上浮部位必须将四周模板固定好，保证尺寸不移位，保证混凝土棱是棱角是角。混凝土浇完后必须按要求进行浇水养护，保证混凝土表面湿润，混凝土柱拆模后必须包膜浇水养护，养护时间不得少于 7d。

（11）检查混凝土强度等级控制方法

混凝土的强度等级必须符合设计要求，用于检验混凝土强度的试件应在浇筑地点随机抽取。

1）取样方法

检查数量：对同一配合比混凝土，取样与试件留置应符合下列规定：每拌制 100 盘且不超过 100m³ 时，取样不得少于一次；每工作班拌制不是 100 盘时，取样不得少于一次；

连续浇筑超过 1000m³ 时，每 200m³ 取样不得少于一次；每一楼层取样不得少于一次；每次取样应至少留置一组试件。

2）混凝土试件的制作与养护

每次取样应至少制作一组标准养护试件。每组 3 个试件应由同一盘或同一车的混凝土中取样制作。检验评定混凝土强度用的混凝土试件，其成型方法及标准养护条件应符合现行国家标准《普通混凝土力学性能试验方法标准》GB/T 50081 的规定。

3）混凝土试件的试验

混凝土试件的立方体抗压强度试验应根据现行国家标准《普通混凝土力学性能试验方法标准》GB/T 50081 的规定执行。每组混凝土试件强度代表值的确定，应符合下列规定：取 3 个试件强度的算术平均值作为每组试件的强度代表值；当一组试件中强度的最大值或最小值与中间值之差超过中间值的 10% 时，取中间值作为该组试件的强度代表值；当一组试件中强度的最大值和最小值与中间值之差均超过中间值的 15% 时，该组试件的强度不应作为评定的依据。当采用非标准尺寸试件时，应将其抗压强度乘以尺寸折算系数，折算成边长为 100mm 的标准尺寸试件抗压强度。尺寸折算系数按下列规定采用：当混凝土强度等级低于 C60 时，对边长为 100mm 的立方体试件取 0.95，对边长为 200mm 的立方体试件取 1.05；当混凝土强度等级不低于 C60 时，宜采用标准尺寸试件；使用非标准尺寸试件时，尺寸折算系数应由试验确定，其试件数量不应少于 30 对组。

（12）检查混凝土拌合物浇筑过程质量方法

入模温度不应低于 5℃，且不应高于 35℃。混凝土运输、输送、浇筑过程中严禁加水；混凝土运输、输送、浇筑过程中散落的混凝土严禁用于结构构件浇筑。

柱、墙模板内的混凝土浇筑倾落高度应符合表 2-23 的规定；当不能满足要求时，应加设串筒、溜管、溜槽等装置。

柱、墙模板内混凝土浇筑倾落高度限值（m） 表 2-23

条件	浇筑倾落高度限值
粗骨料粒径＞25mm	≤3
粗骨料粒径≤25mm	≤6

柱、墙混凝土设计强度等级高于梁、板混凝土设计强度等级时，混凝土浇筑应符合下列规定：柱、墙混凝土设计强度比梁、板混凝土设计强度高一个等级时，柱、墙位置梁、板高度范围内的混凝土经设计单位确认，可采用与梁、板混凝土设计强度等级相同的混凝土进行浇筑；柱、墙混凝土设计强度比梁、板混凝土设计强度高两个等级及以上时，应在交界区域采取分隔措施。分隔位置应在低强度等级的构件中，且距高强度等级构件边缘不应小于 500mm；宜先浇筑高强度等级混凝土，后浇筑低强度等级混凝土。

（13）检查混凝土后浇带方法

后浇带的留设位置应符合设计要求，后浇带和施工缝的留设及处理方法应符合施工方案要求。

后浇带宽度宜取 0.8～1.0m，当筏板厚度大于 1.0m 时宜适当加宽。后浇带内钢筋可不断开，当采用断开时后浇带宽度不应小于 100% 搭接长度加 60mm。后浇带内不应设置附加钢筋。后浇带混凝土浇筑时间应符合下列要求：

1) 对干缩后浇带应在两侧混凝土龄期不小于 45d 后浇筑。

2) 对沉降后浇带应在高层主体结构完工且沉降已趋向稳定后浇筑。当沉降观测表明在高层主体结构完工前沉降已趋向稳定时，可适当提前浇筑。沉降趋向稳定的标准，一般可取沉降值为 0.01～0.04mm/天。

后浇带混凝土应采用微膨胀混凝土，其强度等级和抗渗等级应高于两侧混凝土一个等级。后浇带混凝土浇筑前应将带内杂物和浮浆清除干净，然后在两侧混凝土表面涂刷净浆或界面处理剂，并及时浇筑混凝土，且宜低温入模。后浇带混凝土应振捣密实，并保湿养护不得少于 14d。

检查数量：全数检查。

检验方法：观察。

（14）检查混凝土养护方法

浇筑完毕后应及时进行养护，养护时间以及养护方法应符合施工方案要求。

检查数量：全数检查。

检验方法：观察，检查混凝土养护记录。

采用硅酸盐水泥、普通硅酸盐水泥或矿渣硅酸盐水泥配制的混凝土，不应少于 7d；采用其他品种水泥时，养护时间应根据水泥性能确定；采用缓凝型外加剂、大掺量矿物掺合料配制的混凝土，不应少于 14d；抗渗混凝土、强度等级 C60 及以上的混凝土，不应少于 14d；后浇带混凝土的养护时间不应少于 14d；地下室底层墙、柱和上部结构首层墙、柱宜适当增加养护时间；基础大体积混凝土养护时间应根据施工方案确定。

柱、墙混凝土养护方法应符合下列规定：

地下室底层和上部结构首层柱、墙混凝土带模养护时间，不宜少于 3d；带模养护结束后可采用洒水养护方式继续养护，必要时也可采用覆盖养护或喷涂养护剂养护方式继续养护；带模养护效果好，方便、节约。

3. 常见质量问题分析

（1）配合比不良

1) 现象

混凝土拌合物松散，保水性差，易于泌水，离析，难以振捣密实，浇筑后达不到要求的强度。

2) 原因分析

混凝土配合比未经认真设计计算，试配，材料用量比例不当。

所用原材料材质不符合施工配合比设计要求。

材料称量工具不准确，用量不符合配合比要求。

外加剂和掺料未严格称量，加料顺序错误及混凝土未拌合均匀。

质量管理不善，拌制时，随意增减混凝土组成材料用量，使配合比不准。

3) 预防和处理措施

① 混凝土配合比应认真设计和试配。

② 所用材料应严格检查，现场应清理，防止杂草、木屑、石灰、黏土等杂物混入，确保混凝土原材料质量。

③ 采取措施保证材料计量准确。计量偏差不得超过下列数值（按重量计）：水泥和外

掺混合料为±2%，砂、石子为±3%，水和外加剂为±2%。

④ 混凝土搅拌时间合理，搅拌充分、均匀。

⑤ 混凝土拌制应根据砂、石实际含量情况调整加水量，使水灰比和坍落度符合要求。不能满足要求时通过试验调整。

（2）施工缝处理不当

1）留设方法

施工缝的位置应设置在结构受剪力较小和便于施工的部位，且应符合下列规定：柱、墙应留水平缝，梁、板的混凝土应一次浇筑，不留施工缝。

① 施工缝应留置在基础的顶面、梁或吊车梁牛腿的下面、吊车梁的上面、无梁楼板柱帽的下面。

② 和楼板连成整体的大断面梁，施工缝应留置在板底面以下 20～30mm 处。当板下有梁托时，留置在梁托下部。

③ 对于单向板，施工缝应留置在平行于板的短边的任何位置。

④ 有主次梁的楼板，宜顺着次梁方向浇筑，施工缝应留置在次梁跨度中间 1/3 的范围内。

⑤ 墙上的施工缝应留置在门洞口过梁跨中 1/3 范围内，也可留在纵横墙的交接处。

⑥ 楼梯上的施工缝应留在楼梯上三步的位置，并垂直于踏步板。

⑦ 水池池壁的施工缝宜留在高出底板表面 200～500mm 的竖壁上。

⑧ 双向受力楼板、大体积混凝土、拱、壳、仓、设备基础、多层刚架及其他复杂结构，施工缝位置应按设计要求留设。

2）处理要求

施工缝连接方式应符合设计要求。设计无具体要求时，对于素混凝土结构，应在施工缝处埋设直径不小于 16mm 的连接钢筋。连接钢筋埋入深度和露出长度均不应小于钢筋直径的 30d，间距不大于 20cm，使用光圆钢筋时两端应设半圆形标准弯钩，使用带肋钢筋时可不设弯钩。混凝土施工缝的处理还应符合下列要求：

① 当旧混凝土面和外露钢筋（预埋件）暴露在冷空气中时，应对距离新、旧混凝土施工缝 1.5m 范围内的旧混凝土和长度在 1.0m 范围内的外露钢筋（预埋件）进行防寒保温。

② 当混凝土不需加热养护且在规定的养护期内不致冻结时，对于非冻胀性地基或旧混凝土面，可直接浇筑混凝土。

③ 当混凝土需加热养护时，新浇筑混凝土与邻接的已硬化混凝土或岩土介质间的温差不得大于 15℃；与混凝土接触的地基面的温度不得低于 2℃。混凝土开始养护时的温度应按施工方案通过热工计算确定，但不得低于 5℃，细薄截面结构不宜低于 10℃。

（3）混凝土表面污渍

1）现象

混凝土表面出现流浆、油漆、油渍、其他不易去除的化学物质等，以及人为的刻字、划伤等（图 2-12）。

2）原因分析

后期施工中模板漏浆、喷溅、对原混凝土没加必要的保护措施，对原施工混凝土表面造成污染；管理不力，人为乱涂乱

图 2-12   混凝土柱表面污渍

画或无意地划伤混凝土表面。

3）预防措施

混凝土施工时，对混凝土可能会污渍的地方，模板必须嵌缝密实，不得漏浆和爆模，若发生漏浆，应立即用水冲洗或采取其他应急措施；应避免油顶、油泵或油管漏油，可在极易污染部位铺垫一层垫层或遮盖。

4）治理方法

采用人工清洗，对不易于清除的顽迹，采取人工铲除。

（4）混凝土内部钢筋锈蚀

1）现象

在普通混凝土中，钢筋不会发生腐蚀现象，这是由于水泥硬化过程中生成的氢氧化钙，使钢筋处于高碱性状态，钢筋表面形成了一层钝化膜，保证了钢筋的长期正常使用。但当有盐类存在，并超过一定量时，起保护作用的钢筋钝化膜遭到破坏，钢筋发生腐蚀。

2）原因分析

氯化铁防水剂溶液中，氯化铁和氯化亚铁的含量比例不当。过量的氯化铁与水泥硬化过程中析出的氢氧化钙反应生成的氯化钙，除部分与水泥结合外，剩余的氯离子则会引起钢筋腐蚀的危险。

3）防治措施

① 严格按照配方和程序配制防水剂。使用前应核查防水剂溶液的密度，精确计量，称量误差不得超过±2％。掺量由试验确定。搅拌要均匀，要配成稀溶液加入，不可将防水剂直接倒入混凝土拌合物中搅拌。

② 对于重要结构，必要时，为防不测，宜检验氯化铁防水剂对钢筋的腐蚀性。如检验结果确认氯化铁防水剂对钢筋有腐蚀性作用，可采用阻锈剂（如亚硝酸钠）予以抑制。其适宜掺量由试验确定。亚硝酸钠为白色粉末，有毒，应妥善保管并注明标签，以防当食盐使用，造成中毒事故。掺有亚硝酸钠阻锈剂的氯化铁防水混凝土，严禁用于饮水工程以及与食品接触的部位，也不得用于预应力混凝土工程，以及与镀锌钢材或铝铁相接触部位的钢筋混凝土结构。

③ 掺有阻锈剂的氯化铁防水混凝土，应适当延长搅拌时间，一般延长 1min，使外加剂与混凝土拌合物充分搅拌均匀。

4. 验收记录

（1）混凝土原材料检验批质量验收记录（表 2-24）

混凝土原材料检验批质量验收记录　　　　表 2-24

编号：＿＿＿＿＿＿

单位（子单位）工程名称		分部（子分部）工程名称		分项工程名称	
施工单位		项目负责人		检验批容量	
分包单位		分包单位项目负责人		检验批部位	

续表

施工依据					验收依据	《混凝土结构工程施工质量验收 规范》GB 50204—2015	
主控项目	＊1	水泥进场检查、检验	第7.2.1条 第7.1.7条	／			
	2	混凝土外加剂进场检查、检验	第7.2.2条 第7.1.7条	／			
一般项目	1	矿物掺合料进场检查、检验	第7.2.3条	／			
	2	粗细骨料的质量	第7.2.5条	／			
	3	混凝土拌制及养护用水	第7.2.6条	／			

表头（第二行）：验收项目 / 设计要求及规范规定 / 最小/实际抽样数量 / 检查记录 / 检查结果

施工单位 检查结果	专业工长： 项目专业质量检查员： 　　　　　　　　　　年　月　日
监理（建设）单位 验收结论	专业监理工程师： （建设单位项目专业技术负责人） 　　　　　　　　　　年　月　日

（2）混凝土拌合物及混凝土施工检验批质量验收记录（表 2-25）

混凝土拌合物及混凝土施工检验批质量验收记录　　　　　表 2-25

编号：_____

单位（子单位） 工程名称		分部（子分部） 工程名称		分项工程 名称	
施工单位		项目负责人		检验批容量	
分包单位		分包单位项目 负责人		检验批部位	
施工依据		验收依据		《混凝土结构工程施工质量验收 规范》GB 50204—2015	

续表

		验收项目	设计要求及规范规定	最小/实际抽样数量	检查记录	检查结果
主控项目	1	预拌混凝土质量	第 7.3.1 条	/		
	2	混凝土拌合物不应离析	第 7.3.2 条	/		
	3	混凝土中氯离子和碱总含量	第 7.3.3 条	/		
	4	混凝土开盘鉴定,原材料、强度、凝结时间、稠度等应满足混凝土配合比要求	第 7.3.4 条	/		
	*5	混凝土强度试件的取样和留置	第 7.4.1 条	/		
一般项目	1	混凝土拌合物稠度要求	第 7.3.5 条	/		
	2	混凝土耐久性检验	第 7.3.6 条	/		
	3	混凝土有抗冻要求时含气量的检验	第 7.3.7 条	/		
	4	后浇带、施工缝的留设和处理方法	第 7.4.2 条	/		
	5	混凝土养护措施	第 7.4.3 条	/		

施工单位检查结果	专业工长: 项目专业质量检查员: 年 月 日
监理（建设）单位验收结论	专业监理工程师: （建设单位项目专业技术负责人） 年 月 日

【知识链接】

1. 混凝土的强度等级应按立方体抗压强度标准值划分。混凝土强度等级应采用符号 C 与立方体抗压强度标准值（以 N/mm^2 计）表示。

2. 立方体抗压强度标准值应为按标准方法制作和养护的边长为 100mm 的立方体试件,用标准试验方法在 28d 龄期测得的混凝土抗压强度总体分布中的一个值,强度低于该值的概率应为 5%。

3. 混凝土强度应分批进行检验评定。一个检验批的混凝土应由强度等级相同、试验龄期相同、生产工艺条件和配合比基本相同的混凝土组成。

4. 对大批量、连续生产混凝土的强度应统计方法评定。对小批量或零星生产混凝土的强度应按非统计方法评定。

5. 混凝土拌合物性能检测方法，当流动性较大时采用坍落度扩展度法，试验过程中，观察混凝土拌合物保水性和黏滞性。

6. 现浇混凝土取样养护方法分为标准养护和同条件养护两种。

【课后自测及相关实训】

1. 混凝土分项工程相关工作页。

2. 以小组为单位实测现浇混凝土质量及混凝土强度，并完成工作页中混凝土分项检验批质量验收记录。

任务5 检查梁板柱外观质量缺陷

子情景：

接收项目后，工程此时刚刚结束实训场二楼梁、板、柱模板混凝土浇筑并养护完成，拆模后进行弯管质量缺陷检查。具体要求如下：

(1) 以小组为单位选取检查工具；

(2) 要求查阅图纸确定检验批；

(3) 要求计算同一检验批最小和实际抽查数量；

(4) 填写混凝土外观质量验收记录；

(5) 做出评定梁板柱外观质量的判定。

导言：

影响混凝土外观质量与很多因素有关，如施工人员素质、原材料、施工工艺方法、养护、环境等。通常会引起一些混凝土外观质量缺陷，如：颜色不一致、蜂窝、麻面、斑点、露筋、跑模，混凝土几何尺寸出现变形、线条不明、缝隙夹层、水泡气孔多、缺棱掉角、烂根等问题，影响混凝土的力学性能及耐久性。

现浇结构质量验收应符合下列规定：

现浇结构质量验收应在拆模后、混凝土表面未作修整和装饰前进行，并应作出记录；已经隐蔽的不可直接观察和量测的内容，可检查隐蔽工程验收记录；修整或返工的结构构件或部位应有实施前后的文字及图像记录。现浇结构的外观质量缺陷应由监理单位、施工单位等各方根据其对结构性能和使用功能影响的严重程度按表2-26确定。

现浇结构外观质量缺陷 表2-26

名称	现象	严重缺陷	一般缺陷
露筋	构件内钢筋未被混凝土包裹而外露	纵向受力钢筋有露筋	其他钢筋有少量露筋
蜂窝	混凝土表面缺少水泥砂浆而形成石子外露	构件主要受力部位有蜂窝	其他部位有少量蜂窝
孔洞	混凝土中孔穴深度和长度均超过保护层厚度	构件主要受力部位有孔洞	其他部位有少量孔洞

名称	现象	严重缺陷	一般缺陷
夹渣	混凝土中夹有杂物且深度超过保护层厚度	构件主要受力部位有夹渣	其他部位有少量夹渣
疏松	混凝土中局部不密实	构件主要受力部位有疏松	其他部位有少量疏松
裂缝	裂缝从混凝土表面延伸至混凝土内部	构件主要受力部位有影响结构性能或使用功能的裂缝	其他部位有少量不影响结构性能或使用功能的裂缝
连接部位缺陷	构件连接处混凝土有缺陷及连接钢筋、连接件松动	连接部位有影响结构传力性能的缺陷	连接部位有基本不影响结构传力性能的缺陷
外形缺陷	缺棱掉角、棱角不直、翘曲不平、飞边凸肋等	清水混凝土构件有影响使用功能或装饰效果的外形缺陷	其他混凝土构件有不影响使用功能的外形缺陷
外表缺陷	构件表面麻面、掉皮、起砂、沾污等	具有重要装饰效果的清水混凝土构件有外表缺陷	其他混凝土构件有不影响使用功能的外表缺陷

装配式结构现浇部分的外观质量、位置偏差、尺寸偏差验收应符合要求；预制构件与现浇结构之间的结合面应符合设计要求。

1. 检查梁板柱外观质量内容

现浇结构的外观质量不应有严重缺陷。

对已经出现的严重缺陷，应由施工单位提出技术处理方案，并经监理单位认可后进行处理；对裂缝、连接部位出现的严重缺陷及其他影响结构安全的严重缺陷，技术处理方案尚应经设计单位认可。对经处理的部位应重新验收。检查数量：全数检查。检验方法：观察，检查处理记录。

现浇结构的外观质量不应有一般缺陷。

对已经出现的一般缺陷，应由施工单位按技术处理方案进行处理。对经处理的部位应重新验收（不需监理批准，但应有方案并备案和重新验收）。检查数量：全数检查。检验方法：观察，检查处理记录。

2. 检查方法

现浇结构不应有影响结构性能和使用功能的尺寸偏差；混凝土设备基础不应有影响结构性能和设备安装的尺寸偏差。

对超过尺寸允许偏差且影响结构性能和安装、使用功能的部位，应由施工单位提出技术处理方案，经监理、设计单位认可后进行处理（新标准变化）。对经处理的部位应重新验收。检查数量：全数检查。检验方法：量测，检查处理记录。

现浇结构的位置、尺寸偏差及检验方法应符合表 2-27 的规定。

检查数量：按楼层、结构缝或施工段划分检验批。在同一检验批内，对梁、柱和独立基础，应抽查构件数量的 10%，且不应少于 3 件；对墙和板，应按有代表性的自然间抽查 10%，且不应少于 3 间；对大空间结构，墙可按相邻轴线间高度 5m 左右划分检查面，板可按纵、横轴线划分检查面，抽查 10%，且均不应少于 3 面；对电梯井，应全数检查。

现浇结构位置、尺寸允许偏差及检验方法   表 2-27

项目			允许偏差（mm）	检验方法
轴线位置	整体基础		15	经纬仪及尺量
	独立基础		10	经纬仪及尺量
	柱、墙、梁		8	尺量
垂直度	柱、墙层高	≤6m	10	经纬仪或吊线、尺量
		>6m	12	经纬仪或吊线、尺量
	全高（H）≤300m		$H/30000+20$	经纬仪、尺量
	全高（H）>300m		$H/10000$ 且≤80	经纬仪、尺量
标高	层高		±10	水准仪或拉线、尺量
	全高		±30	水准仪或拉线、尺量
截面尺寸	基础		+15，−10	尺量
	柱、梁、板、墙		+10，−5	尺量
	楼梯相邻踏步高差		±6	尺量
电梯井洞	中心位置		10	尺量
	长、宽尺寸		+25，0	尺量
表面平整度			8	2m靠尺和塞尺检查
预埋件中心位置	预埋板		10	尺量
	预埋螺栓		5	尺量
	预埋管		5	尺量
	其他		10	尺量
预留洞、孔中心线位置			15	尺量

注：1. 检查轴线、中心线位置时，沿纵、横两个方向测量，并取其中偏差的较大值。
　　2. H 为全高，单位为 mm。

现浇设备基础的位置和尺寸应符合设计和设备安装的要求。其位置和尺寸偏差及检验方法应符合表 2-28 的规定。检查数量：全数检查。

现浇设备基础位置和尺寸允许偏差及检验方法   表 2-28

项目		允许偏差（mm）	检验方法
坐标位置		20	经纬仪及尺量
不同平面标高		0，−20	水准仪或拉线、尺量
平面外形尺寸		±20	尺量
凸台上平面外形尺寸		0，−20	尺量
凹槽尺寸		+20，0	尺量
平面水平度	每米	5	水平尺、塞尺量测
	全长	10	水准仪或拉线、尺量
垂直度	每米	5	经纬仪或吊线、尺量
	全高	10	经纬仪或吊线、尺量

续表

项目		允许偏差（mm）	检验方法
预埋地脚螺栓	中心位置	2	尺量
	顶标高	+20，0	水准仪或拉线、尺量
	中心距	±2	尺量
	垂直度	5	吊线、尺量
预埋地脚螺栓孔	中心线位置	10	尺量
	截面尺寸	+20，0	尺量
	深度	+20，0	尺量
	垂直度	$h/100$，且≤10	吊线、尺量
预埋活动地脚螺栓锚板	中心线位置	5	尺量
	标高	+20，0	水准仪或拉线、尺量
	带槽锚板平整度	5	直尺、塞尺量测
	带螺纹孔锚板平整度	2	直尺、塞尺量测

注：1. 检查坐标、中心线位置时，应沿纵、横两个方向测量，并取其中偏差的较大值。

　　2. h 为预埋地脚螺栓孔孔深，单位为 mm。

3. 常见质量问题分析

（1）混凝土施工表面缺陷

1）现象

现浇混凝土施工混凝土蜂窝、麻面、孔洞。

2）原因分析

① 混凝土配合比不合理，碎石、水泥材料计量错误，或加水量不准，造成砂浆少碎石多。

② 模板未涂刷隔离剂或不均匀，模板表面粗糙并粘有干混凝土，浇筑混凝土前浇水湿润不够，或模板缝没有堵严，浇捣时，与模板接触部分的混凝土失水过多或滑浆，混凝土呈干硬状态，使混凝土表面形成许多小凹点。

③ 混凝土振捣不密实，混凝土中的气泡未排出，一部分气泡停留在模板表面。

④ 混凝土搅拌时间短，用水量不准确，混凝土的和易性差，混凝土浇筑后有的地方砂浆少石子多，形成蜂窝。

⑤ 混凝土一次下料过多，浇筑没有分段、分层灌注；下料不当，没有振捣实或下料与振捣配合不好，未充分振捣又下料。造成混凝土离析，因而出现蜂窝麻面。

⑥ 模板稳定性不足，振捣混凝土时模板移位，造成严重漏浆。

3）防治措施

① 模板面清理干净，不得粘有干硬水泥砂浆等杂物。木模板灌注混凝土前，用清水充分湿润，清洗干净，不留积水，使模板缝隙拼接严密，如有缝隙，填严，防止漏浆。钢模板涂模剂要涂刷均匀，不得漏刷。

② 混凝土搅拌时间要适宜。

③ 混凝土浇筑高度超过 2m 时，要采取措施，如用串筒、斜槽或振动溜管进行下料。

④ 混凝土入模后，必须掌握振捣时间，一般每点振捣时间约 20～30s。使用内部振动器振捣混凝土时，振动棒应垂直插入，并插入下层尚未初凝的混凝土内 50～100mm，以促使上下层相互结合良好。合适的振捣时间可由下列现象来判断：混凝土不再显著下沉，

不再出现气泡，混凝土表面出浆且呈水平状态，混凝土将模板边角部分填满充实。

⑤ 浇筑混凝土时，经常观察模板，发现有模板走动，立即停止浇筑，并在混凝土初凝前修整完好。

（2）混凝土表面露筋

1）现象

现浇混凝土施工出现露筋。

2）原因分析

① 混凝土振捣时钢筋垫块移位或垫块太少，钢筋紧贴模板致使拆模后露筋，同时因垫块的强度也达不到要求造成振捣时破碎而使钢筋紧贴模板。

② 钢筋混凝土构件断面小，钢筋过密，如遇大石子卡在钢筋上水泥浆不能充满钢筋周围，使钢筋密集处产生露筋。

③ 混凝土振捣时，振捣棒撞击钢筋，将钢筋振散发生移位，因而造成露筋。

④ 因配合比不当混凝土产生离析，或模板严重漏浆。

⑤ 混凝土保护层振捣不密实，或木模板湿润不够，混凝土表面失水过多，或拆模过早等，拆模时混凝土缺棱掉角。

3）防治措施

① 钢筋混凝土施工时，注意保证垫块数量、厚度、强度并绑扎固定好。

② 钢筋混凝土结构钢筋较密集时，要选配适当石子，以免石子过大卡在钢筋处，普通混凝土难以浇筑时，可采用细石混凝土。

③ 混凝土振捣时严禁振动钢筋，防止钢筋变形位移，在钢筋密集处，可采用带刀片的振捣棒进行振捣。

④ 混凝土自由顺落高度超过 2m 时，要用串筒或溜槽等进行下料。拆模时间要根据试块试验结果确定，防止过早拆模。操作时不得踩踏钢筋，如钢筋有踩弯或脱扣者，及时调直，补扣绑好。

（3）混凝土凝结时间长、早期强度低

1）现象

普通减水剂混凝土浇灌后 12～15h、高效减水剂混凝土浇灌后 15～20h 甚至更长时间，混凝土还不结硬，仍处于非终凝状态。表现在贯入阻力仍小于 28N，约相当于立方体试块强度 0.8～1.0MPa。28d 抗压强度较正常情况下相同配合比试件的抗压强度低 2～2.5MPa 以上。

2）原因分析

① 减水剂掺量有误（超量使用），或计量失准。

② 减水剂质量有问题，有效成分失常，配制的浓度有误，保管不当，减水剂变质。

③ 施工期间环境温度骤然大幅度降低，加之用水量控制不严，以拌合物坍落度替代混凝土水胶比控制，推延了混凝土拌合物结构强度产生的时间，并损害混凝土的强度。

④ 砂石含水率未测定、不调整。

⑤ 自动加水控制器失灵。水泥过期、受潮结块。

3）防治措施

① 减水剂的掺量应以水泥重量的百分率表示，称量误差不应超过±2%。如系干粉状

减水剂，则应先倒入 60℃ 左右的热水中搅拌溶解，制成 20% 浓度的溶液（以密度计控制）备用。储存期间，应加盖盖好，不得混入杂物和水。使用时应用密度计核查溶液的密度，并应扣除溶液中的水分。

②　在选择和确定减水剂品种及其掺量时，应根据工程结构要求、材料供应状况、施工工艺、施工条件和环境（如气温）等诸因素通过试验比较确定，不能完全依赖产品说明书推荐的"最佳掺量"。有条件时，应尽可能进行多品种选择比较，单一品种的选择缺乏可比性。

③　掺减水剂防水混凝土的坍落度不宜过大，一般以 50～100mm 为宜。坍落度愈大，凝结时间愈长，混凝土结构强度的形成时间愈迟，对抗渗性能也不利。

④　不合格或变质的减水剂不得使用。施工用水泥宜与试验时隶属同一厂批。如水泥品种或生产厂批有变动，即使水泥强度等级相同，其减水剂的适宜掺量，也应重新通过试验确定，不应套用。

（4）混凝土施工外形尺寸偏差

1）现象

现浇混凝土施工外形尺寸偏差。

2）原因分析

①　模板自身变形，有孔洞，拼装不平整。

②　模板体系的刚度、强度及稳定性不足，造成模板整体变形和位移。

③　混凝土下料方式不当，冲击力过大，造成跑模或模板变形。

④　振捣时振捣棒接触模板过度振捣。

⑤　放线误差过大，结构构件支模时因检查核对不细致造成的外形尺寸误差。

3）防治措施

①　模板使用前要经修整和补洞，拼装严密平整。

②　模板加固体系要经计算，保证刚度和强度；支撑体系也应经过计算设置，保证足够的整体稳定性。

③　下料高度不大于 2m。随时观察模板情况，发现变形和位移要停止下料进行修整加固。

④振捣时振捣棒避免接触模板。

⑤　浇筑混凝土前，对结构构件的轴线和几何尺寸进行反复认真的检查核对。

主体结构梁、柱截面尺寸准确，表面光洁，平整，无裂缝，结构混凝土内坚外美，阴阳角方正。

（5）梁柱节点核心区混凝土施工质量常见问题

设计图纸中未明确现浇结构核心区混凝土强度等级。

1）现象

施工图纸中往往只分别给出了柱、梁板的混凝土强度等级，而梁板核心区混凝土采用何种强度等级不详。

2）原因分析

①　在框架结构设计中，对现浇框架结构混凝土强度等级，往往为了体现"强柱弱梁"的设计概念，有目的地增大柱端弯矩设计值和柱的混凝土强度等级，但却忽视了梁、柱混凝土强度等级相差不宜过大的规定。

② 设计图纸中往往只分别给出了柱、梁板的混凝土强度等级，而梁柱板核心区混凝土究竟采用何种强度等级没有加以明确。

3）防治措施

① 设计中梁、柱混凝土强度等级相差不宜大于 5MPa。如超过时梁、柱节点区施工时应做专门处理，使节点区混凝土强度等级与柱相同。

② 梁柱核心区混凝土采用何种强度等级，施工图纸中应予以说明。

（6）施工单位对核心区混凝土施工未区别对待

1）现象

施工单位往往将核心区混凝土与整个梁板水平构件一次浇筑完成。

2）原因分析

① 施工单位技术人员业务素质不强，缺乏对核心区混凝土强度等级识别的技术能力，往往将核心区等同于水平构件来考虑。

② 施工单位嫌麻烦，怕影响工期，怕增加施工成本，不愿采取分步浇筑技术措施。

③ 核心区不同强度等级混凝土施工方法不统一，缺少有效的技术依据。

3）防治措施

① 施工单位应根据单位工程水平构件、竖向构件混凝土强度等级不同的设计情况，采取提高水平构件混凝土强度等级使之与竖向构件相同、先浇筑核心区混凝土后浇筑周围水平构件混凝土的方式加以解决，并以图纸会审、技术变更等形式履行文字手续。

② 现浇框架结构核心区不同强度等级混凝土构件相连接时，两种混凝土的接缝应设置在低强度等级的梁板构件中，并离开高强度等级构件一段距离，详见图 2-13。

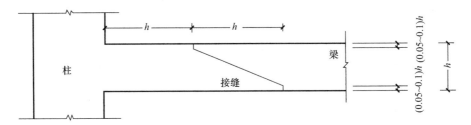

图 2-13 不同强度等级混凝土的梁柱施工接缝

注：柱的混凝土强度等级高于梁

③ 当接缝两侧的混凝土强度等级不同且分先后施工时，可沿预定的接缝位置设置孔径 5×5mm 的固定筛网，先浇筑高强度等级混凝土，后浇筑低强度等级混凝土，二者必须在混凝土初凝前浇筑完成，避免出现施工缝。

④ 当接缝两侧的混凝土强度等级不同且同时浇筑时，可沿预定的接缝位置设置隔板，且随着两侧混凝土浇入逐渐提升隔板并同时将混凝土振捣密实；也可沿预定的接缝位置设置胶囊，充气后在其两侧同时浇入混凝土，待混凝土浇完后排气取出胶囊，同时将混凝土振捣密实。

（7）柱顺筋裂缝

1）现象

沿钢筋混凝土柱主筋位置出现裂缝，其裂缝长度和宽度随时间推移逐渐发展，深度不超过混凝土保护层厚度，且缝隙中夹有黄色锈迹，如图 2-14 所示。

2）原因分析

① 混凝土内掺有氯化物外加剂，或以海砂作为集料，用海水拌制混凝土，使钢筋产生电化学腐蚀，氧化铁膨胀把混凝土胀裂。

② 混凝土保护层厚度不够。

3）防治措施

① 混凝土外加剂应严格控制氯离子的含量，尽量使用不含氯化物的外加剂。在冬期施工时，混凝土中掺加氯化

图 2-14　柱顺筋裂缝

物含量严格控制在允许范围内，并掺加适量阻锈剂（亚硝酸钠）；采用海砂作细集料时，氯化物含量应控制在砂重的 0.1% 以内；在钢筋混凝土结构中避免用海水拌制混凝土。

② 适当增厚保护层或对钢筋涂防腐蚀涂料，对混凝土加密封外罩。

③ 混凝土采用级配良好的石子，使用低水胶比配置，加强振捣以降低渗透率，阻止电腐蚀作用。

（8）墙体无规则裂缝

1）现象

干缩裂缝多出现在混凝土养护结束后的一段时间或是混凝土浇筑完毕后的一周左右。水泥浆中水分的蒸发会产生干缩，且这种收缩是不可逆的。它的特征多表现为表面性的平行线状或网状浅细裂缝，宽度多在 0.05～0.2mm 之间，走向纵横交错，没有规律性，裂缝分布不均，裂缝会随着时间的推移，数目会增多，宽度、长度会增大。

2）原因分析

① 混凝土浇筑完成后，表面水分蒸发速度高于混凝土内部从里到外的泌水速度，表面会产生干缩，这种收缩受到表面以下的混凝土约束，造成表面裂缝产生。

② 混凝土墙体结构连续长度较长，受到温度影响后，整体的收缩较大，从而产生裂缝。

③ 采用含泥量大的砂石配制混凝土，或混凝土的水胶比、坍落度及砂率较大等因素都会引起混凝土收缩增大，降低混凝土的抗拉强度。

④ 混凝土经过度振捣，表面形成水泥含量较多的砂浆层，收缩量增大。

3）防治措施

① 对混凝土原材料的要求：选用低碱含量的水泥；骨料选用弹性模量较高的，可以有效减少收缩的作用。吸水率较大的骨料有较大的干缩量，能有效降低水泥浆体的收缩。

② 严格控制用水量、水泥用量和水胶比。

③ 混凝土应振捣密实，但避免过度振捣；在混凝土初凝后至终凝前进行二次抹压，以提高混凝土的抗拉强度，减少收缩量。

④ 加强混凝土早期养护，覆盖草袋、棉毯，避免曝晒，定期适当喷水保持湿润，并适当延长养护时间。且避免发生过大温度、湿度变化。冬期施工时要适当延长保湿覆盖时间，并涂刷养护剂养护。

4. 验收记录

混凝土外观质量检验批质量验收记录的填写见表2-29。

现浇结构工程检验批质量验收记录　　　　　　　　　　　　表2-29

工程名称			验收部位		现浇结构工程	
施工单位			项目经理		专业工长	
分包单位			分包负责人		施工班组长	
施工标准及编号		《混凝土结构工程施工质量验收规范》GB 50204—2015	施工技术方案		见证检测报告	
项　目			施工单位检查记录		监理（建设）单位验收记录	
主控项目	1	混凝土强度等级必须符合设计要求				
	2	现浇结构外观质量不应有严重缺陷	露筋			
	3		蜂窝			
	4		孔洞			
	5		夹渣			
	6		疏松			
	7		裂缝			
	8		连接部位缺陷			
	9		外形缺陷			
	10		外表缺陷			
	11	不应有影响结构性能和使用功能的尺寸偏差				

项　目			施工单位检查记录									合格率（%）	监理（建设）单位验收记录
一般项目	1	现浇结构外观质量不宜有一般缺陷	露筋										
	2		蜂窝										
	3		孔洞										
	4		夹渣										
	5		疏松										
	6		裂缝										
	7		连接部位缺陷										
	8		外形缺陷										
	9		外表缺陷										

	项　目		允许偏差（mm）	实测偏差（mm）									
				1	2	3	4	5	6	7	8	9	10
10	轴线位置	整体基础	15										
11		独立基础	10										
12		墙、柱、梁	8										

续表

项　目				施工单位检查记录											合格率（%）	监理（建设）单位验收记录
	项　　目			允许偏差（mm）	实测偏差（mm）												
					1	2	3	4	5	6	7	8	9	10			
一般项目	13	垂直度	层高	≤6m	10													
	14			>6m	12													
	15		全高（H）≤300m	H/3000+20														
	16		全高（H）>300m	H/10000 且≤80														
	17	标高	层高	±10														
	18		全高	±30														
	19	截面尺寸	基础	±15，−10														
	20		柱、梁、板、墙	±10，−5														
	21	电梯井	中心位置	10														
	22		长、宽尺寸	±25，0														
	23	表面平整度		8														
	24	预埋设施中心位置	预埋板	10														
	25		预埋螺栓	5														
	26		预埋管	5														
	27	预留洞、孔中心线位置		15														

施工单位检查评定结果	项目专业质量检查员：　　　　　　　　　　　　　　　　　年　月　日
监理（建设）单位验收结论	监理工程师： （建设单位项目专业技术负责人）　　　　　　　　　　　年　月　日

注：检验批中的定量项目用具体数据表示，定性项目用"√"或"×"表示。
　　有允许偏差的项目，把实际测量值填入表格内，超过允许偏差的项目，不符合国家规范用"△"圈住，不符合企业规范的用"○"圈住。

【知识链接】

防止混凝土外观缺陷

1. 一般性问题（表 2-30）

一般性问题　　　　　　　　　　　　　　　　表 2-30

	产生原因	采取措施
存在问题一：蜂窝	1）配合比计量不准，砂石级配不好	1）做到车车过磅，选择较好的级配砂石
	2）搅拌不均匀	2）振捣时间不少于 30s
	3）模板漏浆	3）模板硬拼缝另加海绵条
	4）振捣不够或露振	4）加强振捣时间，按每 500mm 一点振捣
	5）一次性浇捣太厚分层不均	5）分层浇捣，设置标志杆，每 500mm 一步
	6）自由倾落高度超过规定、混凝土离析	6）混凝土浇灌高度不得超过 1m，防止混凝土离析
	7）振捣不及时	7）按照混凝土浇筑量，及时安排混凝土振捣

2. 问题漏筋处理（表 2-31）

问题漏筋处理　　　　　　　　　　　　　　　　　表 2-31

	产生原因	采取措施
存在问题 二：露筋	1）同蜂窝原因	1）同蜂窝措施
	2）箍筋骨架加工不准，顶贴模板	2）设立水平及垂直梯格铁或内外固定箍，确保钢筋位置
	3）缺保护层垫块	3）垫块按每米 1 个设置均匀或采用双 F 筋，确保保护层厚度
	4）无钢筋定位措施	4）采取各种定位措施见钢筋措施

【课后自测及相关实训】

1. 混凝土分项工程相关工作页。

2. 以小组为单位实测现浇混凝土质量及混凝土强度，并完成工作页中混凝土分项检验批质量验收记录。

任务 6　检查装配施工工程质量

子情景：

接收项目后，工程此时正在进行预制构件装配式施检查工作。具体要求如下：

（1）要求查阅图纸确定预制构件检查方法；

（2）要求查阅图纸确定安装与连接检查方法；

（3）填写装配式结构预制构件检验批质量验收记录；

（4）填写装配式结构安装与连接检验批质量验收记录。

导言：

目前应用不多，制作、安装多呈专业化。装配式结构的尺寸偏差应比现浇结构更严格。

1. 检查装配式结构内容

装配式结构连接节点及叠合构件浇筑混凝土之前，应进行隐蔽工程验收。隐蔽工程验收应包括下列主要内容：

（1）混凝土粗糙面的质量，键槽的尺寸、数量、位置；

（2）钢筋的牌号、规格、数量、位置、间距，箍筋弯钩的弯折角度及平直段长度；

（3）钢筋的连接方式、接头位置、接头数量、接头面积百分率、搭接长度、锚固方式及锚固长度；

（4）预埋件、预留管线的规格、数量、位置。

2. 检查方法

（1）预制构件检查方法

检验批的划分：按构件型号、进场批次、数量划分。

专业企业生产的预制构件进场时，预制构件结构性能检验应符合下列规定：

1）梁板类简支受弯预制构件进场时应进行结构性能检验，并应符合下列规定：①结构性能检验应符合国家现行相关标准的有关规定及设计的要求、检验要求。②钢筋混凝土构件和允许出现裂缝的预应力混凝土构件应进行承载力、挠度和裂缝宽度检验；不允许出现裂缝的预应力混凝土构件应进行承载力、挠度和抗裂检验。③对大型构件及有可靠应用经验的构件，可只进行裂缝宽度、抗裂和挠度检验。④对使用数量较少的构件，当能提供可靠依据时，可不进行结构性能检验。

2）对其他预制构件，除设计有专门要求外，进场时可不做结构性能检验。

3）对进场时不做结构性能检验的预制构件，应采取下列措施：①施工单位或监理单位代表应驻厂监督制作过程；②当无驻厂监督时，预制构件进场时应对预制构件主要受力钢筋数量、规格、间距及混凝土强度等进行实体检验。

检验数量：同一类型预制构件不超过 1000 个为一批，每批随机抽取一个构件进行结构性能检验。检验方法：检查结构性能检验报告或实体检验报告（表 2-32、表 2-33）。

注："同类型"是指同一钢种、同一混凝土强度等级、同一生产工艺和同一结构形式。抽取预制构件时，宜从设计荷载最大、受力最不利或生产数量最多的预制构件中抽取。

预制构件应有标识。应如何标识？宜按设计图上构件的代号标识。这样便于安装时对照检查，避免出错。表 2-33 中，项目栏为"预埋螺栓"四个字，允许偏差为 2mm，这是指什么的允许偏差？根据上下文分析，应是"中心线位置"，所以省细则增加了这五个字，成为"预埋螺栓中心线位置"。装配式结构中的牛腿和吊车梁上表面标高，只能低，不能高。

预制构件尺寸的允许偏差及检验方法　　　　表 2-32

项目			允许偏差（mm）	检验方法
长度	楼板、梁、柱、桁架	＜12m	±5	尺量
		≥12m 且＜18m	±10	
		≥18m	±20	
	墙板		±4	
宽度、高（厚）度	楼板、梁、柱、桁架		±5	尺量一端及中部，取其中偏差绝对值
	墙板		±4	
表面平整度	楼板、梁、柱、墙板内表面		5	2m 靠尺和塞尺量测
	墙板外表面		3	
侧向弯曲	楼板、梁、柱		$l/750$ 且≤20	拉线、直尺量测，最大侧向弯曲处
	墙板、桁架		$l/1000$ 且≤20	

注：1. l 为构件长度，单位为 mm；
　　2. 检查中心线、螺栓和孔道位置偏差时，沿纵、横两个方向量测，并取其中偏差较大值。

预制构件预埋件尺寸的允许偏差及检验方法　　　　表 2-33

项目		允许偏差（mm）	检验方法
翘曲	楼板	$l/750$	调平尺在两端量测
	墙板	$l/1000$	
对角线	楼板	10	尺量两个对角线
	墙板	5	
预留孔	中心线位置	5	尺量
	孔尺寸	±5	

项目		允许偏差（mm）	检验方法
预留洞	中心线位置	10	尺量
	洞口尺寸、深度	±10	
预埋件	预埋板中心线位置	5	尺量
	预埋板与混凝土面平面高差	0，−5	
	预埋螺栓	2	
	预埋螺栓外露长度	+10，−5	
	预埋套筒、螺母中心线位置	2	
	预埋套筒、螺母与混凝土面平面高差	±5	
预留插筋	中心线位置	5	尺量
	外露长度	+10，−5	
键槽	中心线位置	5	尺量
	长度、宽度	±5	
	深度	±10	

检查数量：同一类型的构件，不超过100件为一批，每批应抽查构件数量的5%，且不应少于3件。

（2）装配式构件连接与安装检查方法

预制构件临时固定措施的安装质量应符合施工方案的要求。钢筋采用套筒灌浆连接或浆锚搭接连接时，灌浆应饱满、密实。钢筋采用套筒灌浆连接或浆锚搭接连接时，其连接接头质量应符合国家现行相关标准的规定。钢筋采用焊接连接时，其接头质量应符合现行行业标准《钢筋焊接及验收规程》JGJ 18的规定。钢筋采用机械连接时，其接头质量应符合现行行业标准《钢筋机械连接技术规程》JGJ 107的规定。预制构件采用焊接、螺栓连接等连接方式时，其材料性能及施工质量应符合国家现行标准《钢结构工程施工质量验收规范》GB 50205和《钢筋焊接及验收规程》JGJ 18的相关规定。装配式结构采用现浇混凝土连接构件时，构件连接处后浇混凝土的强度应符合设计要求。装配式结构施工后，其外观质量不应有严重缺陷，且不应有影响结构性能和安装、使用功能的尺寸偏差。

装配式结构施工后，其外观质量不应有一般缺陷。装配式结构施工后，预制构件位置、尺寸偏差及检验方法应符合设计要求；当设计无具体要求时，应符合表2-34的规定。预制构件与现浇结构连接部位的表面平整度应符合表2-34的规定。

装配式结构构件位置和尺寸允许偏差及检验方法　　　　表2-34

项目			允许偏差（mm）	检验方法
构件轴线	竖向构件（柱、墙板、桁架）		8	经纬仪及尺量
	水平构件（梁、楼板）		5	
标高	梁、柱、墙板楼板底面或顶面		±5	水准仪或拉线、尺量
构件垂直度	柱、墙板安装后的高度	≤6m	5	经纬仪或吊线、尺量
		>6m	10	

续表

项目			允许偏差（mm）	检验方法
构件倾斜度	梁、桁架		5	经纬仪或吊线、尺量
相邻构件平整度	梁、楼板底面	外露	5	2m靠尺和塞尺量测
		不外露	3	
	柱、墙板	外露	5	
		不外露	8	
构件搁置长度	梁、板		±10	尺量
支座、支垫中心位置	板、梁、柱、墙板、桁架		10	尺量
墙板接缝宽度			±5	尺量

检查数量：按楼层、结构缝或施工段划分检验批。在同一检验批内，对梁、柱和独立基础，应抽查构件数量的10%，且不应少于3件；对墙和板，应按有代表性的自然间抽查10%，且不应少于3间；对大空间结构，墙可按相邻轴线间高度5m左右划分检查面，板可按纵、横轴线划分检查面，抽查10%，且均不应少于3面。

3. 验收记录

（1）装配式结构预制构件检验批质量验收记录

预制构件的外观质量不应有严重缺陷，且不应有影响结构性能和安装、使用功能的尺寸偏差。见表2-35。

装配式结构预制构件检验批质量验收记录 表2-35

编号：_____

单位（子单位）工程名称			分部（子分部）工程名称		分项工程名称	
施工单位			项目负责人		检验批容量	
分包单位			分包单位项目负责人		检验批部位	
施工依据				验收依据	《混凝土结构工程施工质量验收规范》GB 50204—2015	

		验收项目	设计要求及规范规定	最小/实际抽样数量	检查记录	检查结果
主控项目	1	预制构件质量检验	第9.2.1条	/		
	2	预制构件进场时的结构性能检验	第9.2.2条	/		
	3	预制构件外观质量严重缺陷	第9.2.3条	/		
	4	构件上预埋件、管线、预留插筋、孔、洞	第9.2.4条	/		

续表

	验收项目				设计要求及规范规定	最小/实际抽样数量	检查记录	检查结果
一般项目	1	预制构件表面标识			第9.2.5条	/		
	2	外观质量一般缺陷			第9.2.6条	/		
	3	粗糙面质量与键槽数量			第9.2.8条	/		
	4	预制构件尺寸允许偏差（mm）	长度	楼板、梁、柱、桁架	<12m	±5	/		
					≥12m且<18m	±10	/		
					≥18m	±20	/		
				墙板	±4	/		
			宽度、高（厚）度	楼板、梁、柱、桁架		±5	/		
				墙板		±4	/		
			表面平整度	楼板、梁、柱、墙板内表面		5	/		
				墙板外表面		3	/		
			侧向弯曲	楼板、梁、柱		$L/750$ 且 ≤20	/		
				墙板、桁架		$L/1000$ 且 ≤20	/		
			翘曲	楼板		$L/750$	/		
				墙板		$L/1000$	/		
			对角线	楼板		10	/		
				墙板		5	/		

（2）装配式结构安装与连接检验批质量验收记录填写（表2-36）

装配式结构安装与连接检验批质量验收记录　　　　表2-36

编号：＿＿＿＿＿＿＿

单位（子单位）工程名称		分部（子分部）工程名称		分项工程名称	
施工单位		项目负责人		检验批容量	
分包单位		分包单位项目负责人		检验批部位	
施工依据			验收依据	《混凝土结构工程施工质量验收规范》GB 50204—2015	

	验收项目	设计要求及规范规定	最小/实际抽样数量	检查记录	检查结果
主控项目	1　预制构件临时固定措施	第9.3.1条	/		
	2　套筒灌浆连接灌浆质量，材料及连接质量	第9.3.2条	/		
	3　钢筋焊接接头质量	第9.3.3条	/		
	4　钢筋机械连接接头质量	第9.3.4条	/		
	5　构件连接材料性能	第9.3.5条	/		
	6　采用现浇混凝土连接构件时，后浇混凝土的强度	第9.3.6条	/		
	7　外观质量严重缺陷	第9.3.7条	/		
	8　接缝施工质量和防水性能	第9.1.2条	/		

续表

	验收项目			设计要求及规范规定	最小/实际抽样数量	检查记录	检查结果
一般项目	1	外观质量一般缺陷		第9.3.8条	/		
	2	装配式结构构件位置和尺寸允许偏差（mm）	构件轴线位置 · 竖向构件（柱、墙板、桁架）	8	/		
			水平构件（梁、楼板）	5	/		
			标高 · 梁、柱、墙板楼板底面或顶面	±5	/		
			牛腿、吊车梁顶面	−5，0	/		
			构件垂直度 · 柱、墙板安装后的高度 ≤6m	5	/		
			＞6m	10	/		
			构件倾斜度 · 梁、桁架	5	/		
			相邻构件平整度 · 梁、楼板底面 · 外露	3	/		
			不外露	5	/		
			柱、墙板 · 外露	5	/		
			不外露	8	/		
			构件搁置长度 · 梁、板	±10	/		
			支座、支垫中心位置 · 板、梁、柱、墙板、桁架	10	/		
			墙板接缝宽度	±5	/		

施工单位检查结果	专业工长： 项目专业质量检查员： 年 月 日
监理（建设）单位验收结论	专业监理工程师： （建设单位项目专业技术负责人） 年 月 日

装配式结构的尺寸偏差应比现浇结构更严格，省细则和沈阳市表都已补充上，详见表 2-37。

（沈表 L.1.16） 装配式结构（安装连接）检验批质量验收记录 代省 L.1.16－1～2 表 2-37

工程名称		验收部位		所属分部	
施工单位		项目经理		专业工长	
分包单位		分包负责人		施工班组长	
施工标准及编号		施工技术方案		工序自检交接检	

項目1 框架结构质量验收

续表

		项目	施工单位检查记录	合格率（%）	监理（建设）单位验收记录
主控项目	1	进入现场预制构件的质量和性能应符合设计要求			
	2	预制构件与结构之间的连接应符合设计要求，接头质量应符合国家现行标准的要求			
	3	接头和拼缝混凝土强度达到设计或规范要求后，方可吊装上一层结构构件，混凝土强度达到设计要求方可承受全部荷载			
一般项目	1	预制构件码放和运输时支承位置应符合设计要求			
	2	吊装前应在构件和支承结构上作出标志			
	3	应按设计要求吊装，绳索角度应符合规范要求			
	4	预制构件就位后应采取临时固定措施并校正位置			
	5	接头和拼缝应符合设计或规范要求			
		项目	允许偏差（mm）	实测偏差	
	6	轴线 杯型基础	10（15）		括号中的数据是现浇结构的允许偏差，用以对比，可看出比现浇结构更严格。真实的表上不能有这些数据
	7	柱、梁、板、墙板、屋架等	5（8）		
	8	垂直度 柱 层高≤5m	5（8）		
	9	层高>5m	10（10）		
	10	全高（H）	$H/1000$ 且 ≤20（30）		
	11	墙板	5		
	12	屋架，薄腹梁高为 h	$h/300$ 且 ≤10		
	13	标高 杯型基础杯底	0，−10		
	14	柱顶、牛腿上表面	0，−5		
	15	梁、板、墙板层高	±8（10）		
	16	结构全高	±25（30）		
	17	墙板接缝高度差	5		
	18	板下表面接缝高度差	5		

施工单位检查评定结果

项目专业质量检查员：
年 月 日

监理（建设）单位验收结论

监理工程师：
（建设单位项目专业技术负责人）
年 月 日

102

任务 7 检查实体工程混凝土强度及梁钢筋保护层厚度合格率

子情景：

实训场办公楼正进行混凝土结构子分部工程，工程此时正在进行结构实体检验，需要进行实体工程梁钢筋保护层厚度合格率及混凝土强度的检验评定。具体要求如下：

（1）以小组为单位选取检查工具；

（2）要求查阅教材及规范确定梁的钢筋抽查数量保护层厚度抽查数量；

（3）要求查阅教材及《混凝土结构工程施工质量验收规范》GB 50204—2015、《混凝土强度检验评定标准》GB/T 50107—2010 确定混凝土强度见证取样组数；

（4）评定纵向受力钢筋的保护层厚度是否合格；

（5）评定实体工程混凝土强度是否合格。

导言：

对涉及混凝土结构安全的有代表性的部位应进行结构实体检验，结构实体检验应包括：

（1）混凝土强度；

（2）钢筋保护层厚度；

（3）结构位置与尺寸偏差；

（4）合同约定的项目；

（5）必要时可检验其他项目。

结构实体检验应由监理单位组织施工单位实施，并见证实施过程。施工单位应制定结构实体检验专项方案，并经监理单位审核批准后实施。除结构位置与尺寸偏差外的结构实体检验项目，应由具有相应资质的检测机构完成。

1. 结构实体混凝土强度

结构实体混凝土强度应按不同强度等级分别检验，检验方法宜采用同条件养护试件方法；当未取得同条件养护试件强度或同条件养护试件强度不符合要求时，可采用回弹取芯法进行检验。

混凝土强度检验时的等效养护龄期可取日平均温度逐日累计达到 600℃·d 时所对应的龄期，且不应小于 14d。日平均温度为 0℃ 及以下的龄期不计入。

【知识链接】

1. 标准试块养护龄期

在《普通混凝土力学性能试验方法标准》GB/T 50081 中规定，采用标准养护的试件，应在温度为 20±5℃ 的环境中静置一昼夜至二昼夜，然后编号、拆模。拆模后应立即放入温度为 20±2℃，相对湿度为 95% 以上的标准养护室中养护，或在温度为 20±2℃ 的不流动 Ca(OH)$_2$ 饱和溶液中养护。标准养护室内的试件应放在支架上，彼此间隔 10～20mm，试件表面应保持潮湿，并不得被水直接冲淋。龄期从搅拌加水开始计时，龄期 28d。

2. 混凝土试块标准与同条件养护的区别

混凝土标准养护应在标准养护室或标养箱中进行，检测其抗压强度用来评定混凝土的强度。同条件养护试块应放在试块所代表的混凝土结构部位的附近，与结构实体同条件进行养护，其强度作为结构实体的混凝土强度的依据。

标准养护试块代表的是混凝土的配合比，是评价工程实体强度的主要依据，同条件养护试块代表的结构实体的质量。

冬期施工时，等效养护龄期计算时温度可取结构构件实际养护温度，也可根据结构构件的实际养护条件，按照同条件养护试件强度与在标准养护条件下28d龄期试件强度相等的原则由监理、施工等各方共同确定。

结构实体混凝土强度的检测，施工单位质检员要在自检合格的基础上再配合建设单位请第三方具有相应资质的检测机构进行实体强度检测。一般施工单位运用同条件养护试件强度检验，而第三方检测机构运用回弹-取芯法进行混凝土强度检验。

上文提到检验方法宜采用同条件养护试件方法，措辞不十分严格；又说"当未取得同条件养护试件强度或同条件养护试件强度不符合要求时，可采用回弹取芯法进行检验"，可见回弹取芯法是兜底的检验方法，比同条件养护试件更权威。沈阳市自2002年以来始终由检测机构来对结构实体的混凝土强度进行检测，未实行通过同条件养护试件来判定结构实体的混凝土强度，这样做的原因是：

1）同条件养护试件也是试件，不是实体，充其量是设想出的实体的替代品。既然说是实体检测，最好是真正对实体进行检测，检测机构采用回弹-取芯法进行的检测，对象结构实体，不是对替代品的检测，名副其实。

2）通过同条件养护试件来判定结构实体的混凝土强度，操作者仍是施工单位，由监理单位认证，与标准养护试件一样，没有突破；采取回弹-取芯法，就引入了第三方——检测机构——到现场。而10.1.2条恰恰要求"应由具有相应资质的检测机构完成"。

3）通过同条件养护试件来判定结构实体的混凝土强度，容易出现造假现象。

4）无论是否留置同条件养护试件，检测机构都要到现场检测钢筋保护层厚度，因此一并进行回弹-取芯，较方便。

5）留置同条件养护试件工作量大。"同一强度等级的同条件养护试件不宜少于10组，且不应少于3组"，且还要逐日测温，要做到很不容易。

6）不管什么原因，按规范规定"当未取得同条件养护试件强度或同条件养护试件强度不符合要求时，可采用回弹取芯法进行检验"，未留置就是"未取得"，可直接进入回弹取芯程序。

（1）结构实体混凝土同条件养护试件强度检验

同条件养护试件的取样和留置应符合下列规定：

1）同条件养护试件所对应的结构构件或结构部位，应由施工、监理等各方共同选定，且同条件养护试件的取样宜均匀分布于工程施工周期内；

2）同条件养护试件应在混凝土浇筑入模处见证取样；

3）同条件养护试件应留置在靠近相应结构构件的适当位置，并应采取相同的养护方法；

4）同一强度等级的同条件养护试件不宜少于10组，且不应少于3组。每连续两层楼取样不应少于 1 组；每 2000m³取样不得少于一组。

对同一强度等级的同条件养护试件，其强度值应除以 0.88 后按现行国家标准《混凝土强度检验评定标准》GB/T 50107 的有关规定进行评定，评定结果符合要求时可判结构实体混凝土强度合格。

【拓展提高】　计算下列现浇结构混凝土强度等级是否符合设计要求。

条件：

A. 设计要求混凝土强度等级 C35，采用预拌混凝土总量为 960m³，用 10 个台班现场见证取样 10 组试件。按日平均温度逐日累计达到 600℃d 等效养护龄期后按《混凝土强度检测评定标准》GBJ 107—2010 的规定，得试件强度代表值如下：

36、30、34、32、36、30、35、40、29、38

B. 提供公式如下：

$$m_{f_{cu}} \geqslant f_{cu,k} + \lambda_1 \cdot S_{f_{cu}} \tag{1}$$

$$f_{cu,min} \geqslant \lambda_2 \cdot f_{cu,k} \tag{2}$$

$$S_{f_{cu}} = \sqrt{\frac{\sum_{i=1}^{n} f_{cu}^2 - i - n m_{f_{cu}}^2}{n-1}}$$

式中：$m_{f_{cu}}$——同一检验批混凝土立方体抗压强度的平均值（N/mm²）；

$f_{cu,k}$——混凝土立方体抗压强度的标准值（N/mm²）；

$f_{cu,min}$——同一检验批混凝土立方体抗压强度的最小值（N/mm²）；

$f_{cu,i}$——第 i 组混凝土试件的立方体抗压强度代表值（N/mm²）；

$S_{f_{cu}}$——同一检验批混凝土试件的立方体抗压强度标准差（N/mm²），当 $S_{f_{cu}}$ 计算值小于 2.5N/mm² 时取 2.5N/mm²；

λ_1，λ_2——合格评定系数按表 2-38 采用；

合格评定系数表 表 2-38

试件组数	10~14	15~19	≥20
λ_1	1.15	1.05	0.95
λ_2	0.9	0.85	

n——样本容量。

答：按 GB 50204—2015 附录 C.0.3 将各给的强度值 36、30、34、32、36、30、35、40、29、38 除以 0.88 得：

40.91、34.09、38.64、36.36、40.91、34.09、39.77、45.45、32.95、43.18

$$m_{f_{cu}} = (40.91 + 34.09 + 38.64 + 36.36 + 40.91 + 34.09 + 39.77 + 45.45 + 32.95 + 43.18)10$$

$$= 38.6$$

$$S_{f_{cu}} = \sqrt{\frac{\sum_{i=1}^{n} f_{cu}^2 - i - n m_{f_{cu}}^2}{n-1}}$$

$$= \sqrt{\frac{40.91^2 + 34.09^2 + 38.64^2 + 36.36^2 + 40.91^2 + 34.09^2 + 39.77^2 + 45.45^2 + 32.95^2 + 43.18^2 - 10 \times 38.6^2}{10-1}}$$

$$u = 4.53 \quad 4.53 > 2.5 \quad \therefore S_{f_{cu}} \text{ 取值 } 4.53$$

根据公式

$$m_{f_{cu}} \geqslant f_{cu,k} + \lambda_1 \cdot S_{f_{cu}} \tag{1}$$

$$f_{cu,min} \geqslant \lambda_2 \cdot f_{cu,k} \tag{2}$$

进行验算：

$$mf_{cu} = 38.6 \quad f_{cu,k} + \lambda_1 \cdot Sf_{cu} = 35 + 1.15 \times 4.53 = 40.21$$

不满足公式（1）

$$f_{cu,min} = 32.95 \quad \text{而} \lambda_2 \cdot f_{cu,k} = 0.9 \times 35 = 31.5$$

满足公式（2）

由于不满足公式（1），所以该批混凝土强度不合格。

（2）结构实体混凝土回弹-取芯法强

回弹构件的抽取应符合下列规定：

1）同一混凝土强度等级的柱、梁、墙、板，抽取构件最小数量应符合表 2-39 的规定，并应均匀分布；

回弹构件抽取最小数量

表 2-39

构件总数量	最小抽样数量
20 以下	全数
20～150	20
151～280	26
281～500	40
501～1200	64
1201～3200	100

2）不宜抽取截面高度小于 300mm 的梁和边长小于 300mm 的柱。

每个构件应选取不少于 5 个测区进行回弹检测及回弹值计算，并应符合现行行业标准《回弹法检测混凝土抗压强度技术规程》JGJ/T 23 对单个构件检测的有关规定。楼板构件的回弹应在板底进行。

对同一强度等级的混凝土，应将每个构件 5 个测区中的最小测区平均回弹值进行排序，并在其最小的 3 个测区各钻取 1 个芯样试件。芯样应采用带水冷却装置的薄壁空心钻钻取，其直径宜为 100mm，且不宜小于混凝土骨料最大粒径的 3 倍。

对同一强度等级的混凝土，当符合下列规定时，结构实体混凝土强度可判为合格：

① 三个芯样的抗压强度算术平均值不小于设计要求的混凝土强度等级值的 88%；

② 三个芯样抗压强度的最小值不小于设计要求的混凝土强度等级值的 80%。

2. 结构实体钢筋保护层厚度检验

（1）检验工具

整个施工过程有两个阶段需要进行混凝土保护层厚度检验，一是支完模板钢筋绑扎完毕时，质检员用钢尺检查垫块厚度。二是竣工实体检验，质检员用钢筋保护层测定仪检测保护层厚度。

结构实体检验中，当混凝土强度或钢筋保护层厚度检验结果不满足要求时，应委托具有资质的检测机构按国家现行有关标准规定进行检测。

（2）构件选取数量

1）对非悬挑梁板类构件，应各抽取构件数量的 2% 且不少于 5 个构件进行检验。

2）对悬挑梁，应抽取构件数量的 5% 且不少于 10 个构件进行检验；当悬挑梁数量少于 10 个时，应全数检验。

3）对悬挑板，应抽取构件数量的 10% 且不少于 20 个构件进行检验；当悬挑板数量少于 20 个时，应全数检验。

对选定的梁类构件，应对全部纵向受力钢筋的保护层厚度进行检验；对选定的板类构件，应抽取不少于 6 根纵向受力钢筋的保护层厚度进行检验。对每根钢筋，应选择有代表性的不同部位量测 3 点取平均值。

（3）检验方法

钢筋保护层厚度的检验，可采用非破损或局部破损的方法，也可采用非破损方法并用局部破损方法进行校准。

（4）允许偏差

钢筋保护层厚度检验时，纵向受力钢筋保护层厚度的允许偏差应符合表 2-40 的规定。

结构实体纵向受力钢筋保护层厚度的允许偏差　　　　　　　　表 2-40

构件类型	允许偏差（mm）
梁	+10，−7
板	+8，−5

表 2-40 的钢筋保护层厚度的允许偏差与项目 1 单元 2 任务 3 表 2-20 中的数据不同，项目 1 单元 2 任务 3 表 2-20 中梁的允许偏差为 ±5，板的允许偏差为 ±3，为何到了这里变成了 +10，−7 和 +8，−5？

不同的允许偏差适用于不同阶段。

在绑扎钢筋的施工过程中，对于项目 1 单元 2 任务 3 表 2-20 中的要求，因为此时尚未浇筑混凝土，发现钢筋位置不准确，保护层厚度超差很容易纠正，所以从严要求；到了实体检测之际，混凝土已浇筑完毕，木已成舟，保护层厚度超差难以纠正，且在浇筑混凝土过程中，钢筋位置很难纹丝不动，浇筑完混凝土还按表 2-20 中的允许偏差要求就脱离实际，故适当放宽了允许偏差的数据。

（5）评定方法

梁类、板类构件纵向受力钢筋的保护层厚度应分别进行验收，并应符合下列规定：

1）当全部钢筋保护层厚度检验的合格率为 90% 及以上时，可判为合格；

2）当全部钢筋保护层厚度检验的合格率小于 90% 但不小于 80% 时，可再抽取相同数量的构件进行检验；当按两次抽样总和计算的合格率为 90% 及以上时，仍可判为合格；

3）每次抽样检验结果中不合格点的最大偏差均不应大于允许偏差的 1.5 倍。

【拓展提高】

请核查下列混凝土结构实体工程梁的钢筋保护层厚度的合格率；如需二次抽样时，可自行判断合格数据并计算出两次抽样总和合格率。

条件：A. 按"规范"规定，梁抽取 6 个构件，24 根纵向受力钢筋

B. 设计钢筋保护层厚度为 25mm，允许偏差 +10mm，−7mm

C. 经实测钢筋保护层厚度数据如下：

35、36、34、24、35、25、35、30、34、30、14、19、20、21、22、23、24、25、26、27、28、29、30、31

答：35、△36、34、24、35、25、35、30、34、30、△14、19、20、21、22、23、24、25、26、27、28、29、30、31

合格率为 $\frac{24-2}{24} \times 100\% = 92\% > 90\%$，不能判定为合格，并且其中有一点 14 偏差为 11mm，超过允许偏差的 1.5 倍，（11 > 1.5 × 7 = 10.5），可判为不合格，不必二次抽样。

【课后自测及相关实训】

完成相关工作页。

任务 8 检查填充墙砌体（烧结砖、小砌块）工程质量

子情景：

土建综合实训场二层砖混结构住宅楼，采用 MU10 毛石条形基础、240 厚 MU10 黏土普通实心砖墙、M7.5 混合砌筑砂浆，层高均为 3m。砌砖工程宜采用"三一"砌筑法，组砌方式梅花丁砌法。请根据规范《砌体结构工程施工质量验收规范》GB 50203—2011 相关要求，对砖砌体分项工程质量进行检查，请填写砖砌体工程检验批质量验收记录。具体要求如下：

(1) 以小组为单位选取检查工具；

(2) 要求查阅图纸确定检验批；

(3) 要求计算同一检验批最小和实际抽查数量；

(4) 填写填充墙砌体工程检验批质量验收记录表；

(5) 评定填充墙砌体工程质量是否合格。

导言：

砌体结构工程检验批的划分应同时符合下列规定：所用材料类型及同类型材料的强度等级相同；不超过 250m³ 砌体；主体结构砌体一个楼层（基础砌体可按一个楼层计）；填充墙砌体量少时可多个楼层合并。

砌体结构工程检验批验收时，其主控项目应全部符合本规范的规定；一般项目应有 80% 及以上的抽检处符合本规范的规定；有允许偏差的项目，最大超差值为允许偏差值的 1.5 倍。

混凝土多孔砖、混凝土普通砖、蒸压灰砂砖、蒸压粉煤灰砖属于水泥混凝土或硅酸钙

类制品，都含有经水养护而成的硅酸钙水化物胶体，随着失水而逐渐产生收缩。这类产品早期收缩值大，如果这时用于墙体上，很容易出现收缩裂缝。为有效控制墙体的这类裂缝产生，在砌筑时砖的产品龄期不应小于 28d，使其早期收缩值在此期间内完成大部分。实践证明，这是预防墙体早期开裂的一个重要技术措施。此外，混凝土多孔砖、混凝土普通砖的强度等级进场复验也需产品龄期为 28d。

本次任务是在框架结构填充墙施工，用于烧结空心砖、蒸压加气混凝土砌块、轻骨料混凝土小型空心砌块等填充墙砌体工程。

砌筑填充墙时，轻骨料混凝土小型空心砌块和蒸压加气混凝土砌块的产品龄期不应小于 28d，蒸压加气混凝土砌块的含水率宜小于 30％。轻骨料混凝土小型空心砌块，为水泥胶凝增强的块体，龄期达到 28d 之前，自身收缩较快；蒸压加气混凝土砌块出釜时含水率大多在 35％～40％，在短期（10～30d）制品的含水率下降一般不会超过 10％。为有效控制蒸压加气混凝土砌块上墙时的含水率和墙体收缩裂缝，对砌筑时的产品龄期进行了规定。

蒸压加气混凝土砌块在运输及堆放中应防止雨淋。蒸压加气混凝土砌块吸水率可达 70％，为降低蒸压加气混凝土砌块砌筑时的含水率，减少墙体的收缩，有效控制收缩裂缝产生，蒸压加气混凝土砌块出釜后堆放及运输中应采取防雨措施。

吸水率较小的轻骨料混凝土小型空心砌块及采用薄灰砌筑法施工的蒸压加气混凝土砌块，砌筑前不应对其浇（喷）水湿润；在气候干燥炎热的情况下，对吸水率较小的轻骨料混凝土小型空心砌块宜在砌筑前喷水湿润。

为了增强与砌筑砂浆的粘结和砌筑砂浆强度增长的需要。采用普通砌筑砂浆砌筑填充墙时，烧结空心砖、吸水率较大的轻骨料混凝土小型空心砌块应提前 1～2d 浇（喷）水湿润。蒸压加气混凝土砌块采用蒸压加气混凝土砌块砌筑砂浆或普通砌筑砂浆砌筑时，应在砌筑当天对砌块砌筑面喷水湿润。

在厨房、卫生间、浴室等处采用轻骨料混凝土小型空心砌块、蒸压加气混凝土砌块砌筑墙体时，墙底部宜现浇混凝土坎台，其高度宜为 150mm。经多年的工程实践，当采用轻骨料混凝土小型空心砌块或蒸压加气混凝土填充墙施工时，除多水房间外，可不需要在墙底部另砌烧结普通砖或多孔砖、普通混凝土小型空心砌块、现浇混凝土坎台等，因此本次规范修订将原规范条文进行了修改。浇筑一定高度混凝土坎台的目的，主要是考虑有利于提高多水房间填充墙墙底的防水效果。混凝土坎台高度为 150mm，是考虑踢脚线（板）便于遮盖填充墙底有可能产生的收缩裂缝。

蒸压加气混凝土砌块、轻骨料混凝土小型空心砌块不应与其他块体混砌，不同强度等级的同类块体也不得混砌。窗台处和因安装门窗需要，在门窗洞口处两侧填充墙上、中、下部可采用其他块体局部嵌砌，见图 2-15；对与框架柱、梁不脱开方法的填充墙，填塞填充墙顶部与梁之间缝隙可采用其他块体。在填充墙中，由于蒸压加气混凝土砌块砌体，

图 2-15　填充墙洞口、顶部、底部砌法

轻骨料混凝土小型空心砌块砌体的收缩较大，作出不应混砌的规定，以免不同性质的块体组砌在一起易引起收缩裂缝产生。对于窗台处和因构造需要，在填充墙底、顶部及填充墙门窗洞口两侧上、中、下局部处，采用其他块体嵌砌和填塞时，由于这些部位的特殊性，不会对墙体裂缝产生附加的不利影响。

由于墙体施工所用块体种类颇多，无论是外形尺寸大小，或是物理力学性能差异都很大，如果不同块体或强度等级不相同的同类块体组砌在一起，容易因收缩差异而产生墙体裂缝。在施工中，因安装门窗需要，常常需要在门窗洞口处两侧墙体采用其他块体，如嵌入木砖的混凝土砖（或砌块）局部嵌砌；在填充墙顶部预留空隙处补砌其他块体。这些部位处于墙体边沿，块体的收缩变形约束很小，不易在这些部位产生裂缝。

为减少混凝土收缩对填充墙的不利影响，填充墙砌体砌筑应待承重主体结构检验批验收合格后进行。填充墙与承重主体结构间的空（缝）隙部位施工，应在填充墙砌筑 14d 后进行。

墙体的洞口下边角处不得有砌筑竖缝，见图 2-16。不同墙体材料及强度等级的块材不得混砌，墙体孔洞不得用异物填塞，见图 2-17。主体结构未达 28d，混凝土收缩引发裂缝见图 2-18。

图 2-16 墙体的洞口下边角处竖向裂缝

图 2-17 填充墙出现混砌现象

近年来，填充墙与承重墙、柱、板之间的拉结钢筋，施工中常采用后植筋，这种施工方法虽简便，但常因材料问题，及现场操作不规范，使钢筋锚固不牢，效果不佳。同时，对填充墙植筋的锚固力检测的抽验数量及施工验收无相关规定，从而使填充墙后植筋拉结筋的施工质量验收流于形式。填充墙与承重墙、柱、梁的连接钢筋，当采用化学植筋的连接方式时，应进行实体检测。锚固钢筋拉拔试验的轴向受拉非破坏承载力检验值应为6.0kN。抽检钢筋在检验值作用下应基材无裂缝、钢筋无滑移宏观裂损现象；持荷 2min 期间荷载值降低不大于 5%。

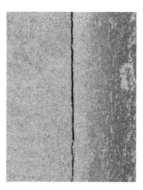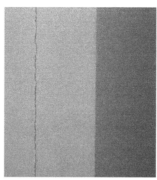

图 2-18　混凝土收缩引发裂缝

填充墙的水平灰缝厚度和竖向灰缝宽度应正确，烧结空心砖、轻骨料混凝土小型空心砌块砌体的灰缝应为 8～12mm；蒸压加气混凝土砌块砌体当采用水泥砂浆、水泥混合砂浆或蒸压加气混凝土砌块砌筑砂浆时，水平灰缝厚度和竖向灰缝宽度不应超过 15mm（竖向原为 20mm）；当蒸压加气混凝土砌块砌体采用蒸压加气混凝土砌块粘结砂浆时，水平灰缝厚度和竖向灰缝宽度宜为 3～4mm。蒸压加气混凝土砌块尺寸比空心砖、轻骨料混凝土小型空心砌块大，故当其采用普通砌筑砂浆时，砌体水平灰缝厚度和竖向灰缝宽度的规定要稍大一些。灰缝过厚和过宽，不仅浪费砌筑砂浆，而且砌体灰缝的收缩也将加大，不利于砌体裂缝的控制。当蒸压加气混凝土砌块砌体采用加气混凝土粘结砂浆进行薄灰砌筑法施工时，水平灰缝厚度和竖向灰缝宽度可以大大减薄。

填充墙砌体的水平灰缝砂浆饱满度不得小于 80%；蒸压加气混凝土砌块、轻骨料混凝土小型空心砌块砌体竖向灰缝砂浆饱满度不得小于 80%，空心砖砌体竖向灰缝须填满砂浆，不得有透明缝、瞎缝、假缝。砌筑填充墙时应错缝搭砌，蒸压加气混凝土砌块搭砌长度不应小于砌块长度的 1/3；轻骨料混凝土小型空心砌块搭砌长度不应小于 90mm；竖向通缝不应大于 2 皮。

1. 检查内容

填充墙砌体尺寸、位置的检验方法应符合下列规定：

（1）轴线位移用尺检查；

（2）垂直度（每层）用 2m 托线板或吊线、尺、检查；

（3）表面平整度用 2m 靠尺和楔形塞尺检查；

（4）门窗洞口高、宽（后塞口）用尺检查；

（5）外墙下窗口偏移以底层窗口为准，用经纬仪或吊线检查。

2. 检查方法

每检验批抽查不应少于 5 处。

（1）过程评估-住宅项目实测实量（表 2-41）

表 2-41

过程评估-住宅项目实测实量记录表

检查内容	评判标准	标准来源	检测区	检测点	选点规则
表面平整度	[0, 8]	国家规范 GB 50203—2011 表5.3.3、表9.3.1	15	45	每一面墙都可以作为1个实测区，优先选用有门窗、过道洞口的墙面。测量部位选择正手墙面。墙面有门窗、过道洞口的，在各洞口45°斜交测一次，作为新增实测指标合格率的1个计算点；增加离结构楼板范围内200mm位置进行平整度检查，踢脚线位置的质量控制
垂直度	[0, 5]	国家规范 GB 50203—2011 表5.3.3、表9.3.1（填充墙层高小于等于3m）	15	45	每一面墙都可以作为1个实测区，优先选用有门窗、过道洞口的墙面，测量部位选择正手墙面。应避开墙顶梁、墙底灰砂砖或混凝土反坎、墙体斜顶砖，消除其测量值的影响，如2m靠尺过高不易定位，可采用1m靠尺；增加户内门洞口两侧100mm内进行垂直度检查，便于后期户内门门贴脸、踢脚线位置质量控制
外门窗洞口尺寸	[−10, 10]	华润置地工程高品质标准 V2.0 国家规范 GB 50203—2011 表5.3.3、表9.3.1	18	72	同一外门或外窗洞口均可作为1个实测区。不包括抹灰收口厚度，以砌体边对边，分别测量窗洞口宽度和高度各2次。取高度或宽度的2个实测值与设计值间的偏差最大值，作为判断宽度或高度实测指标合格率的1个计算点
砌筑节点（1）	(1) 门窗框预制块：采用预制混凝土块、实心砖；空心砖墙体则在门窗洞边200mm内的孔洞须用细石混凝土填实；预制块或实心砖的宽度同墙厚；长度不小于200mm；高度应与砌块同高或砌块高度的1/2且不小于100mm；最上部（或最下部）的混凝土块中心距洞口上下边的距离为150～200mm，其余部位的中心距不大于600mm，且均匀分布； (2) 现浇窗台板：宽同墙厚，高度≥100mm，每边入墙内≥200mm（不足200mm通长设置）； (3) 洞口（大于300mm）的过梁：同墙宽，入墙不少于250mm	(1)、(2) 为行业标准，(3) 华润置地住宅工程质量检查与评价标准	15	15	户内每一面砌体墙作为1个实测区。所选2套房中实测区不满足30个时，需增加实测套房数。每1个实测区取3个实测点，分别检查门窗框预制块、现浇混凝土窗台板、洞口预制过梁3项内容是否符合合格标准
砌筑节点（2）	(1) 无断砖、通缝、瞎缝； (2) 墙顶空隙的补砌挤紧或灌缝间隔不少于14d； (3) 不同基体（含各类线槽）镀锌钢丝网规格为10mm×10mm×0.7mm，基体搭接不小于150mm；挂网前墙体高低差部分采用水泥砂浆填补； (4) 砌体墙灰缝须双面勾缝	(1) 国家规范 GB 50203—2011 5.1.12（竖向灰缝）； (2) 国家规范 GB 50203—2011 9.1.9； (3) 国家规范 GB 50210—2001 4.2.4； (4) 行业标准	15	15	户内每一面砌体墙作为1个实测区。所选2套房中砌筑节点的实测区不满足20个时，需增加实测套房数。同一实测区，分别检查合格标准中的4个实测点是否符合合格标准；一个实测区有4个实测点。一个实测区作为该指标合格率的1个计算点

（2）填充墙平整度和垂直度检查要领

填充墙平整度和垂直度至少用三把尺测量，具体见图 2-19～图 2-22。

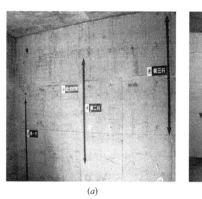
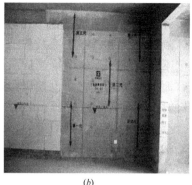

(a)　　　　　　　　　　　　　　　　(b)

图 2-19　墙体无洞口垂直度检查
(a) 三尺量取；(b) 五尺量取

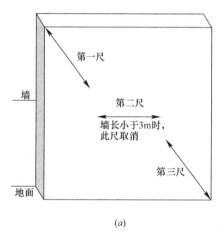
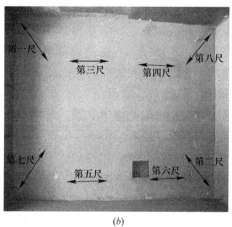

(a)　　　　　　　　　　　　　　　　(b)

图 2-20　墙体无洞口平整度检查
(a) 墙长＜3m 三尺量取；(b) 墙长≥3m 八尺量取

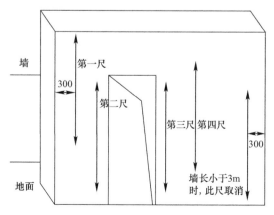
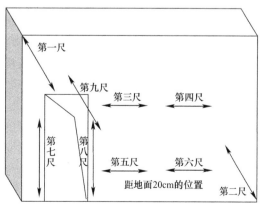

图 2-21　墙体有洞口垂直度检查　　　图 2-22　墙体有洞口平整度检查

3. 常见质量问题分析

（1）各类砌体工程共有的质量问题

各类砌体结构工程的质量问题是工程中不可避免的现象，但并不是每种质量问题都会引起工程事故：如砌体结构的墙面渗漏、砂浆不足等质量缺陷，仅仅影响建筑物的使用功能（保温、隔热、隔声、渗水等）和美观；但有的质量问题就会引起工程事故：如砌体、砂浆强度不足，配筋砌体中钢筋的漏放和锈蚀，很容易引起砌体结构错位、变形以及局部倒塌；而砌体裂缝，有的也仅仅影响建筑物的使用功能和美观（大多数填充墙砌体裂缝），有的则会引起工程事故（很多承重墙裂缝）。所以，本节将对各类砌体结构（包括砖砌体、配筋砌体、混凝土小型空心切块、填充墙砌体）共有的工程质量事故予以分析。砌体结构常见的工程质量事故有砌体结构裂缝、砌体结构错位和变形、砌体结构局部倒塌。具体如下：

1）砌体结构裂缝

砌体中常见的裂缝有四类，它们是斜裂缝（正八字、倒八字等）、竖向裂缝、水平裂缝和不规则裂缝，其中前三类最常见。大量常见的砌体裂缝既不危及结构安全，也不影响正常使用，只要"墙面不渗漏、开裂"，就定性为"质量缺陷"或者"质量通病"。对于这类砌体裂缝，建筑企业应当修复。少数危及结构安全的裂缝、造成渗漏的裂缝，已影响建筑物的安全的正常使用，有的还会降低耐久性，应当予以重视，认真分析产生裂缝的原因，并做出必要的处理和明确的结论。

2）砌体结构错位、变形

包括砌体结构房屋的整体沉降、倾斜，柱、墙或整栋楼房的错位，砌体结构在施工或使用阶段失稳变形等。

3）砌体结构局部倒塌

砌体结构局部倒塌最多的是柱、墙工程，砖拱倒塌也时有发生。柱、墙的倒塌中，比较集中在独立墙和窗间墙工程。

（2）各类砌体工程共有质量问题的原因

1）砌体结构裂缝产生的原因

① 温度收缩变形

包括由于温度收缩变形造成的"八"字形裂缝、"X"字形裂缝等。

a. 因日照及气温变化，不同材料及不同结构部位的变形不一致，造成混凝土平屋顶下的砌体裂缝，或单层厂房山墙或生活间砖墙上出现裂缝。

b. 气温或环境温度差太大，造成较长房屋中部附近出现通长竖向裂缝。

c. 北方地区施工期不采暖，砖墙收缩受到地基约束而造成窗台及其以下砌体中产生斜向或竖向裂缝。

d. 砌体中较大尺寸的混凝土结构构件的收缩，造成墙体裂缝。

e. 温度变形造成女儿墙出现竖向裂缝或水平裂缝等。

② 地基不均匀沉降

包括由于地基不均匀沉降造成的八字缝、斜裂缝、水平裂缝等。

a. 地基沉降差大，在房屋下部出现斜向裂缝。

b. 地基局部坍塌，墙体出现水平和斜向裂缝。

c. 地基冻胀造成基础埋深不足的砌体裂缝。

d. 填土地基或黄土地基浸水后产生不均匀沉降，导致墙体开裂。

e. 地下水位较高的软土地基，因人工降低地下水位引起附加沉降，导致砌体开裂。

③ 结构荷载过大或砌体截面过小

a. 设计计算错误造成砖柱、窗间墙及大梁下砌体裂缝经常产生。

b. 改变建筑用途或构造造成砌体裂缝。例如，横墙承重的小开间办公室改成大会议室，纵墙的窗间墙成了承重墙，因承载力不足而发生裂缝。

c. 乱改设计。常见的如任意修改砌筑砂浆的品种和强度等级，导致砌体裂缝。

d. 任意在原有建筑物上加层，导致原有的柱或窗间墙等产生裂缝。

e. 挡土墙后的填土料改变或排水、泄水不良，造成挡土墙因抗剪强度不足而产生水平裂缝等。

④ 设计构造不当

a. 沉降缝设置不当。如设置的位置不当、缝宽不足等均导致砌体裂缝。

b. 建筑物结构整体性差。如砖混结构住宅中，楼梯间砖墙的钢筋混凝土圈梁不闭合交圈，而引起裂缝。

c. 墙内留洞。如住宅外交接处留烟囱孔，影响内外墙连接，使用后因温度变化而开裂。

d. 不同结构混合使用，又无适当措施。如在钢筋混凝土梁上砌墙，因梁挠度而引起砌体裂缝。

e. 新旧建筑连接不当。如原有建筑扩建时，新、旧建筑的基础分离，新、旧砖墙砌成整体，结合处产生的裂缝。

f. 留大窗洞的墙体构造不当，造成大窗台下墙出现上宽下窄的竖向裂缝。

⑤ 材料质量不良

a. 砂浆体积不稳定。如水泥安定性不合格，或用含硫量过高的硫铁矿渣代替砂，引起砂浆开裂。

b. 砖体积不稳定。如使用出厂不久的灰砖砌墙，较易引起裂缝。

⑥ 施工质量低劣

a. 组砌方法不合理，漏放构造钢筋。如内墙不同时砌筑，又不留踏步式接茬，或不放拉结钢筋，导致内外墙连接处产生通长竖向裂缝。

b. 砌体中通缝、重缝多。如集中使用断砖砌墙，导致墙体开裂。

c. 留洞或留槽不当。如宽度不大的窗间墙上留脚手架洞，导致砌体开裂。

⑦ 其他

a. 地震。多层砖混结构房屋在强烈地震下，容易产生斜向或交叉形裂缝。

b. 机械振动、爆破影响。如在已有建筑物附近爆破，导致砌体裂缝等。

2）砌体结构错位、变形的原因

① 地基沉降不均匀、承载力低

这是造成砌体结构房屋错位、变形，特别是房屋整体沉降、倾斜的主要原因。

② 砌体强度不足

由于设计截面太小；水、电、暖、卫和设备留洞槽削弱断面过多；材料质量不合格；施工质量差，如砌筑砂浆强度低下，砂浆饱满度严重不足等。砌体强度不足很容易造成砌体结构的变形、开裂，严重的甚至倒塌。

③ 砌体稳定性不足

设计时不验算高厚比，违反了砌体设计规范和有关限制的规定；砌筑砂浆实际达不到设计要求；施工顺序不当，如纵横墙不同时砌筑，导致新砌纵横墙失稳；施工工艺不当，如灰砖砌筑时浇水，导致砌筑中失稳；挡土墙抗倾覆、抗滑稳定性不足等。上述原因导致砌体结构的墙或柱的高厚比过大，这类事故称之为砌体的稳定性不足事故。砌体稳定性不足常常导致结构在施工阶段或使用阶段失稳变形。

④ 房屋整体刚度不足

一般仓库等空旷建筑，由于设计构造不良，或选用的计算方案欠妥，或门窗洞对墙面削弱过大等原因，而造成房屋使用中刚度不足，出现振动，从而会引起房屋的错位、变形。

3）砌体结构局部倒塌的原因

柱、墙砌体破坏倒塌的原因主要有以下几种：

① 设计构造方案或计算简图错误

例如，单层房屋长度虽不大，但一端无横墙时，仍按刚性方案计算，必导致倒塌；又如跨度较大的大梁（如>14m）搁置在窗间墙上，大梁和梁垫现浇成整体墙梁连接点仍按铰接方案设计计算，也可导致倒塌；再如，单坡梁支承在砖墙或柱上，构造或计算方案不当，在水平分力作用下倒塌等。

② 砌体设计强度不足

不少柱、墙倒塌是由于未设计计算而造成。事后验算，其安全度都达不到设计规范的要求。此外，计算错误也时有发生。

③ 乱改设计

例如，任意削弱砌体截面尺寸，导致承载能力不足或高厚比超过规范规定而失稳倒塌；又如预制梁为现浇梁，梁下的墙高由原来的非承重墙变为承重墙而倒塌。

④ 施工期失稳

例如，灰砖含水率过高，砂浆太稀，砌筑中失稳垮塌；砖墙砌筑工艺不当，又无足够的拉结力，砌筑中也易垮塌。一些较高墙的墙顶构件没有安装时，形成一端自由，易在大风等水平荷载作用下倒塌。

⑤ 材料质量差

砖强度不足或用断砖砌筑柱，砂浆实际强度低下等原因可能引起倒塌。

⑥ 施工工艺错误或施工质量低劣

例如，现浇梁板拆模过早，这部分荷载传递至砌筑不久的砌体上，因砌体强度不足而倒塌；墙轴线错位后处理不当；砌体变形后用撬棍校直；配筋砌体中漏放钢筋等均可导致砌体倒塌。

⑦ 旧房加层

不经论证就在原有建筑上加层，导致墙柱破坏而倒塌。

（3）各类砌体工程共有质量问题处理

1）砌体裂缝的处理

① 填缝封闭

常用材料有水泥砂浆、树脂砂浆等，这类硬质填缝材料极限拉伸率很低，如砌体尚未稳定，修补后可能再次开裂。

② 表面覆盖

对建筑物正常使用无明显影响的裂缝，为了美观的目的，可以采用表面覆盖装饰材料，而不封堵裂缝。

③ 加筋锚固

砖墙两面开裂时，需要在两侧每隔 5 皮砖剔凿一道长 1m（裂缝两侧各 0.5），深 50mm 的砖缝，埋入 $\phi6$ 钢筋一根，端部弯直钩并嵌入砖墙竖缝，然后用强度等级为 M10 的水泥砂浆嵌填严实。施工时要注意以下三点：

a. 两面不要剔同一条缝，最好隔两皮砖。

b. 必须处理好一面，并等砂浆有一定强度后再施工另一面。

c. 修补前剔开的砖缝要充分浇水湿润，修补后必须浇水养护。

④ 水泥灌浆

有重力灌浆和压力灌浆两种。由于灌浆材料强度都大于砌体强度，因此，只要灌浆方法和措施适当，经水泥灌浆修补的砌体强度都能满足要求。而且具有修补质量可靠，价格较低，材料来源广和施工方便等优点。

⑤ 钢筋水泥夹板墙

墙面裂缝较多，而且裂缝贯穿墙厚时，常在墙体两面增加钢筋（或小型钢）网，并用穿"∽"筋拉结固定后，两面涂抹或喷涂水泥砂浆进行加固。

⑥ 外包加固

常用来加固柱，一般有外包角钢和外包钢筋混凝土两类。

⑦ 整体加固

当裂缝较宽且墙身变形明显，或内外墙拉结不良时，仅用封堵或灌浆等措施难以取得理想效果，这时常用加设钢拉杆，有时还设置封闭交圈的钢筋混凝土或钢腰箍进行整体加固。

⑧ 变换结构类型

当承载能力不足导致砌体裂缝时，常用这类方法处理。最常见的是柱承重改为加砌一道墙变为承重墙，或用钢筋混凝土代替砌体等。

⑨ 将裂缝转为伸缩缝

在外墙上出现随环境温度而周期性变化，且较宽的裂缝时，封堵效果往往不佳，有时可将裂缝边缘修直后，作为伸缩缝处理。

⑩ 其他方法

若因梁下未设混凝土垫块，导致砌体局部承压强度不足而裂缝，可采用后加垫块方法处理。对裂缝较严重的砌体有时还可采用局部拆除重砌等。

2）砌体结构错位、变形的处理

这类事故可能危及施工或使用阶段的安全，因此均应认真分析处理，常用方法有以下几种：

① 应急措施与临时加固

对那些强度或稳定性不足可能导致沉降、甚至倒塌的建筑物，应及时支撑防止事故恶化，如临时加固有危险，则不要冒险作业，应划出安全线，严禁无关人员进入，防止不必要的伤亡。

② 校正砌体变形

可采用支撑压顶，或用钢丝或钢筋校正砌体变形后，再作加固等方式处理。

③ 封堵孔洞

由墙身留洞口过大造成的事故可采用仔细封堵孔洞，恢复墙整体性处理措施，也可在孔洞处增作钢筋混凝土框加强。

④ 增设壁柱

有明设和暗设两类，壁柱材料可用同类砌体，或用钢筋混凝土或钢结构。

⑤ 加大砌体截面

用同材料加大砖柱截面，有时也加配钢筋。

⑥ 外包钢筋混凝土或钢

常用于柱子加固。

⑦ 改变结构方案

如增加横墙、变弹性方案为刚性方案；柱承重改为墙承重；山墙增设抗风圈梁（墙不长时）等。

⑧ 增设卸荷结构

如墙柱增设预应力补强撑杆。

⑨ 预应力锚杆加固

例如，重力式挡土墙用预应力锚杆加固后，提高抗倾覆于抗滑移能力。

⑩ 局部拆除重做

用于柱子强度、刚度严重不足。

3）砌体结构局部倒塌的处理

仅因施工错误而造成的局部倒塌事故，一般不采用按原设计重建方法处理。但是多数倒塌事故与设计、施工两方面的原因有关，这类事故均需要重新设计后，严格按施工规范的要求重建。

① 排险拆除工作

局部倒塌事故发生后，对那些虽未倒塌但有可能坠落垮塌的结构构件，必须按下述要求进行排险拆除。

a. 拆除工作必须自上而下地进行。

b. 确定适当的拆除部位，并应保证未拆除部分结构的安全，以及修复部分与原有建筑的连接构造要求。

c. 拆除承重的墙柱前，必须作结构验算，确保拆除中的安全，必要时应设可靠的支撑。

② 鉴定未倒塌部分

对未倒塌部分必须从设计到施工进行全面检查，必要时还应作检测鉴定，以确定其可否利用，怎样利用，是否需要补强加固等。

③ 确定倒塌原因

重建或修复工程，应在原因明确，并采取针对性措施后方可进行，避免处理不彻底，甚至引起意外事故。

④ 选择补强措施

原有建筑部分需要补强时，必须从地基基础开始进行验算，防止出现薄弱截面或节点。补强方法要切实可行，并抓紧实施，以免延误处理时机。

4. 验收记录

检验批的划分：按楼层、变形缝、施工段划分，一般不超过 250m³ 砌体为一个检验批。见表 2-42。

填充墙砌体工程检验批质量验收记录表　　　　　　表 2-42

单位（子单位）工程名称				援刚果（布）中学-教学综合楼								
分部（子分部）工程名称			主体结构		验收部位		A-N/19-23轴一层砌体					
施工单位			江苏南通三建集团有限公司		项目经理		李春桥					
施工执行标准名			《砌体工程施工质量验收规范》GB 50203—2011									
		施工质量验收规范的规定		最小/实际抽样数量	施工单位检查评定记录							监理（建设）单位验收记录
主控项目	1	块体强度等级	设计要求 MU5		砌块强度等级不小于 MU5，合格							
	2	砂浆强度等级	设计要求 M5		砂浆强度等级不小于 M5，合格							
	3	与主体结构连接	9.2.2条		与主体结构可靠连接，连接构造符合设计要求							
	4	植筋实体检测	9.2.3条		植筋符合要求，试验报告编号＊＊＊							
一般项目	1	轴线位移	≤10mm	5	6	4	5	2	7	5	5	4	8
	2	墙面垂直度 ≤3m	≤5mm	/	/	/	/	/	/	/	/	/	/
		>3m	≤10mm	5	4	6	7	3	8	6	5	3	7
	3	表面平整度	≤8mm	4	6	3	4	7	5	5	4	6	5
	4	门窗洞口	±10mm	−1	4	5	7	−2	4	5	3	2	6
	5	窗口偏移	≤20mm	12	11	9	15	18	17	14	13	15	13
	6	空心砖砌体砂浆饱满度 水平/垂直	80% 9.3.2条	85%	91%	93%	92%	89%	87%	94%	96%	93%	88%
	7	蒸压加气混凝土砌块、轻骨料混凝土小型空心砌块砌体砂浆饱满度 水平	80%	87%	94%	92%	89%	90%	88%	86%	91%	89%	85%
		垂直	80%										
	8	拉结筋、网片位置	9.3.3	拉结筋位置与块体皮数符合且置于灰缝中								
	9	拉结筋、网片埋置长度	9.3.3	埋置长度符合设计要求								
	10	搭砌长度	9.3.4	搭砌长度为20cm，符合规范要求								
	11	灰缝厚度	9.3.5	10	9	12	10	11	13	9	10	11	10
	12	灰缝宽度	9.3.5	8	10	11	9	10	12	10	11	11	10

续表

	专业工长（施工员）		施工班组长	
施工单位 检查评定结果	经检查，主控项目、一般项目均符合设计要求和《砌体工程施工质量验收规范》 GB 50203—2011 的规定，评定合格 项目专业质量检查员：			2013 年　月　日
监理（建设）单位 验收结论	专业监理工程师 （建设单位项目专业技术负责人）：			2013 年　月　日

5. 填充墙与框架的连接

填充墙与框架的连接，可采用脱开或不脱开方法（图 2-23）。有抗震设防要求时宜采用填充墙与框架脱开的方法。

图 2-23　填充墙体与框架
结构脱开连接方式

1）当填充墙与框架采用脱开的方法时，宜符合下列要求：

① 填充墙两端与框架柱，填充墙顶面与框架梁之间留出不小于 20mm 的间隙；

② 填充墙两端与框架柱、梁之间宜用柔性连接，墙体宜卡入设在梁、板底及柱侧的卡口铁件内；

③ 填充墙与框架柱、梁的缝隙可采用聚苯乙烯泡沫塑料板条或聚氨酯发泡充填，并用硅酮胶或其他弹性密封材料封缝。

2）当填充墙与框架采用不脱开的方法时，宜符合下列要求：

① 沿柱高每隔 500mm 配置 2 根直径 6mm 的拉接钢筋。填充墙墙顶应与框架梁紧密结合。顶面与上部结构接触处宜用一皮砖或配砖斜砌楔紧。

② 当填充墙有洞口时，宜在窗洞口的上端或下端、门洞口的上端设置钢筋混凝土带，钢筋混凝土带应与过梁的混凝土同时浇筑。当有洞口的填充墙尽端至门窗洞口边距离小于 240mm 时，宜采用钢筋混凝土门窗框。

填充墙应沿框架柱全高每隔 500～600mm 设 2ϕ6 拉筋，拉筋伸入墙内的长度，6、7 度时宜沿墙全长贯通。墙长大于 5m 时，墙顶与梁宜有拉结；墙长超过 8m 或层高 2 倍时，宜设置钢筋混凝土构造柱；墙高超过 4m 时，墙体半高宜设置与柱连接且沿墙全长贯通的钢筋混凝土。

总之，填充墙与框架结构的连接方式到底采用脱开还是不脱开，根据设计要求来，但脱开方式将是新的发展趋势。

【知识链接】

1. 砖混结构、砌体结构、混合结构之间的关系（图 2-24）

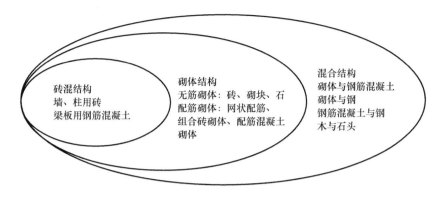

图 2-24 三种结构关系图

2. 通缝、瞎缝、假缝、透明缝的区别

（1）所谓"通缝"，即是上下皮块体搭接长度为小于某一规定数值的竖向灰缝。对砖砌体而言，这个数值规定为 25mm。

（2）所谓"假缝"，即为掩盖砌体灰缝内在质量缺陷，砌筑砌体时仅在靠近砌体表面处抹有砂浆，而内部无砂浆的竖向灰缝。这类质量通病还会导致外墙渗漏雨水。

（3）所谓"瞎缝"，即砌体中相邻块体间无砌筑砂浆，又彼此接触的水平缝或竖向缝。

（4）所谓"透明缝"，即是由于灰浆不饱满导致墙体透光，多为竖缝。

3. 烧结砖尺寸：240×115×53

4. 什么是"三一砌筑法"

"三一"砌筑法指在建筑施工中，一铲灰，一块砖，一揉压的砌筑方法。

5. 什么时候采用双面挂线砌筑

双挂线是指在砌体时两边挂线，一般 240 墙一边挂线，370 墙两边挂线。

挂线：砌筑一砖半墙必须双面挂线，如果长墙几个人均使用一根通线，中间应设几个支线点，小线要拉紧，每层砖都要穿线看平，使水平缝均匀一致，平直通顺；砌一砖厚混水墙时宜采用外手挂线，可照顾砖墙两面平整，为下道工序控制抹灰厚度奠定基础。

【拓展提高】

A. 有一栋 6 层砌体结构工程，每层砌体体积 280m³，对该工程二层某检验批进行评定，结果如下：

主控项目：砖和砂浆的强度满足设计要求；砌体转角处和交接处按规范施工；砌体的留槎及拉结筋按规范施工；砖墙水平灰缝砂浆饱满度抽查了 6 处，均不小于 80%。

一般项目：组砌方法正确；10 皮砖每步架检查 4 处，均合格（一层 2 步架 8 处）。

一般项目允许偏差：轴线位移检查 10 点，9 点合格；

墙顶面标高检查 6 点，5 点合格；

墙面垂直度检查 8 点，8 点合格；

混水墙表面平整检查 12 点，9 点合格；

水平灰缝平直度检查 6 处，10 点合格；

门窗洞口高、宽检查 10 点，8 点合格。

试问该层应有几个检查批？请填表 2-43 说明该检验批评定结果是否合格。

砖砌体工程检验批质量验收记录

表 2-43

工程名称			分项工程名称				
施工单位			专业工长				
施工执行标准名称及编号							
分包单位			分包项目经理				

	项次	项目			施工单位检查评定记录			
主控项目	1	砖强度等级			设计要求 MU10			
		砂浆强度等级			设计要求 M7.5 水泥			
	2	转角、交流处斜槎						
	3	直槎拉结筋及接槎处理						
	4	砂浆饱满度	砖墙水平灰缝	≥80%				
			砖柱水平、竖向灰缝	≥90%				

	项次	项目			检查评定记录			
一般项目	1	组砌方法						
	2	水平（竖向）灰缝厚度10皮砖累计±8						
		项目		允许偏差	实测偏差（mm）			
	1	轴线位移		10				
	2	基础、墙、柱顶面标高		±15				
	3	垂直度	每层	5				
			全高 ≤10m	10				
			全高 >10m	20				
	4	表面平整度	清水墙、柱	5				
			混水墙、柱	8				
	5	水平灰缝平直度	清水墙	7				
			混水墙	10				
	6	门窗洞口高、宽（后塞口）		±10				
	7	外墙上下窗口偏移		20				
	8	清水墙游丁走缝		20				

施工单位检查评定结果	

B. 在砖砌体工程观感质量验收中，请以小组为单位提交施工单位自评结果（表 2-44）。

砌体结构子分部工程观感质量验收　　　　　　　　表 2-44

工程名称	建筑工程实训场住宅楼	施工单位											施工单位自评			监理单位核查		
序号	各检验批中一般项目的规定	质量抽查情况											好	一般	差	好	一般	差
		1	2	3	4	5	6	7	8	9	10							
1	竖向灰缝	√	○	√	○	√	○	√	√	√	○						
2	组砌方法	√	○	√	√	√	√	√	√	√	○						
3	水平灰缝厚度	√	√	√	√	√	√	√	√	○	√						
4	表面平整度	○	○	√	√	√	√	√	√	○	√						
5	外墙窗口偏移	√	√	√	√	√	√	○	√	√	√						
6	水平灰缝平直度	√	√	√	√	√	√	○	√	√	√						
7	清水墙游丁走缝	√	√	√	√	√	√	√	√								
8	接槎表面处理	√	√	√	√	√	√	○	√	√	×						

序号 2～8 行左侧合并单元格标注："砖砌体"

【课后自测及相关实训】

完成相关工作页。

任务 9　混凝土结构子分部工程结构实体位置与尺寸偏差检验

子情景：

实训场办公楼正进行混凝土结构子分部工程，工程此时正在进行结构实体检验，需要进行混凝土结构子分部工程结构实体位置与尺寸偏差检验评定。具体要求如下：

（1）以小组为单位选取检查工具；

（2）要求查阅教材及规范确定实体位置及检查内容；

（3）确定检查方案；

（4）评定实体工程混凝土强度是否合格。

导言：

对涉及混凝土结构安全的有代表性的部位应进行结构实体检验。结构实体检验应包括：

（1）混凝土强度；

（2）钢筋保护层厚度；

（3）结构位置与尺寸偏差；

（4）合同约定的项目；

（5）必要时可检验其他项目。

结构实体检验应由监理单位组织施工单位实施，并见证实施过程。施工单位应制定结构实体检验专项方案，并经监理单位审核批准后实施。除结构位置与尺寸偏差外的结构实体检验项目，应由具有相应资质的检测机构完成。

1. 检查内容

检验批的划分：按结构缝、施工段或楼层划分。

混凝土的强度等级必须符合设计要求。用于检验混凝土强度的试件应在浇筑地点随机抽取。检查数量：对同一配合比混凝土，取样与试件留置应符合下列规定：

(1) 每拌制 100 盘且不超过 100m³ 时，取样不得少于一次；

(2) 每工作班拌制不足 100 盘时，取样不得少于一次；

(3) 连续浇筑超过 1000m³ 时，每 200m³ 取样不得少于一次；

(4) 每一楼层取样不得少于一次；

(5) 每次取样应至少留置一组试件。

检验方法：检查施工记录及混凝土强度试验报告。

混凝土强度应按现行国家标准《混凝土强度检验评定标准》GB/T 50107 的规定分批检验评定，划入同一检验批的混凝土，其施工持续时间不宜超过 3 个月。

现浇结构不应有影响结构性能或使用功能的尺寸偏差，对超过尺寸允许偏差且影响结构性能或安装、使用功能的部位，应由施工单位提出技术处理方案，并经监理、设计单位认可后进行处理。对经处理的部位应重新验收。检查数量：全数检查。

2. 检验方法

结构实体位置与尺寸偏差检验构件的选取应均匀分布，并应符合下列规定：

(1) 梁、柱应抽取构件数量的 1%，且不应少于 3 个构件；

(2) 墙、板应按有代表性的自然间抽取 1%，且不应少于 3 间；

(3) 层高应按有代表性的自然间抽查 1%，且不应少于 3 间。

允许偏差及检验方法应符合《建筑工程质量控制与验收》GB 50204—2015 表 8.3.2（现浇结构位置、尺寸允许偏差及检验方法）和表 9.3.9（装配式结构构件位置和尺寸允许偏差及检验方法）的规定，精确至 1mm。检查方法见表 2-45。

结构实体位置与尺寸偏差检验项目及检验方法　　　　　　　　　　表 2-45

项目	检验方法
柱截面尺寸	选取柱的一边量测柱中部、下部及其他部位，取 3 点平均值
柱垂直度	沿两个方向分别量测，取较大值
墙厚	墙身中部量测 3 点，取平均值；测点间距不应小于 1m
梁高	量测一侧边跨中及两个距离支座 0.1m 处，取 3 点平均值；量测值可取腹板高度加上此处楼板的实测厚度
板厚	悬挑板取距离支座 0.1m 处，沿宽度方向取包括中心位置在内的随机 3 点取平均值；其他楼板，在同一对角线上量测中间及距离两端各 0.1m 处，取 3 点平均值
层高	与板厚测点相同，量测板顶至上层楼板板底净高，层高量测值为净高与板厚之和，取 3 点平均值

墙厚、板厚、层高的检验可采用非破损或局部破损的方法，也可采用非破损方法并用局部破损方法进行校准。当采用非破损方法检验时，所使用的检测仪器应经过计量检验，检测操作应符合国家现行相关标准的规定。

过程评估-住宅项目实测实量记录表见表 2-46。

过程评估-住宅项目实测实量记录表　　　　表 2-46

检查内容	评判标准	标准来源	检测区	检测点	选点规则
截面尺寸	[-5, 10]	国家规范 GB 50204—2015 表 8.3.2	30	60	同一墙/柱面为一个检测区，每个检测区检测截面尺寸 2 次，选取其中与设计尺寸偏差最大的一个实测值，作为该实测指标合格率的 1 个计算点
表面平整度	[0, 8]	国家规范 GB 50204—2015 表 8.3.2	30	90	任选长边墙两面中的一面作为 1 个检测区。当所选墙长小于 3m 时，同一面墙 4 个角（顶部及根部）中，取左上及右下 2 个角。按 45°角斜放靠尺，累计测 2 次表面平整度，这 2 个实测值分别作为该指标合格率的 2 个计算点；当所选墙长度大于 3m 时，还需在墙长度中间水平放靠尺增加测量 1 次，这 3 个实测值分别作为该指标合格率的 3 个计算点。跨洞口部位必测；增加离结构楼板范围内 200mm 位置进行平整度检查，踢脚线位置的质量控制
垂直度	[0, 10]	国家规范 GB 50204—2015 表 8.3.2	30	90	任选长边墙两面中一面作为 1 个检测区。当墙长小于 3m 时，同一面墙距两端头竖向阴阳角约 30cm 位置，分别按靠尺顶端接触到上部混凝土顶板位置及靠尺底端接触到下部地面位置测 2 次垂直度，这 2 个实测值分别作为该实测指标合格率的 2 个计算点。当墙长度大于 3m 时，需在墙长度中间位置靠尺在高度方向居中处加测 1 次，3 个实测值分别作为该实测指标合格率的 3 个计算点。混凝土柱：任选混凝土柱四面中的两面作为一个检测区；分别将靠尺顶端接触到上部混凝土顶板和下部地面位置各测 1 次，这 2 个实测值分别作为该实测指标合格率的 2 个计算点。混凝土墙体洞口一侧为垂直度必测部位；增加户内门洞口两侧 100mm 内进行垂直度检查，便于后期户内门门贴脸、踢脚线位置质量控制
洞口尺寸	[-10, 10]	行业标准，前期控制洞口尺寸，保证后期塞缝间隙	10	40	同一外门或外窗洞口均可作为 1 个实测区。不包括抹灰收口厚度，以砌体边对边，分别测量窗洞口宽度和高度各 2 次。取高度或宽度的 2 个实测值与设计值间的偏差最大值，作为判断宽度或高度实测指标合格率的 1 个计算点
顶板水平度	[0, 15]	借鉴 GB 50204—2015 表 4.2.10 模板安装标高控制指标允许偏差并已进行调整，行业标准	12	60	使用激光扫平仪，在实测板跨内打出一条水平基准线。分别测量 4 个角点/板跨几何中心位混凝土顶板与水平基准线之间的 5 个垂直距离。以最低点为基准点，计算另外四点与最低点之间的偏差，最大偏差值≤20mm 时，5 个偏差值（基准点偏差值以 0 计）的实际值作为该实测指标合格率的 5 个计算点。最大偏差值＞20mm 时，5 个偏差值均按最大偏差值计，作为该实测指标合格率的 5 个计算点
楼板厚度	[-5, 10]	国家规范 GB 50204—2015 表 8.3.2	15	15	同一跨板作为 1 个实测区。每个实测区取 1 个样本点，取点位置为该板跨中 1/3 区域。1 个实测值作为判断该实测指标合格率的 1 个计算点

3. 评定方法

结构实体位置与尺寸偏差项目应分别进行验收，并应符合下列规定：

1）当检验项目的合格率为 80％及以上时，可判为合格；

2）当检验项目的合格率小于 80％但不小于 70％时，可再抽取相同数量的构件进行检验；当按两次抽样总和计算的合格率为 80％及以上时，仍可判为合格。

4. 验收记录

现浇结构位置和尺寸偏差检验批质量验收见表 2-47。现浇设备基础位置和尺寸偏差检验批质量验收记录见表 2-48。

现浇结构位置和尺寸偏差检验批质量验收记录　　　　　表 2-47

编号：＿＿＿＿＿＿

单位（子单位）工程名称				分部（子分部）工程名称		分项工程名称	
施工单位				项目负责人		检验批容量	
分包单位				分包单位项目负责人		检验批部位	
施工依据					验收依据	《混凝土结构工程施工质量验收规范》GB 50204—2015	
		验收项目		设计要求及规范规定	最小/实际抽样数量	检查记录	检查结果
主控项目	1	混凝土强度等级		第 7.4.1 条 第 7.1.1 条	/		
	2	现浇混凝土尺寸偏差		第 8.3.1 条	/		
一般项目	1	现浇结构位置和尺寸允许偏差（mm）	轴线位置 整体基础	15	/		
			独立基础	10	/		
			柱、墙、梁	8	/		
			垂直度 柱、墙 层高 ≤6m	10	/		
			>6m	12	/		
			全高（H） ≤300m	$H/30000+20$	/		
			>300m	$H/10000$ 且 ≤80	/		
			标高 层高	±10	/		
			全高	±30	/		
			杯型基础杯底标高	−10，0	/		
			截面尺寸 基础	+15，−10	/		
			杯型基础杯口尺寸	+20，0	/		
			梁、柱、板、墙	+10，−5	/		
			楼梯相邻踏步高差	6	/		
			电梯井洞 中心位置	10	/		
			长、宽尺寸	+25，0	/		
			表面平整度	8	/		
			预埋件中心位置 预埋板	10	/		
			预埋螺栓	5	/		
			预埋管	5	/		
			其他	10	/		
			预留洞、孔中心线位置	15	/		

续表

施工单位 检查结果	专业工长： 项目专业质量检查员： 　　　　　　　　　年　月　日
监理（建设）单位 验收结论	专业监理工程师： （建设单位项目专业技术负责人） 　　　　　　　　　年　月　日

现浇设备基础位置和尺寸偏差检验批质量验收记录

表 2-48

编号：＿＿＿＿＿

单位（子单位） 工程名称			分部（子分部） 工程名称		分项工程 名称	
施工单位			项目负责人		检验批容量	
分包单位			分包单位项目 负责人		检验批部位	
施工依据				验收依据	《混凝土结构工程施工质量验收 规范》GB 50204—2015	

		验收项目		设计要求及 规范规定	最小/实际 抽样数量	检查记录	检查 结果
主控项目	1	混凝土标养试件强度		第7.4.1条 第7.1.1条	/		
	2	现浇混凝土尺寸偏差		第8.3.1条	/		
一般项目	1	现浇设备基础位置和尺寸允许偏差（mm）	坐标位置	20	/		
			不同平面标高	0，−20	/		
			平面外形尺寸	±20	/		
			凸台上平面外形尺寸	0，−20	/		
			凹槽尺寸	＋20，0	/		
		平面 水平度	每米	5	/		
			全长	10	/		
		垂直度	每米	5	/		
			全高	10	/		
		预埋地 脚螺栓	中心位置	2	/		
			顶标高	＋20，0	/		
			中心距	±2	/		
			垂直度	5	/		
		预埋地脚 螺栓孔	中心线位置	10	/		
			截面尺寸	＋20，0	/		
			深度	＋20，0	/		
			垂直度	$h/100$ 且 ≤10	/		
		预埋活动 地脚螺栓锚板	中心线位置	5	/		
			标高	＋20，0	/		
			带槽锚板平整度	5	/		
			带螺纹孔锚板平整度	2	/		

续表

施工单位 检查结果	专业工长： 项目专业质量检查员： 　　　　　　　　　　　　年　月　日
监理（建设）单位 验收结论	专业监理工程师： （建设单位项目专业技术负责人） 　　　　　　　　　　　　年　月　日

【课后自测及相关实训】

完成相关工作页。

单元 3 屋面工程质量验收

【**知识目标**】 掌握卷材防水屋面质量验收方法；掌握涂膜防水屋面质量检查方法；掌握刚性防水屋面质量检查方法；掌握屋面工程检验批、分项、分部工程质量验收记录填写方法。

【**能力目标**】 能够依据设计要求和施工质量检验标准，对卷材屋面、涂膜屋面防水的施工质量、细石混凝土刚性防水层屋面的施工质量等进行质量控制，检验与验收，并能规范填写验收表格。

【**素质目标**】 具有规范工作习惯；具有信息获取能力；具有良好职业行为；具有团结协作能力；具有语言表达能力。

情景设计：

总任务——辽宁城建学院土建实训场三层框架结构办公楼，独立基础，建筑面积 600m²，目前工程主体已经于 2015 年 12 月完成，室内进行了简单装饰。在图纸和施工方案的基础上，要对各分部分项工程进行质量检查，目前需要小组合作完成屋面防水工程质量检查，具体要求：

(1) 要求在规定时间内完成分部工程或子分部工程质量检查；

(2) 填写混凝土工程、室内装饰装修工程相关分项工程检验批验收记录。

具体安排：

全班分组完成任务，每组最多 5 人，按班级实际人数进行分组。教师为监理工程师，其中每组为质检小组。

学习依据：

(1)《建筑工程施工质量验收统一标准》GB 50300—2013；

(2)《屋面工程施工质量验收规范》GB 50207—2012。

导言：

根据现行国家标准《建筑工程施工质量验收统一标准》GB 50300—2013 的有关规定，对屋面结构施工现场和施工项目的质量管理体系和质量保证体系提出了要求。施工单位应推行生产控制和合格控制的全过程质量控制。对施工现场质量管理，要求有相应的技术标准、健全的质量管理体系、施工质量控制和质量检验制度；对具体的施工项目，要求有经审查批准的施工方案。上述要求应能在施工过程中有效运行。施工方案应按程序审批，对涉及结构安全和人身安全的内容，应有明确的规定和相应的措施。

建筑屋面工程是建筑工程分部工程之一，可划分为保温层、找平层、卷材防水层、涂膜防水层、细石混凝土防水层、密封材料嵌缝、细部构造、瓦屋面、架空屋面、蓄水屋面、种植屋面等分项工程。各分项工程可根据与生产和施工方式相一致且便于控制施工质量的原则，按工作班、楼层、结构缝或施工段划分为若干检验批。检验批是工程质量验收的基本单元。检验批通常按下列原则划分：

(1) 检验批内质量均匀一致，抽样应符合随机性和真实性的原则；

(2) 贯彻过程控制的原则，按施工次序、便于质量验收和控制关键工序质量的需要划分检验批。

任务 1　检查卷材防水工程质量

子情景：

接收项目后，工程此时刚刚结束实训场屋面防水卷材的铺设工作，需要进行屋面防水工程质量检查。具体要求如下：

(1) 以小组为单位选取检查工具；

(2) 要求查阅图纸确定检验批；

(3) 编写施工验收方案；

(4) 按验收规范的验收内容逐一对照进行检查验收；

（5）评定卷材防水工程质量是否合格。

1. 检查内容

卷材质量是屋面防水的物质基础，卷材质量好坏直接影响防水质量。因此，卷材质量控制应做好以下几个方面工作：

（1）对进场卷材进行检查，进场的卷材应具有产品出厂合格证、质量检验报告。材料包装物应有明显的标明材料生产厂家，材料名称、生产日期、执行标准、产品有效期等标志；其外观质量和材料的品种、规格和性能等必须符合设计文件和国家产品质量标准的要求。

（2）检查进场材料的质量证明文件，特别是出场合格证和出厂检验报告的真实性、实效性以及检验报告物理性能的符合性等质量指标必须齐全。

（3）按卷材取样与组批规则，在现场随机进行取样送检，并做好复检报告的审查工作，主要是审查复检报告的真实性、时效性，以及复检报告的物理性能指标是否符合设计和国家产品质量指标的要求。

（4）所选用的基层处理剂、接缝胶粘剂、密封材料等配套材料应与配套的卷材应与铺贴的卷材性能相溶。

（5）不同品种、规格的卷材胶粘剂和胶粘带，应分别用密封桶或纸箱包装。

（6）卷材胶粘剂和胶粘带应贮存在阴凉通风的室内，严禁接近火源和热源。

做好屋面防水工程，设计是前提，材料是基础，施工是关键，维修管理是保证，无论是建设方还是施工方、监理方，都应认真贯彻执行有关规定，在材料设计管理诸方面严格把关，共同搞好屋面卷材防水工程的质量控制。在卷材屋面工程施工过程中应做好以下几个方面的工作：

（1）施工技术管理人员应认真学习相关规范、标准，掌握施工图中的细部构造及有关技术要求，做好图纸会审及编制施工方案工作，依据施工方案科学有序地进行施工。

（2）认真做好安全技术交底工作。施工技术负责人向班组进行技术交底，内容包括施工部位、施工的起点流向、施工工艺、细部节点构造，增强部位及做法、质量标准，保证质量的技术措施，成品的保护措施和安全注意事项等。

（3）检查铺设屋面隔气层和防水层前，基层是否干净、干燥。检查时可将 $1m^2$ 卷材平坦的干铺在找平层上，静置 3～4h 后掀开检查，找平层覆盖部位与卷材上未见水印即可铺设。

（4）检查卷材铺设方向是否符合下列规定：

1）屋面坡度小于 3％时，卷材宜平行屋脊铺贴。

2）屋面坡度在 3％～15％时，卷材可平行或垂直屋脊铺贴。

3）屋面坡度大于 15％或屋面受振动时，沥青卷材应垂直屋脊铺贴，高聚物改性沥青防水卷材和合成高分子防水卷材可平行或垂直屋脊铺贴。

4）上下层卷材不得相互垂直铺贴。

（5）各层卷材的长边搭接及短边搭接均不应小于 100mm；上下层卷材的接缝应错开幅度的 1/3；相邻两幅卷材的接缝应错开 300～500mm。垂直于屋脊铺贴时，每幅卷材都应越过屋脊不小于 200mm，但不允许一副卷材从屋脊的一侧一直铺到另一侧，这样铺贴在屋脊处容易拉断。

（6）卷材的铺贴必须符合一定的施工程序，例如：高低跨屋面相邻的建筑物要先铺高跨屋面；在同高度的大面积屋面上，要先铺贴距离较远的部分。要从檐口处向屋脊处铺贴，雨水口、烟囱根部、天沟、屋脊处，应加铺 1～2 层附加卷材，施工时应先做附加层，后做大面积卷材铺贴。

（7）检查冷贴法铺贴的卷材是否符合下列规定：

1）胶粘剂涂刷应均匀、不露底、不堆积。

2）根据胶粘剂的性能，应控制胶粘剂涂刷与卷材铺贴的时间间隔。

3）铺贴的卷材下面的空气应排尽，并辊压粘贴牢固。

4）铺贴卷材应平整顺直，搭接尺寸准确，不得扭曲皱折。

5）接缝口应用密封材料封严，宽度不应小于 10mm。

（8）检查热熔法铺贴的卷材是否符合下列规定：

1）火焰加热器加热卷材应均匀，不得过分加热或烧穿卷材；厚度小于 3mm 的高聚物改性沥青防水卷材严禁采用热熔法施工。

2）卷材表面热熔后应立即滚铺卷材，卷材下面的空气应排尽，并辊压粘结牢固不得空鼓。

3）卷材接缝部位必须溢出热熔的改性沥青胶。

4）铺贴的卷材应平整顺直，搭接尺寸准确，不得扭曲、皱折。

（9）检查天沟、檐沟、檐口、泛水和立面卷材收头的端部。要求端部应裁齐，塞入预留凹槽内。用金属压条钉压固定，最大的钉距不应大于 900mm，并用密封材料嵌填封严。

（10）检查卷材防水是否有渗漏或积水现象。检查方法：雨后或临水、蓄水检验。

2. 检查方法

屋面防水多道设防时可采用卷材叠层或不同卷材和涂膜复合及刚性防水和卷材复合等，采取复合使用虽增加品种，对施工和采购带来不便，但对材性互补，保证防水可靠性是有利的。

（1）为确保防水工程质量，使屋面在防水层合理使用年限内不发生渗漏，除卷材的材性材质因素外，其厚度应是最主要因素。同时还应考虑到防水层的施工、人们的踩踏、机具的压扎、穿刺、自然老化等。卷材厚度选用应符合要求，是按照我国现时水平和参考国外的资料确定的。

（2）卷材防水层所选用的基层处理剂、接缝胶粘剂、密封材料等，配套材料应与铺贴的卷材料性相融。

（3）卷材屋面坡度过大时常发生下滑现象，故应采取防止下滑措施，在坡度大于 25％的屋面上，采用卷材做防水层时，应采取固定措施，防止卷材下滑的措施除采取满粘法外，目前还有钉压固定等方法，固定点亦应封闭严密。

（4）铺设屋面隔气层和防水层前，基层必须干净、干燥。干燥程度的简易检验方法，是将 1m² 卷材平坦地干铺在找平层上，静置 3～4h 后掀开检查，找平层覆盖部位与卷材上未见水印即可铺设。

（5）高聚物改性沥青防水卷材和合成高分子防水卷材耐温性好，厚度较薄，不存在流淌问题，故对铺贴方向不予限制。考虑到沥青软化点较低，防水层较厚，屋面坡度较大时须垂直屋脊方向铺贴，以免发生流淌。沥青防水卷材铺贴方向应符合下列规定：

1）屋面坡度小于 3％时，卷材宜平行屋脊铺贴。

2）屋面坡度在 3％～15％时，卷材可平行或垂直屋脊铺贴。

3）屋面坡度大于 15％或屋面受振动时，沥青卷材应垂直屋脊铺贴，高聚物改性沥青防水卷材和合成高分子防水卷材可平行或垂直屋脊铺贴；上下层卷材不得相互垂直铺贴。

（6）为确保卷材，防水屋面的质量，所有卷材均应采用搭接法，且上下层及相邻两幅卷材的搭接缝应错开，各种卷材接缝宽度应符合表 3-1 的要求。

卷材搭接宽度（mm）

表 3-1

铺贴方法卷材种类		短边搭接		长边搭接	
		满粘法	空铺、点粘、条粘法	满粘法	空铺、点粘、条粘法
沥青防水卷材		100	150	70	100
高聚物改性沥青防水卷材		80	100	80	100
合成高分子防水卷材	胶粘剂	80	100	80	100
	胶粘带	50	60	50	60
	单缝焊	60，有效焊接宽度不小于 25			
	双缝焊	80，有效焊接宽度 10×2＋空腔宽			

（7）卷材的粘贴方法一般有冷粘法、热熔法、自粘法、材热封焊接等，采用冷粘法铺贴卷材时，胶粘剂的涂刷质量、间隔时间、搭接宽度和粘接密封性能对保证卷材防水施工质量关系极大，冷粘法铺贴卷材应符合下列规定：

1）胶粘剂涂刷应均匀，不露底，不堆积。

2）根据胶粘剂的性能，应控制胶粘剂涂刷与卷材铺贴的间隔时间。

3）铺贴的卷材下面的空气应排尽，并辊压粘结牢固。

4）铺贴卷材应平整顺直，搭接尺寸准确，不得扭曲、皱折。

5）接缝口应用密封材料封严，宽度不应小于 10mm。

（8）采用热熔法铺贴卷材时，加热是关键，热熔法铺贴卷材应符合下列规定：

1）火焰加热器加热卷材应均匀，不得过分加热或烧穿卷材；厚度小于 3mm 的高聚物改性沥青防水卷材严禁采用热熔法施工。

2）卷材表面热熔后应立即滚铺卷材，卷材下面的空气应排尽，并辊压粘结牢固，不得空鼓。

3）卷材接缝部位必须溢出热熔的改性沥青胶。

4）铺贴的卷材应平整顺直，搭接尺寸准确，不得扭曲、皱折。

（9）自粘法铺贴卷材应符合下列规定：

1）铺贴卷材前基层表面应均匀涂刷基层处理剂，干燥后应及时铺贴卷材。

2）铺贴卷材时，应将自粘胶底面的隔离纸全部撕净。

3）卷材下面的空气应排尽，并辊压粘结牢固。

4）铺贴的卷材应平整顺直，搭接尺寸准确，不得扭曲、皱折。搭接部位宜采用热风加热，随即粘贴牢固。

5）接缝口应用密封材料封严，宽度不应小于 10mm。

（10）对热塑型卷材（如 PVC 卷材等）可以采用热风焊枪进行焊接施工，焊接前卷材的铺设平整性，焊接速度与热风温度、操作人员的熟练程度关系极大，焊接施工时必须严格控制，卷材热风焊接施工应符合下列规定：

1）焊接前卷材的铺设应平整顺直，搭接尺寸准确，不得扭曲、皱折。

2）卷材的焊接面应清扫干净，无水滴、油污及附着物。

3）焊接时应先焊长边搭接缝，后焊短边搭接缝。

4）控制热风加热温度和时间，焊接处不得有漏焊、跳焊，焊焦或焊接不牢现象。

5）焊接时不得损害非焊接部位的卷材。

（11）粘贴各层沥青防水卷材和粘贴绿豆砂保护层可以采用沥青玛蹄脂，其标号应该根据屋面的使用条件坡度和当地历年极端高最气温按规则选用，沥青马蹄脂的质量要求应符合下列规定。沥青马蹄脂的配置和使用应符合下列规定：

1）配制沥青马蹄脂的配合比应是使用条件、坡度和当地历年极端最高气温，并根据所用的材料经试验确定；施工中，应确定的配合比严格配料，每工作班应检查软化点和柔韧性。

2）热沥青马蹄脂的加热应高于240℃，使用应低于190℃。

3）冷沥青马蹄脂使用时应搅匀，稠度太大时可加少量溶剂稀释搅匀。

4）沥青马蹄脂应涂刮均匀，不得过厚或堆积。

粘结层厚度：热沥青玛蹄纸宜为1～1.5mm，冷沥青玛蹄纸宜为0.5～1mm。

面层厚度：热沥青2～3mm，冷沥青马蹄脂宜为1～1.5mm。

（12）天沟、檐构、泛水和立面卷材的收头端部处理十分重要，如果处理不当容易存在渗漏隐患。为此，必须要求把卷材收头的端部裁齐，塞入预留凹槽内，采用粘结或压条（垫片）钉压固定，最大钉距不应大于900mm，凹槽内应用密封材料封严。

（13）为防止紫外线对卷材防水层的直接照射并延长其使用年限，卷材防水层完工并验收合格后，应做好成品保护。保护层的施工应符合下列规定：

1）用绿豆砂做保护层，系传统的做法。绿豆砂应清洁、预热、铺撒均匀，并使其与沥青马蹄脂粘结，不得有未粘结的绿豆砂。这样绿豆砂保护层才能真正起到保护层的作用。

2）云母或蛭石保护层是用冷马蹄脂粘结云母或蛭石作为保护层，要求不得有粉料，撒铺应均匀不得漏底，多余的云母或蛭石应清除。

3）水泥砂浆保护层的表面应抹平压光，由于水泥砂浆自身的干缩或温度变化影响，水泥砂浆保护层往往产生严重龟裂，且裂缝宽度较大，以致造成碎裂脱落，在水泥砂浆保护层上划分表面分隔缝，将裂缝均匀分布在分格缝内，避免了大面积表面龟裂，要求表面设分格缝，分格面积宜为1m²。

4）用块体材料做保护层时，往往因温度升高、膨胀致使块体隆起，故块体材料保护层应留设分格缝，分格面积不宜大于100m²，分格缝宽度不宜小于20mm。

5）细石混凝土应密实，表面抹平压光，并设分格缝。分格缝过密会对施工带来困难，也不容易确保质量，规范定为大于36m。

6）浅色涂料保护层，要求将卷材表面清理干净，均匀涂刷保护涂料。浅色保护涂料层应与卷材粘结牢固，厚薄均匀，不得漏涂。

7）水泥砂浆、块材或细石混凝土保护层等刚性保护层与柔性防水层之间要设置隔离层，以保证刚性保护层膨胀变形时不致损坏防水层。

8）水泥砂浆、块材、细石混凝土等刚性保护层与女儿墙山墙之间应预留宽度为30mm的缝隙，并用密封材料嵌填、封严，避免当高温季节时，刚性保护层热胀顶推女儿墙，有的还将女儿墙推裂造成渗漏。

（14）卷材屋面防水层严禁在雨天、雪天五级风及其以上时施工，施工环境气温宜符合下列要求：

1）沥青防水卷材不低于5℃。

2）高聚物改性沥青防水卷材，冷粘法不低于5℃；热熔法不低于－10℃。

3）合成高分子防水冷卷材冷粘法不低于5℃，热风焊接法不低于－10℃。

（15）检查卷材防水层是否有渗漏或积水现象。检查方法：雨后或淋水、蓄水检验。

3. 常见质量问题分析

（1）刚性防水屋面工程

在细石混凝土防水屋面中，常见的质量问题有开裂、渗漏、起壳起砂等。

1）开裂

屋面出现开裂的原因：

刚性屋面出现裂缝的原因一是防水层较薄，受基层沉降、温差等变形影响；二是温度分格缝未按规定设置或设置不合理；三是砂浆、混凝土配合比设计不当，水泥用量或水泥比过大，施工压抹或振捣不实，养护不良，早起脱水。

预防屋面开裂的措施：

宜在混凝土防水层下设纸筋夹、麻刀灰或卷材隔离层，以减少温度收缩变形的影响；防水层应进行分格，分格缝设在装配式结构的板端和现浇混凝土整体结构的支座处，屋面转折处，间距不大于6cm；另外应严格控制水泥用量和水灰比，并加强抹压与捣实，混凝土养护不小于14d。

对刚性屋面可分别采用防水油膏嵌填、环氧树脂嵌填、防水卷材粘贴等三种处理方法，其中一布二油工艺为将裂缝处凿槽清理干净，涂刷冷底子油盖缝，再嵌补水油膏，上面用防水卷材一层。

2）渗漏

屋面出现渗漏水的原因有：

① 山墙、女儿墙、檐口、天沟等处与屋面板变形不一致，在楼缝处被拉裂而漏水。

② 屋面分格缝未与板端缝对齐，在荷载下板端上翘，使防水层开裂。

③ 分格缝内杂物未清理干净；嵌油膏前，漏涂冷底子油，使油膏粘结不实；或嵌缝材料粘结性、柔韧性、抗老化性差；或屋面板缝浇灌不实，整体抗渗性差。

④ 烟囱、雨水管穿过防水层处未用砂浆填实，未做防水处理。

⑤ 屋面未按要求找坡或找坡不正确，有积水引起渗漏。

预防屋面渗漏水的措施有：

① 山墙、女儿墙等与屋面板接缝处，除填灌砂浆或混凝土外，并做上部油膏嵌缝防水，再按常规做卷材泛水。

② 分格缝和板缝对齐，板缝应设吊模用细石混凝土填灌密实，嵌缝时应将基层清理干净。

③ 烟囱、雨水管穿过防水层处，用砂浆填实压光，按设计做防水处理。

④ 屋面按设计挂线、找坡，避免积水。

对因开裂渗漏采用同开裂处理方法；应剔除分格缝中嵌填不实的油膏或变质的油膏；按正确方法重新嵌填油膏。

3）起壳起砂

防水层混凝土出现起壳、起砂及表面风化、松散等现象的原因有：

① 未清理基层或施工前未洒水湿润，与防水层粘结不良。

② 防水层施工质量差，未很好压光和养护。

③ 防水层表面发生碳化现象。

预防防水层混凝土起壳起砂的措施有：

① 应将基层清理干净；施工前应洒水湿润。

② 施工中，切实做好摊铺、压抹（或碾压）、收光、抹平和养护工序。

③ 为防止碳化，在表面加做防水涂料一层。

对轻微起壳、起砂，可表面凿毛、扫净、湿润，加抹 10mm 厚 1:2 的水泥砂浆压光。

（2）柔性防水屋面工程

屋面防水卷材常见的质量问题种类有开裂、粘结不牢、起泡、老化（龟裂）、尿墙、变形缝漏水等，其中开裂、起泡、老化（龟裂）、变形缝病害情况可参考地下卷材防水相关部分。

1）粘结不牢

部分防水层粘结不牢的原因有：

① 基层问题：表面不平、不干净；过分潮湿、水分蒸发缓慢；过早涂刷涂料或铺贴玻璃丝布毡片（或布），使涂料与砂浆面层粘结力降低。

② 涂料变质，或施工淋雨；施工工序未经必要的间歇。

为预防防水层粘结不牢，基层应平整、密实、清洁；基层表面不得有水珠；避免雨雾天施工；砂浆强度达到 0.5MPa 以上，才允许涂刷涂料或粘贴玻璃丝毡片（或布）；禁用变质失效涂料，防水层每道工序应有 12～14h 间歇，完工后应有 7d 以上自然干燥。

处理方法：

对于粘结不牢的防水层，应将玻璃丝布掀开、埋设部分木砖，清理干净后，重新粘贴，并用镀锌铁皮条把原防水层钉固。

2）尿墙

沿地面与墙的相接处渗水的现象称为尿墙，产生尿墙的原因如下：

① 女儿墙、山墙、檐口细部处理不当，卷材与立面未固定牢，或未做铁皮泛水；女儿墙、山墙与屋面板未牢固拉结，转角处未做成钝角；垂直面卷材与屋面卷材未分层搭接或未做加强层。

② 垂直面未做绿豆砂保护层。

③ 天沟未找坡，雨水口短管未紧贴基层，水头四周卷材粘结不严，雨水管积灰、堵塞、天沟集水。

为防止尿墙现象，应做到如下几点：

① 女儿墙、山墙、天沟以及屋面伸出管等细部处理，应按要求严格合理施工；女儿

墙、山墙与屋面板拉结牢固。防止开裂；转角处做成钝角，垂直面与屋面之间卷材应设加强层，分层搭接。

② 做好绿豆砂保护层。

③ 天沟应按要求做好找坡，雨水口及水斗周围卷材应贴实，层数应符合要求。

处理方法：

对于已经出现的尿墙，应采用将开裂及脱开卷材割开重铺卷材的方法予以处理。

4. 验收记录

（1）板状材料保温层检验批质量验收记录（表 3-2）

屋面工程各分项工程宜按屋面面积每 $500\sim1000\text{m}^2$ 划分为一个检验批，不足 500m^2 应按一个检验批。

检查数量：保温与隔热工程各分项工程每个检验批的抽检数量，应按屋面面积每 100m^2 抽查一处，每处应为 10m^2，且不得少于 3 处。

主控项目：

1）板状保温材料的质量，应符合设计要求。

检验方法：检查出厂合格证、质量检验报告和进场检验报告。

2）板状材料保温层的厚度应符合设计要求，其正偏差应不限，负偏差应为 5%，且不得大于 4mm。

检验方法：钢针插入和尺量检查。

3）屋面热桥部位处理应符合设计要求。

检验方法：观察检查。

一般项目：

1）板状保温材料铺设应紧贴基层，应铺平垫稳，拼缝应严密，粘贴应牢固。

检验方法：观察检查。

2）固定件的规格、数量和位置均应符合设计要求；垫片应与保温层表面齐平。

检验方法：观察检查。

3）板状材料保温层表面平整度的允许偏差为 5mm。

检验方法：2m 靠尺和塞尺检查。

4）板状材料保温层接缝高低差的允许偏差为 2mm。

检验方法：直尺和塞尺检查。

板状材料保温层检验批质量验收记录　　　　　　　　表 3-2

编号：＿＿＿＿＿＿

单位（子单位） 工程名称		分部（子分部） 工程名称		分项工程 名称	
施工单位		项目负责人		检验批容量	
分包单位		分包单位项目 负责人		检验批部位	
施工依据		验收依据		《屋面工程质量验收 规范》GB 50207—2012	

续表

		验收项目	设计要求及规范规定	最小/实际抽样数量	检查记录	检查结果
主控项目	1	材料质量	设计要求	/		
	2	保温层厚度符合设计要求	−5%，且不得大于4mm	/		
	3	屋面热桥部位	设计要求	/		
一般项目	1	保温层铺设	第5.2.7条	/		
	2	固定件	第5.2.8条	/		
	3	保温层表面平整度	5mm	/		
	4	保温层接缝高低差	2mm	/		

施工单位检查结果	专业工长： 项目专业质量检查员： 　　　　　　　　　年　月　日
监理（建设）单位验收结论	专业监理工程师： （建设单位项目专业技术负责人） 　　　　　　　　　年　月　日

（2）卷材防水层检验批质量验收记录

检验批划分：屋面工程各分项工程宜按屋面面积每 500～1000m² 划分为一个检验批，不足 500m² 应按一个检验批。

检查数量：防水与密封工程各分项工程每个检验批的抽检数量，防水层应按屋面面积每 100m² 抽查一处，每处应为 10m²，且不得少于 3 处。

主控项目：

1）防水卷材及其配套材料的质量，应符合设计要求。

检验方法：检查出厂合格证、质量检验报告和进场检验报告。

2）卷材防水层不得有渗漏和积水现象。

检验方法：雨后观察或淋水、蓄水试验。

3）卷材防水层在檐口、檐沟、天沟、水落口、泛水、变形缝和伸出屋面管道的防水构造，应符合设计要求。

检验方法：观察检查。

一般项目：

1）卷材的搭接缝应粘结或焊接牢固，密封应严密，不得扭曲、皱折和翘边。

检验方法：观察检查。

2）卷材防水层的收头应与基层粘结，钉压应牢固，密封应严密。

检验方法：观察检查。

3）卷材防水层的铺贴方向应正确，卷材搭接宽度的允许偏差为—10mm。

检验方法：观察和尺量检查。

4）屋面排汽构造的排汽道应纵横贯通，不得堵塞；排气管应安装牢固，位置应正确，封闭应严密。

检验方法：观察检查。

任务 2　检查涂膜防水工程质量

导言：

常用的防水涂料有高聚物改性防水涂料、合成高分子防水涂料。高聚物改性沥青防水涂料，有水乳型阳离子氯丁胶乳改性沥青防水涂料、溶剂性氯丁胶改性沥青防水涂料、再生胶改性沥青防水涂料、SBS（APP）改性沥青防水涂料；合成高分子防水涂料有聚合物水泥防水涂料，丙烯酸酯防水涂料，单组分（双组分）聚氨酯防水涂料等。

除此之外，无机盐类防水涂料不适合用于屋面防水工程；聚氯乙烯改性煤焦油防水涂料有毒和污染，施工时动用明火，目前已限制使用。

（1）进厂的防水涂料和胎体增强材料抽样复验应符合下列规定：

1）同一规格品种的防水涂料每 10t 为一批，不足 10t 者按一批进行抽样，胎体增强材料，每 3000m² 时为一批，不足 3000m² 时按一批进行抽样。

2）防水涂料胎体增强材料的物理性能检验，全部指标达到标准规定时，即为合格。

其中若有一项指标达不到要求，允许在受检产品中加倍取样，进行该项复验，复验结果如仍不合格，则判定该产品为不合格。

（2）进厂的防水涂料和胎体增强材料物理性能检验：

1）高聚物改性沥青防水涂料：固体含量、耐热性、低温柔软度、不透水性、延伸性或抗裂性；

2）合成高分子防水涂料和聚合物水泥防水涂料，拉伸强度、断裂伸长率、低温柔韧性、不透水性、固体含量；

3）胎体增强材料：拉力和延伸率。

（3）防水涂料和胎体增强材料的储存、保管：

1）防水涂料包装容器必须密封，容器表面应标明涂料名称、生产厂名、执行标准号、生产日期和产品有效，并分类存放。

2）反应型和水乳型涂料储存和保管环境，温度不宜低于 5℃。

3）溶剂型涂料储存和保管，环境温度不宜低于 0℃，并不得日散、碰撞和渗漏；保管环境应干燥通风，并远离火源。仓库内应有消防设施。

4）胎体增强材料储存保管，环境应干燥、通风，并远离火源。

1. 检查内容

涂膜防水适用于防水等级为 Ⅰ～Ⅳ 级屋面防水。涂膜防水层用于 Ⅲ、Ⅳ 级防水屋面时均可单独采用一道设防，也可用 Ⅰ、Ⅱ 级屋面多道防水设防中的一道防水层。二道以上设防时，防水涂料与防水卷材应采用相容类材料；涂膜防水层与防水层之间（如刚性防水层在其上）应设隔离层；防水涂料与防水卷材复合使用形成一道防水层，涂料与卷材应选择相容类材料。

（1）防水涂料应采用高聚物改性沥青防水涂料、合成高分子防水涂料。防水涂膜施工应符合下列规定：

1）涂膜应根据防水涂料的品种分层分遍涂布，不得一次涂成。

2）应待先涂的涂层干燥成膜后，方可涂后一遍涂料。

3）需铺设胎体增强材料时，屋面坡度小于 15％时可平行屋脊铺设，屋面坡度大于 15％时应垂直于屋脊铺设。

4）胎体长边搭接宽度不应小于 50mm，短边搭接宽度不应小于 70mm。

5）采用二层胎体增强材料时，上下层不得相互垂直铺设，搭接缝应错开，其间距不应小于幅宽的 1/3。

（2）涂膜厚度选用应符合表 3-3 的规定。

涂膜厚度选用表　　　　　　　　　　　　　　　　　表 3-3

屋面防水等级	设防道数	高聚物改性沥青防水涂料	合成高分子防水涂料
Ⅰ级	三道或三道以上设防	—	不应小于 1.5mm
Ⅱ级	二道设防	不应小于 3mm	不应小于 1.5mm
Ⅲ级	一道设防	不应小于 3mm	不应小于 2mm
Ⅳ级	一道设防	不应小于 2mm	—

（3）屋面基层的干燥程度应视所用涂料特性确定。当采用溶剂型涂料时，屋面基层应干燥。

（4）多组分涂料应按配合比准确计量，搅拌均匀，并应根据有效时间确定使用量。

天沟、檐沟、檐口、泛水和立面涂膜防水层的收头，应用防水涂料多遍涂刷或用密封材料封严。

（5）涂膜防水层完工并经验收合格后，应做好成品保护。保护层的施工应符合规范的规定。

2. 检查方法

检验批划分：屋面工程各分项工程宜按屋面面积每 500～1000m² 划分为一个检验批，不足 500m² 应按一个检验批。

检查数量：防水与密封工程各分项工程每个检验批的抽检数量，防水层应按屋面面积每 100m² 抽查一处，每处应为 10m²，且不得少于 3 处。

（1）主控项目

1）防水涂料和胎体增强材料的质量，应符合设计要求。

检验方法：检查出厂合格证、质量检验报告和进场检验报告。

2）涂膜防水层不得有渗漏和积水现象。

检验方法：雨后观察检查或做淋水、蓄水试验。

3）涂膜防水层在檐口、檐沟、天沟、水落口、泛水、变形缝和伸出屋面管道的防水构造，应符合设计要求。

检验方法：观察检查。

4）涂膜防水层的平均厚度应符合设计要求，且最小厚度不得小于设计厚度的 80%。

检验方法：用针测法检查或取样量测。

（2）一般项目

1）涂膜防水层与基层应黏结牢固，表面平整，涂布应均匀，不得有流淌，皱褶、起泡和露胎体等缺陷。

检验方法：观察检查。

2）涂膜防水层的收头应用防水涂料多遍涂刷。

检验方法：观察检查。

3）铺贴胎体增强材料应平整顺直，搭接尺寸应准确，应排除起泡，并应与涂料黏结牢固，胎体增强材料搭接宽度的允许偏差为 -10mm。

检验方法：观察检查和尺量检查。

3. 验收记录（表 3-4）

涂膜防水层检验批质量验收记录　　　　　　　　　　　　　　表 3-4

单位（子单位）工程名称			分部（子分部）工程名称		分项工程名称	
施工单位			项目负责人		检验批容量	
分包单位			分包单位项目负责人		检验批部位	
施工依据				验收依据	《屋面工程质量验收规范》GB 50207—2012	
		验收项目	设计要求及规范规定	最小/实际抽样数量	检查记录	检查结果
主控项目	1	材料质量	设计要求	/		
	2	涂膜防水层	第6.3.5条	/		
	3	防水细部构造	设计要求	/		
	4	防水层厚度	第6.3.7条	/		
一般项目	1	涂膜施工	第6.3.8条	/		
	2	涂膜收头	第6.3.9条	/		
	3	铺贴胎体增强材料	第6.3.10条	/		
	4	胎体增强材料搭接宽度	-10mm	/		

施工单位检查结果

专业工长：
项目专业质量检查员：
年　月　日

监理（建设）单位验收结论

专业监理工程师：
（建设单位项目专业技术负责人）
年　月　日

编号：_____

【拓展提高 A】

辽宁城市建设职业技术学院实训场办公楼屋面防水层设计为高聚物改性沥青卷材（二道设防），满粘法施工，上设绿豆砂保护层，自由散水的屋面，其面积为 $800m^2$，坡度小于 25%，无变形缝，无伸出屋面管道，不设排气道，自检情况如下：

A. 主控项目

（A）卷材材质、性能根据出厂合格证号实物对照核查及现场抽样复验号均符合设计要求和规范规定，卷材厚度为 3mm；

（B）在屋面上持续淋水 2h 后观察无渗漏也无积水，见屋面淋水检验记录号；

（C）细部防水构造符合规范要求；

（D）采用清洁并预热绿豆砂撒铺均匀，粘结牢固并无残留未粘结绿豆砂。

B. 一般项目

（A）卷材防水层的搭接缝粘结牢固，密封严密，仅在第六、七处有皱折、没有翘边和鼓泡等缺陷；

（B）卷材的铺贴方向正确；

（C）采用满粘法施工的搭接宽度实测偏差见记录表，填写验收记录并评定是否合格（表 3-5）。

卷材防水屋面工程检验批质量验收记录　　　　　　　　　　　表 3-5

		项目		施工单位检查评定记录										监理单位验收记录
主控项目	1	卷材及配套材料、卷材厚度												
	2	渗漏、积水												
	3	细部防水构造												
	4	保护层的设置												
一般项目	1	搭接缝和收头粘结												
	2	排气道设置，排气管安装												
	3	卷材铺贴方向												
		项目		允许偏差 −10mm	实测偏差（mm）									
					1	2	3	4	5	6	7	8	9	0
	4	搭接宽度	高聚物改性沥青卷材	满粘 80	0	−10	5	−5	0	0	−5	−10		
	施工单位检查评定													

【拓展提高 B】

辽宁城市建设职业技术学院实训场办公楼屋面保温层设计为松散保温材料，其面积为 $800m^2$，自检情况如下：

A. 主控项目

（A）保温材料出厂合格证号与实物对照检查，其堆积密度、导热系数、含水率、粒径均符合设计要求及规范规定，在现场取样复验号检验结果与上述一致。

（B）保温材料经现场铺设时抽样检验含水率符合设计要求，数据见含水率抽样检验报告单号。

B. 一般项目

（A）保温层分层铺设，压实适当，找坡正确。

（B）保温层设计厚度为 80mm，实测偏差见表 3-6 数据。请填写验收记录并评定是否合格。

屏面保温层工程检验批质量验收记录 　　表 3-6

		项目		施工单位检查评定记录										监理（建设）单位验收记录
主控项目	1	材料堆积或表观密度、导热系数、板材强度、吸水率												
	2	保温层含水率												
一般项目	1	保温层的铺设	松散保温材料											
			板状保温材料											
			整体保温材料											
	2	倒置式屋面卵石保护层铺压、质（重）量												
	3 厚度	项目	允许偏差	实测偏差（mm）										
			设计厚度（%）	1	2	3	4	5	6	7	8	9	0	
			mm											
		松散材料设计厚度 mm	+10～-5	8	7	6	5	4	3	-4	-6			
			+8～-4											
		板状保温松散材料设计厚度 mm	±5 且不大于 4mm											
	施工单位检查评定													

单元 4 装饰装修工程质量验收

【知识目标】 掌握一般抹灰工程实测实量内容；掌握门窗工程实测实量内容；掌握涂饰工程实测实量内容；掌握饰面板（砖）工程实测实量内容；掌握建筑装饰装修分部工程观感质量检查记录等一系列检查记录填写方法。

【能力目标】 能进行装饰装修工程验收；能正确使用规范进行验收记录填写。

【素质目标】 具有规范工作习惯；具有信息获取能力；具有良好职业行为；具有团结协作能力；具有语言表达能力。

情景设计：

总任务——辽宁城建学院土建实训场三层框架结构办公楼，独立基础，建筑面积600m²，目前工程主体已经于 2015 年 12 月完成，室内进行了简单装饰。在图纸和施工方案的基础上，要对各分部分项工程进行质量检查，目前需要小组合作完成装饰装修工程进行检查具体要求：

（1）要求在规定时间内完成分部工程或子分部工程质量检查；

（2）填写室内装饰装修工程相关分项工程检验批验收记录。

具体安排：

全班分组完成任务，每组最多 5 人，按班级实际人数进行分组。教师为监理工程师，其中每组为质检小组。

质量评定依据：

《建筑装饰装修工程质量验收规范》GB 50210—2001。

导言：

《建筑装饰装修工程质量验收规范》GB 50210—2001 3.1.1、3.1.5、3.2.3、3.2.9、3.3.4、3.3.5、4.1.12、5.1.11、6.1.12、8.2.4、8.3.4、9.1.13、9.1.14、8.3.1、12.5.6 为强制性条文，必须严格执行。

了解制定该规范的目的：为加强建设工程的质量管理，统一建筑装饰装修工程施工质量的验收，确保工程质量。熟悉该规范的适用范围：新建、扩建、改建和既有建筑的装饰装修工程●的质量验收。

建筑装饰装修必须进行设计，并出具完整的施工图设计文件。

建筑装饰装修工程设计必须保证建筑物的结构安全和主要使用功能。当涉及主体和承重结构改动或增加荷载时，必须由原结构设计单位或具备相应资质的设计单位核查有关原始资料，对既有建筑结构的安全性进行核验、确认。

建筑装饰装修工程所用材料应符合国家有关建筑装饰装修材料有害物质限量标准的规定。

建筑装饰装修工程所使用的材料应按设计要求进行防火、防腐和防虫处理。

建筑装饰装修工程施工中，严禁违反设计文件擅自改动建筑主体、承重结构或主要使用功能；严禁未经设计确认和有关部门批准擅自拆改水、暖、电、燃气、通信等配套设施。

施工单位应遵守有关环境保护的法律法规，并应采取有效措施控制施工现场的各种粉尘、废气、废弃物、噪声、振动等对周围环境造成的污染和危害。

建筑装饰装修设计应符合城市规划、消防、环保、节能等有关规定。

室内外装饰装修工程施工的环境条件应满足施工工艺的要求。施工环境温度不应低于5℃。当必须在低于 5℃气温下施工时，应采取保证工程质量的有效措施。

建筑装饰装修工程验收前应将施工现场清理干净。

装饰装修工程要检查水泥有出厂合格证明，并经见证送检合格；砂子含泥量、级配合

● 指为保护建筑物的主体结构、完善建筑物的使用功能和美化建筑物，采用装饰材料或饰物，对建筑物的内外表面及空间进行的各种处理过程。

格；外加剂符合规范要求；抹灰工序样板按经审批方案制作工艺样板，测量垂直度、平整度并验收合格，验收资料齐全、签字有效；外墙保温材料的见证取样送检。输出的文件有检查报告、验收记录、抽检报告。

门窗工序样板，验收工序样板；检验五金件、合页、封条、打胶等是否合格，验收资料齐全、签字有效；门窗材料、密封胶、五金配件、玻璃等符合现行国家及地方相关规范要求；门窗淋水试验，检查是否渗漏、渗漏问题整改销项。输出的文件有验收记录、检查报告、见证记录＋影像资料。

分部工程质量验收的评定：检验批的质量验收应按《建筑工程施工质量验收统一标准》GB 50300—2013 附录 D 的格式记录，检验批的合格判定应符合下列规定：

（1）抽查样本均应符合本规范主控项目的规定。

（2）抽查样本的 80％以上应符合本规范一般项目的规定。其余样本不得有影响使用功能或明显影响装饰效果的缺陷，其中有允许偏差的检验项目其最大偏差不得超过本规范规定允许偏差的 1.5 倍。

任务 1 检查抹灰工程质量

子情景：

接收项目后，工程此时室内进行了简单装饰。需进行一般抹灰工程进行质量检查具体要求如下：

（1）以小组为单位选取检查工具；

（2）查阅规范制定检查内容及标准；

（3）要求计算同一检验批最小和实际抽查数量；

（4）填写一般抹灰工程、装饰抹灰工程检验批质量验收记录。

导言：

抹灰工程应对水泥的凝结时间和安定性进行复验。

抹灰工程应对下列隐蔽工程项目进行验收：

① 抹灰总厚度大于或等于 35mm 时的加强措施（易起鼓、开裂）；

② 不同材料基体交接处的加强措施（抗裂）。

外墙和顶棚的抹灰层与基层之间及各抹灰层之间必须粘结牢固。

本任务适用于石灰砂浆、水泥砂浆、水泥混合砂浆、聚合物水泥砂浆和麻刀石灰、纸筋石灰、石膏灰等一般抹灰工程的质量验收。一般抹灰工程分为普通抹灰和高级抹灰，当设计无要求时按普通抹灰验收。

本章适用于一般抹灰装饰抹灰和清水砌体勾缝等分项工程的质量验收。

（1）抹灰工程验收时应检查下列文件和记录：

抹灰工程的施工图设计说明及其他设计文件；材料的产品合格证书、性能检测报告、进场验收记录和复验报告；隐蔽工程验收记录；施工记录。

（2）抹灰工程应对水泥的凝结时间和安定性进行复验。

（3）抹灰工程应对下列隐蔽工程项目进行验收：

抹灰总厚度大于或等于 35mm 时的加强措施；不同材料基体交接处的加强措施。

（4）各分项工程的检验批应按下列规定划分：

相同材料工艺和施工条件的室外抹灰工程每 500～1000m² 应划分为一个检验批，不足 500m² 也应划分为一个检验批。

相同材料工艺和施工条件的室内抹灰工程每 50 个自然间（大面积房间和走廊按抹灰面积 30m² 为一间）应划分为一个检验批不足 50 间也应划分为一个检验批。

外墙抹灰工程施工前应先安装钢木门窗框护栏等并应将墙上的施工孔洞堵塞密实。

抹灰用的石灰膏的熟化期不应少于 15d，罩面用的磨细石灰粉的熟化期不应少于 3d。

室内墙面柱面和门洞口的阳角做法应符合设计要求，设计无要求时应采用 1：2 水泥砂浆做暗护角，其高度不应低于 2m，每侧宽度不应小于 50mm。

1. 检查内容

具体检查内容包括：

（1）用塞尺检查墙面表面平整度；

（2）用靠尺检查墙面垂直度；

（3）用阴阳角方正仪检查阴阳角方正；

（4）用卷尺检查户内门洞尺寸偏差、户内门洞、外墙窗内侧墙体厚度极差；

（5）观察裂缝/空鼓。

2. 检查方法

室内每个检验批应至少抽查 10% 并不得少于 3 间，不足 3 间时应全数检查；室外每个检验批每 100m² 应至少抽查一处，每处不得小于 10m²。

实际工程过程评估-住宅项目实测实量具体检查方法见表 4-1。

过程评估-住宅项目实测实量记录表

表 4-1

检查内容	评判标准	标准来源	检测区	检测点	选点规则
墙面表面平整度	[0，3] mm	企业标准	23	68	每一个功能房间地面都可以作为 1 个实测。任选同一功能房间地面的 2 个对角区域，按与墙面夹角 45°平放靠尺测量 2 次，加上房间中部区域测量一次，共测量 3 次。客\餐厅或较大房间地面的中部区域需加测 1 次。同一功能房间内的 3 或 4 个地面平整度实测值，作为判断该实测指标合格率的 3 或 4 个计算点；增加离结构楼板范围内 200mm 位置进行平整度检查，便于踢脚线位置的质量控制
墙面垂直度	[0，3] mm	企业标准	23	68	每一面墙作为 1 个实测区；每一测尺的实测值作为一个合格计算点。同一实测区内，当墙长度小于 3m 时，同一面墙距两端头竖向阴阳角约 30cm 位置，分别按以下原则实测 2 次：一是靠尺顶端接触到上部混凝土顶板位置时测 1 次垂直度，二是靠尺底端接触到下部地面位置时测 1 次垂直度；当墙长度大于 3m 时，在墙长度中间位置增测一次；具备实测条件的门洞口墙体垂直度为必测项；增加户内门洞口两侧 100mm 内进行垂直度检查，便于后期户内门门贴脸、踢脚线位置质量控制

续表

检查内容	评判标准	标准来源	检测区	检测点	选点规则
阴阳角方正	[0，3] mm	企业标准	23	45	每面墙的任意一个阴角或阳角均可以作为 1 个实测区。选取对观感影响较大的阴阳角，同一个部位，从地面向上 300mm 和 1500mm 位置分别测量 1 次。2 次实测值作为判断该实测指标合格率的 2 个计算点
户内门洞尺寸偏差	[−10，10] mm	行业标准，为了便于后期精装修门套安装，增加此项指标	15	60	每一个户内门洞都作为 1 个实测区。实测前需了解所选套房各户内门洞口尺寸。实测前户内门洞口侧面需完成抹灰收口和地面找平层施工，以确保实测值的准确性
户内门洞、外墙窗内侧墙体厚度极差	[0，4] mm	行业标准	15	45	墙厚左、右、下边各测量一次，3 个测量值之间极差最大值，作为墙厚偏差的 1 个实测值。每一个实测值作为判断该实测指标合格率的 1 个计算点，一个测区有三个实测值，一个实测点作为一个合格率计算点，外墙窗框内侧墙体，在窗框侧面中部各测量 2 次墙体厚度，沿着竖向窗框尽量在顶端位置测量 1 次墙体厚度。这 3 次实测值之间极差值作为判断该实测指标合格率的 1 个计算点
裂缝/空鼓	无裂缝、空鼓	国家规范 GB 50210—2001 第 4.2.5 条	54	54	所选户型内每一自然间每一面墙作为 1 个实测区。每一自然间内所有墙体全检。1 个实测区取 1 个实测值。1 个实测值作为 1 个合格率计算点。所选 6 套房累计 54 个实测区，不满足 54 个时，需增加实测套房数

3. 常见质量问题分析

（1）抹灰层空鼓

1）原因：抹灰层空鼓表现为面层与基层，或基层与底层不同程度的空鼓。

2）措施：

① 抹灰前必须将脚手眼、支模孔洞填堵密实，对混凝土表面凸出较大的部分要凿平。

② 必须将底层、基层表面清理干净，并于施工前一天将准备抹灰的面浇水润湿。

③ 对表面较光滑的混凝土表面，抹底灰前应先凿毛，或用掺 108 胶水泥浆，或用界面处理剂处理。

④ 抹灰层之间的材料强度要接近。

（2）抹灰层裂缝

1）原因：抹灰层裂缝是指非结构性面层的各种裂缝，墙、柱表面的不规则裂缝、龟裂，窗套侧面的裂缝等。

2）措施：

① 抹灰用的材料必须符合质量要求，例如水泥的强度与安定性应符合标准；砂不能过细，宜采用中砂，含泥量不大于 3%；石灰要熟透，过滤要认真。

② 基层要分层抹灰，一次抹灰不能厚；各层抹灰间隔时间要视材料与气温不同而合理选定。

③ 为防止窗台中间或窗角裂缝，一般可在底层窗台设一道钢筋混凝土梁，或设 3ϕ6 的

钢筋砖反梁，伸出窗洞各 330mm。

④ 夏季要避免在日光曝晒下进行抹灰，对重要部位与曝晒的部分应在抹灰后的第二天洒水养护 7d。

⑤ 对基层由两种以上材料组合拼接部位，在抹灰前应视材料情况，采用粘贴胶带纸、布条，或钉钢丝网或留缝嵌条子等方法处理。

⑥ 对抹灰面积较大的墙、柱、槽口等，要设置分格缝，以防抹灰面积过大而引起收缩裂缝。

（3）抹灰层不平整

1）原因：抹灰层表面接槎明显，或大面呈波浪形，或明显凹凸不平整。

2）措施：

① 基层刮糙前应弹线出柱头或做塌饼，如果刮糙厚度过大，应掌握"去高、填低、取中间"的原则，适当调整柱头或塌饼的厚度。

② 应严格控制基层的平整度，一般可选用大于 2m 的刮尺，操作时使刮尺作上下、左右方向转动，使抹灰面（层）平整度的允许偏差为最小。

③ 纸筋灰墙面，应尽量采用熟化（熟透）的纸筋；抹灰前，须将纸筋灰放入砂浆拌和机中反复搅拌，力求打烂、打细。可先刮一层毛纸筋灰，厚为 15mm 左右，用铁板抹平，吸水后刮衬光纸筋灰，厚为 5～10mm，用铁板反复抹平、压光。

（4）阴阳角不方正

1）原因：外墙大角，内墙阴角，特别是平顶与墙面的阴角四周不平顺、不方正；窗台八字角（仿古建筑例外）。

2）措施：

① 抹灰前应在阴阳角处（上部）吊线，以 1.5m 左右相间做塌饼找方，作为粉阴阳角的"基准点"；附角护角线必须粉成"燕尾形"，其厚度按粉刷要求定，宽度为 50～70mm，且小于 60°。

② 阴阳角抹灰过程中，必须以基准点或护角线为标准，并用阴阳角器作辅助操作；阳角抹灰时，两边墙的抹灰材料应与护角线紧密吻合，但不得将角线覆盖。

③ 水泥砂浆粉门窗套，有的可不粉护角线，直接在两边靠直尺找方，但要在砂浆初凝前运用转角抹面的手法，并用阳角器抽光，以预防阳角线不吻合。

④ 平顶粉刷前，应根据弹在墙上的基准线，往上引出平顶四个角的水平基准点，然后拉通线，弹出平顶水平线；以此为标准，对凸出部分应凿掉，对凹进部分应用 1∶3 水泥砂浆（内掺 108 胶）先刮平，使平顶大面大致平整，阴角通顺。

4. 验收记录

（1）一般抹灰工程检验批质量验收记录（表 4-2）

一般抹灰工程检验批质量验收记录　　　　　　　　　　　表 4-2

编号：_____

单位（子单位）工程名称		分部（子分部）工程名称		分项工程名称	
施工单位		项目负责人		检验批容量	

续表

分包单位		分包单位项目 负责人		检验批部位	
施工依据			验收依据	《建筑装饰装修工程质量验收 规范》GB 50210—2001	

<table>
<tr><td rowspan="5">主控项目</td><td colspan="2">验收项目</td><td>设计要求及
规范规定</td><td>最小/实际
抽样数量</td><td>检查记录</td><td>检查
结果</td></tr>
<tr><td>1</td><td>基层表面</td><td>第4.2.2条</td><td>/</td><td></td><td></td></tr>
<tr><td>2</td><td>材料品种和性能</td><td>第4.2.3条</td><td>/</td><td></td><td></td></tr>
<tr><td>3</td><td>操作要求</td><td>第4.2.4条</td><td>/</td><td></td><td></td></tr>
<tr><td>4</td><td>各层粘结及面层质量</td><td>第4.2.5条</td><td>/</td><td></td><td></td></tr>
<tr><td rowspan="11">一般项目</td><td>1</td><td>表面质量</td><td>第4.2.6条</td><td>/</td><td></td><td></td></tr>
<tr><td>2</td><td>细部质量</td><td>第4.2.7条</td><td>/</td><td></td><td></td></tr>
<tr><td>3</td><td>层与层间材料要求及总
厚度</td><td>第4.2.8条</td><td>/</td><td></td><td></td></tr>
<tr><td>4</td><td>分格缝</td><td>第4.2.9条</td><td>/</td><td></td><td></td></tr>
<tr><td>5</td><td>滴水线（槽）</td><td>第4.2.10条</td><td>/</td><td></td><td></td></tr>
<tr><td rowspan="6">6</td><td rowspan="2">项目</td><td colspan="2">允许偏差（mm）</td><td rowspan="2"></td><td rowspan="2"></td></tr>
<tr><td>普通抹灰</td><td>高级抹灰</td></tr>
<tr><td>立面垂直度</td><td>4</td><td>3</td><td>/</td><td></td></tr>
<tr><td>表面平整度</td><td>4</td><td>3</td><td>/</td><td></td></tr>
<tr><td>阴阳角方正</td><td>4</td><td>3</td><td>/</td><td></td></tr>
<tr><td>分格条（缝）直线度</td><td>4</td><td>3</td><td>/</td><td></td></tr>
<tr><td>墙裙、勒角上口直线度</td><td>4</td><td>3</td><td>/</td><td></td></tr>
</table>

施工单位 检查结果	专业工长： 项目专业质量检查员： 年　月　日
监理（建设）单位 验收结论	专业监理工程师： （建设单位项目专业技术负责人） 年　月　日

（2）装饰抹灰工程检验批质量验收记录的填写（表4-3）

装饰抹灰工程检验批质量验收记录 表4-3

编号：_____

单位（子单位） 工程名称		分部（子分部） 工程名称		分项工程 名称	
施工单位		项目负责人		检验批容量	
分包单位		分包单位项目 负责人		检验批部位	

续表

施工依据				验收依据	《建筑装饰装修工程质量验收规范》GB 50210—2001	

		验收项目	设计要求及规范规定	最小/实际抽样数量	检查记录	检查结果
主控项目	1	基层表面	第4.3.2条	/		
	2	材料品种和性能	第4.3.3条	/		
	3	操作要求	第4.3.4条	/		
	4	各层粘结及面层质量	第4.3.5条	/		
一般项目	1	表面质量	第4.3.6条	/		
	2	分格条（缝）	第4.3.7条	/		
	3	滴水线（槽）	第4.3.8条	/		

		项目	允许偏差（mm）						
一般项目			水刷石	斩假石	干粘石	假面砖			
	4	立面垂直度	5	4	5	5	/		
		表面平整度	3	3	4	5	/		
		阳角方正	3	3	4	4	/		
		分格条（缝）直线度	3	3	3	3	/		
		墙裙勒角上口直线度	3	3	—	—	/		

施工单位检查结果	专业工长： 项目专业质量检查员： 年 月 日
监理（建设）单位验收结论	专业监理工程师： （建设单位项目专业技术负责人） 年 月 日

【课后自测及相关实训】

根据学院实训场完成以上表格验收记录。

任务2 检查门窗工程质量

子情景：

接收项目后，工程此时室内进行了简单装饰。需进行门窗工程进行质量检查具体要求如下：

（1）以小组为单位选取检查工具；

（2）查阅规范制定检查内容及标准；

（3）要求计算同一检验批最小和实际抽查数量；

（4）填写金属门窗安装工程检验批质量验收记录。

导言：

本章适用于木门窗制作与安装金属门窗安装、塑料门窗安装、特种门安装、门窗玻璃安装等分项工程的质量验收。

门窗工程应对下列材料及其性能指标进行复验：

（1）人造木板的甲醛含量；

（2）建筑外墙金属窗、塑料窗的抗风压性能、空气渗透性能和雨水渗漏性能。

建筑外门窗的安装必须牢固。在砌体上安装门窗严禁用射钉固定。

塑料门窗框与墙体间缝隙应采用闭孔弹性材料填嵌饱满，表面应采用密封胶密封。密封胶应粘结牢固，表面应光滑顺直、无裂纹。

各分项工程的检验批应按下列规定划分：

（1）同一品种类型和规格的木门窗、金属门窗、塑料门窗及门窗玻璃，每100樘应划分为一个检验批，不足100樘也应划分为一个检验批。

（2）同一品种类型和规格的特种门，每50樘应划分为一个检验批，不足50樘也应划分为一个检验批。

检查数量应符合下列规定：

（1）木门窗、金属门窗、塑料门窗及门窗玻璃，每个检验批应至少抽查5%并不得少于3樘，不足3樘时应全数检查。高层建筑的外窗每个检验批应至少抽查10%并不得少于6樘，不足6樘时应全数检查。

（2）特种门每个检验批应至少抽查50%并不得少于10樘，不足10樘时应全数检查。

1. 检查内容

门窗工序样板，验收工序样板；检验五金件、合页、封条、打胶等是否合格，验收资料齐全、签字有效；门窗材料、密封胶、五金配件、玻璃等符合现行国家及地方相关规范要求；门窗淋水试验，检查是否渗漏、渗漏问题整改销项。具体实测实量内容见图4-1。

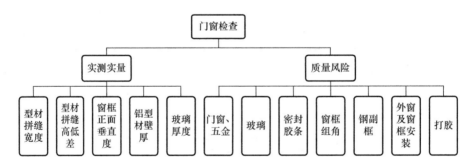

图 4-1 门窗检查内容

门窗检查合格率，采用比重加权方式进行，即实测实量（70%）＋质量风险（30%）。

铝合金门窗安装的检验方法应符合下列要求：

1）门窗槽口宽度、高度用钢尺检查；

2）门窗槽口对角线长度差用钢尺检查；

3）门窗框的正、侧面垂直度用垂直检测尺检查；

4）门窗横框的水平度用1m水平尺和塞尺检查；

5）门窗横框标高用钢尺检查；

6）门窗竖向偏离中心用钢尺检查；

7）双层门窗内外框间距用钢尺检查；

8）推拉门窗扇与框搭接量用钢直尺检查。

2. 检查方法

抽查 5％并不得少于 3 樘，不足 3 樘时应全数检查高层建筑的外窗。每个检验批应至少抽查 10％并不得少于 6 樘，不足 6 樘时应全数检查。

实际工程过程评估-住宅项目实测实量检查方法见表 4-4。

过程评估-住宅项目实测实量记录表　　　　　　　　　　　　　　表 4-4

检查项目	检查内容	评判标准	标准来源	检测区	检测点	选点规则
室内门	门框的正、侧面垂直度	[0, 1] mm	企业标准	15	30	每一樘门框都可以作为 1 个实测区。分别测量一樘门门框的正面和侧面垂直度，共有 2 个实测结果，取其中实测值较大的，作为该实测指标合格率的 1 个计算点
	门扇与地面留缝宽度（室内门）	[6, 7] mm	企业标准	15	15	户内每一扇门（不含厨卫）都可以作为 1 个实测区。关上门后，目测该门扇与地面完成面之间的 1 个疑似最大留缝处，用楔形塞尺检测 1 次，并作为该实测指标合格率的 1 个计算点
	厨卫门扇与地面留缝宽度	[8, 10] mm	企业标准	9	9	厨卫的每一扇门都可以作为 1 个实测区。关上门后，目测该门扇与地面完成面之间的 1 个疑似最大留缝处，用楔形塞尺检测 1 次，作为该实测指标合格率的 1 个计算点
铝合金门窗（或塑钢窗）	型材拼缝宽度（不适用塑钢窗）	[0, 0.3] mm 不检查玻璃压线位置	国家规范 GB/T 8478—2008 表 7	15	15	该指标宜在窗扇安装完、窗框保护膜拆除完的装修收尾阶段测量。户内每一樘门或窗都可以作为 1 个实测区，在同一铝合金门或窗的窗框、窗扇，目测选取 1 条疑似缝隙宽度最大的型材拼接缝。用 0.3mm 钢片插入型材拼接缝隙，如能插入，则该测量点不合格；反之则该测量点合格。不合格点均按 0.5mm 记录，合格点均按 0.1mm 记录
	相同截面型材拼缝高低差（塑钢窗）	[0, 0.4] mm 不检查玻璃压线位置	国家规范 GB/T 28887—2012 5.3.6 表 2	15	15	该指标宜在窗扇安装完、窗框保护膜拆除完的装修收尾阶段测量。户内每一樘门或窗都可以作为 1 个实测区，目测选取 1 条疑似高低差最大的型材拼接缝，用钢尺跨过接缝以 0.3mm 钢塞尺插入钢尺与型材之间的缝隙，如能插入，则该测量点不合格；反之则该测量点合格。1 条接缝高低差的测量值，作为该实测指标合格率的 1 个计算点。不合格点均按 0.5mm 记录，合格点均按 0.2mm 记录。外窗主框安装固定完成后即可开始检查

检查项目	检查内容	评判标准	标准来源	检测区	检测点	选点规则
铝合金门窗（或塑钢窗）	相同截面型材拼缝高低差（铝合金门窗）	[0，0.3] mm 不检查玻璃压线位置	国家规范 GB/T 8478—2008 表7	15	15	该指标宜在窗扇安装完、窗框保护膜拆除完的装修收尾阶段测量。户内每一樘门或窗都可以作为1个实测区，目测选取1条疑似高低差最大的型材拼接缝，用钢尺跨过接缝以0.3mm钢塞片插入钢尺与型材之间的缝隙，如能插入，则该测量点不合格；反之则该测量点合格。1条接缝高低差的测量值，作为该实测指标合格率的1个计算点。不合格点均按0.5mm记录，合格点均按0.2mm记录。外窗主框安装固定完成后即可开始检查
	窗框正面垂直度	[0，2.5] mm	国家规范 GB 50210—2001 表5.3.12	15	30	户内每一樘门或窗都可以作为1个实测区，用2m靠尺分别测量每一樘铝合金门或窗两边竖框垂直度，取2个实测值中的最大值，作为该实测指标合格率的1个计算点
	铝型材壁厚	与合同约定不符者即为不合格	行业标准	5	5	目测与实测相结合。不同铝门窗承建商均需实测到。铝型材壁厚：每个房间可作为1个实测区，1个房间任选1个窗（或门），每套房累计实测实量3个实测区（门与窗各自需测3个实测区）。门的主型材主要受力部位基材截面最小实测壁厚不应小于2.0mm，窗用主型材主要受力部位基材截面最小实测壁厚不应小于1.4mm
	玻璃厚度	与合同约定不符者即为不合格	行业标准	5	5	不同玻璃均需实测；玻璃壁厚

实际工程过程评估-住宅项目质量风险检查评分表见表4-5。

过程评估-住宅项目质量风险检查评分表　　　　表4-5

检查项	检查子项	扣分标准			
		扣分因素列举	检查项总分	C级	B级	A级
门窗、五金	门窗成品保护到位，五金开启灵活	★门窗成品保护不到位：划痕、碰迹、污染、破坏、成品保护符合方案要求	4	6	4	2
玻璃	玻璃成品保护	玻璃应竖向存放，玻璃面与地面倾斜成70°～80°，顶部应靠在牢固物体上，并应垫有软质隔离物。底部应用木方或其他软质材料垫离地面100mm以上。单层玻璃堆放不得超过20片，中空玻璃堆放不得超过15片。施工中玻璃平放时，只允许单层摆放，严禁上下叠加。不允许直接放置于地面上，底部垫不小于100mm的木方，木方距端头不大于300mm，间距不大于1000mm	4	6	4	2

续表

检查项	检查子项	扣分标准				
		扣分因素列举	检查项总分	C 级	B 级	A 级
玻璃	玻璃安装	门窗玻璃不应直接接触型材。玻璃底边设置支承块，其他三边设置定位块，安装位置距槽角 1/4 边长处。玻璃支承块长度不小于 50mm，定位块长度不小于 25mm，两者宽度与玻璃槽口相同，厚度不小于 5mm	4	6	4	2
	安全玻璃	应使用安全玻璃的部位： (1) 7 层及以上外开窗； (2) 底边距离最终装修面小于 500 的窗； (3) 门扇玻璃； (4) 单块面积大于 1.5m² 的玻璃； (5) 幕墙玻璃	4	6	4	2
密封胶条	密封胶条安装质量	密封胶条宜使用连续条，接口不应设置在转角处，装配后的胶条应整齐均匀，无凸起	4	6	4	2
窗框组角	窗框组角、安装质量	窗框组角胶应在工厂组装时施工，不能在现场打胶	4	6	4	2
钢副框	钢副框安装	钢副框四角以插件连接稳固，转角焊接严密，除锈、防锈处理到位	4	6	4	2
外窗及窗框安装	外窗塞缝施工质量	(1) 窗框与洞口间无缠绕保护膜，临时固定木楔需取出，安装完成后，清理窗框木楔或各类垫块，塞缝材料符合设计要求； (2) 发泡塞缝间隙符合方案要求，超出门窗框外的发泡胶应在其固化前用手或专用工具压入缝隙中；严禁固化后用刀片切割； (3) 砂浆塞缝密实、无开裂	4	6	4	2
	窗框固定	角部固定片距门窗洞口四个角不大于 100～150mm；中间各固定片中心距离不大于 500mm；以 1.5mm 厚的镀锌板裁制，采用金属膨胀螺栓或射钉固定，应根据预留混凝土块位置，按对称顺序安装，固定片安装应形成外低内高	4	6	4	2
	外窗自身渗漏	外窗直接采取现场拼装，无泄水孔（泄水孔需在工厂加工），泄水孔无防风帽，加工过程中榫接部位未打胶，工艺孔封堵处理不当	4	8	4	2
	外窗防水	外窗防水基层处理不到位，防水厚度不符合设计要求，成膜质量不佳	4	6	4	2
打胶	窗框打胶收口质量、玻璃打胶质量	胶体不顺直、开裂、起皮、色差、污染等	4	6	4	2

注：1. C 属于系统性质量问题，在检查区内普遍发生；B 属于重点关注性问题，在检查区内部分存在；A 属于个性问题，在检查区内个别存在。

2. 凡每出现一项带★项扣分为 B 级的，对质量风险评估总分加扣 1 分（按百分制）；凡每出现一项带★项扣分为 C 级的，对质量风险评估总分加扣 3 分（按百分制）。

3. 常见质量问题分析

（1）木门窗工程

木门、窗框变形，木门、窗扇翘曲。

原因：

① 门框不在同一个平面内，门框接触的抹灰层挤裂，或与抹灰层离开，造成开关不灵。

② 门、窗扇不在同一个平面内，关不严。

措施：

① 用含水率达到规定数值的木材制作。

② 选用树种一般为一、二级杉木、红松，掌握木材的变形规律，合理下锯，不用易变形的木材，对于较长的门框边梃，选用锯割料中靠心材部位。对于较高、较宽的门窗扇，设计时应适当加大断面。

③ 门框边梃、上槛料较宽时，靠墙面边应推凹槽以减少反翘，其边梃的翘曲应将凸面向外，靠墙顶住，使其无法再变形。对于有中贯档、下槛牵制的门框边梃，其翘曲方向应与成品同在一个平面内，以便牵制其变形。

④ 提高门扇制作质量，刮料要方正，打眼不偏斜，榫头肩膀要方正，拼装台要平正，拼装时掌握其偏扭情况，加木楔校正，做到不翘曲，当门扇偏差在3mm以内时可在现场修整。

⑤ 门料进场后应及时涂上底子油，安装后应及时涂上油漆，门成品堆放时，应使底面支承在一个平面内，表面要覆盖防雨布，防止发生再次变形。

（2）塑钢门窗安装工程

1）门窗框松动，四周边嵌填材料不正确

原因：门窗安装后经使用产生松动。

措施：

① 门窗应预留洞口，框边的固定片位置距离角、中竖框、中横框150～200mm，固定片之间距离小于或等于600mm，固定片的安装位置应与铰链位置一致。门窗框周边与墙体连接件用的螺钉需要穿过衬加的增强型材，以保证门窗的整体稳定性。

② 框与混凝土洞口应采用电锤在墙上打孔装入尼龙膨胀管，当门窗安装校正后，用木螺丝将镀锌连接件固定在膨胀管内，或采用射钉固定。

③ 当门窗框周边是砖墙或轻质墙时，砌墙时可砌入混凝土预制块以便与连接件连接。

④ 推广使用聚氨酯发泡剂填充料（但不得用含沥青的软质材料，以免PVC腐蚀）。

2）门窗框外形不符合要求

原因：门、窗框变形，门、窗扇翘曲。

措施：

① 门、窗采用的异型材、原材料应符合《门窗框硬聚氯乙烯型材》GB 8814等有关国家标准的规定。

② 衬钢材料断面及壁厚应符合设计规定（型材壁厚不低于1.2mm），衬钢应与PVC型材配合，以达到共同组合受力目的，每根构件装配螺钉数量不少于3个，其间距不超过500mm。

③ 四个角应在自动焊机上进行焊接，准确掌握焊接参数和焊接技术，保证节点强度

达到要求，做到平整、光洁、不翘曲。

④ 门窗存放时应立放，与地面夹角大于 70°，距热源应不少于 1m，环境温度低于 50℃，每扇门窗应用非金属软质材料隔开。

3）门窗开启不灵活

原因：装配间隙不符合要求，或有下垂等现象，妨碍开启。

措施：

① 铰链的连接件应穿过 PVC 腔壁，并要同增强型材连接。

② 窗扇高度、宽度不能超过摩擦铰链所能承受的重量。

③ 门窗框料抄平对中，校正好后用木楔固定，当框与墙体连接牢固后应再次吊线及对角线检查，符合要求后才能进行门窗扇安装。

4）雨水渗漏

原因：使用中门窗出现渗漏。

措施：

① 密封条质量应符合《塑料门窗用密封条》GB 12002—89 的有关规定，密封条的装配用小压轮直接嵌入槽中，使用无"抗回缩"的密封条应放宽尺寸，以保证不缩回。

② 玻璃进场应加强检查，不合格者不得使用。

③ 窗框上设有排水孔，同时窗扇上也应设排水孔，窗台处应留有 50mm 空隙，向外做排水坡。

④ 产品进场必须检查抗风压、空气渗透、雨水渗漏三项性能指标，合格后方可安装。

⑤ 框与墙体缝隙应用聚氨酯发泡剂嵌填，以形成弹性连接并嵌填密实。

（3）玻璃幕墙工程

1）后置埋件强度达不到设计要求，后置埋件漏放、歪斜、偏移

原因：后置埋件变形、松动，土建施工时漏埋后置埋件，后置埋件位置进出不一、偏位。

措施：

① 后置埋件变形、松动：

后置埋件应进行承载力计算，一般承载力的取值为计算的 5 倍。

后置埋件钢板宜采用热镀锌的 HPB300 级钢，其材质应符合国家有关标准。

旧建筑安装幕墙时，原有房屋的主体结构混凝土强度不宜低于 C30。

② 后置埋件漏放：

幕墙施工单位应在主体结构施工前确定。

后置埋件必须有设计的后置埋件位置图。

旧建筑安装幕墙，不宜全部采用膨胀螺栓与主体结构连接，应每隔 3～4 层加一层锚固件连接。膨胀螺栓只能作为局部附加连接措施，使用的膨胀螺栓应处于受剪力状态。

③ 后置埋件歪斜、偏移：

后置埋件焊接固定，应在模板安装结束并通过验收后方可进行。

后置埋件安装时，应进行专项技术交底，并有专业人员负责埋设。埋件应牢固，位置准确，并有隐蔽验收记录。

后置埋件钢板应紧贴于模板侧面，宜将锚筋点焊在主钢筋上，予以固定。埋件的标高

偏差不应大于 10mm，埋件位置与设计位置的偏差不应大于 20mm。

2）连接件与后置埋件之间锚固或焊接不符合要求

原因：

① 连接件与后置埋件节点处理不符合要求。

② 连接件与空心砖砌体及其他轻质墙体连接强度差。

措施：

① 幕墙设计应由有资质的设计部门承担，或厂家进行二次设计后，经有资质的设计部门进行审核。

② 幕墙设计时，要对各连接部位画出 1∶1 的节点大样图；对材料的规格、型号、焊缝等要求应注明。

③ 连接件与后置埋件之间的锚固或焊接时，应严格按现行规范进行；焊缝应通过计算，焊工应持证上岗，焊接的焊缝应饱满、平整。

④ 施工空心砖砌体及轻质墙体时，宜在连接件部位的墙体现浇埋有后置埋钢板的 C30 混凝土枕头梁，其截面应不小于 250mm×500mm，或连接件穿过墙体，在墙体背面加横扁担铁加强。

3）连接件与立柱、立柱与横梁之间未按规范要求安装垫片

原因：

① 连接件与立柱之间无垫片。

② 立柱与横梁之间未按弹性连接处理。

措施：

① 为防止不同金属材料相接触产生电化学腐蚀，须在其接触部位设置 1mm 厚的绝缘耐热硬质有机材料垫片。

② 幕墙立柱与横梁之间为解决横向温度变形和隔声的问题，在连接处宜加设一边有胶一边无胶的弹性橡胶垫片，或尼龙垫；弹性橡胶垫应有 20％～35％的压缩性，一般用邵尔 A 型 75～80，有胶的垫片的一面贴于立柱上。

4）芯管安装长度和安装质量不符合要求

原因：

① 芯管插入长度不规范。

② 伸缩缝处未用胶嵌填。

措施：

① 芯管节点应有设计大样图和计算书。

② 芯管计算必须满足以下要求：

立柱的惯性矩小于或等于连接芯管的惯性矩。

芯管每端的插入量应大于 200mm，且大于或等于 2h（h 为立柱的截面高度）。

立柱与芯管之间应为可动配合；立柱芯管应与下层立柱固定，上端为自由端。

立管与芯管的接触面积应大于 80％。

③ 伸缩接头处的缝隙应用密封胶嵌填。

5）幕墙渗漏

原因：

① 幕墙安装后出现渗漏水。

② 开启窗部位有渗水现象。

措施：

① 幕墙构件的面板与边框所形成的空腔应采用等压原理设计，可能产生渗漏水和冷凝水的部位应预留泄水通道，集水后由管道排出。

② 注耐候胶前，对胶缝处用二甲苯或丙酮进行两次以上清洁。

③ 二次注耐候胶前，按以上办法进行清洗，使密封胶在长期压力下保持弹性。

④ 严格按设计要求使用泡沫条，以保证耐候胶缝厚度的一致。一般耐候胶宽深比为2∶1（不可小于1∶1）。胶缝应横平竖直，缝宽均匀。

⑤ 开启窗安装的玻璃应与玻璃幕墙在同一平面。

6）防火隔层设计安装不符合要求

原因：

① 幕墙安装后无防火隔层。

② 安装的防火隔层用木质材料封闭。

措施：

① 在初步设计时，外立面分割应同步考虑防火安全设计，设计应符合现行防火规范要求，并应有1∶6大样图和设计要求。

② 幕墙设计时，横梁的布置要与层高相协调，通常每一个楼层都是一个独立的防火分区，所以在楼面处应设横梁，以便设置防火隔层。

③ 玻璃幕墙与每层楼层处、隔墙处的缝隙应用防火棉等不燃烧材料严密填实。但防火层用的隔断材料等不能与幕墙玻璃直接接触，其缝隙用防火保温材料填塞，面缝用密封胶连接密封。

7）玻璃爆裂

原因：玻璃产生爆裂。

措施：

① 选材：应选用国家定点生产厂家的幕墙玻璃，优先采用特级品和一级品的安全玻璃。

② 玻璃要用磨边机磨边，否则在安装过程中和安装后，易产生应力集中。安装后的钢化玻璃表面不应有伤痕。钢化玻璃应提前加工，让其先通过自爆考验。

③ 立柱安装标高偏差不应大于3mm，轴线前后偏差不应大于2mm，左右偏差不应大于3mm。横梁同高度相邻的两根横向构件安装在同一高度，其端部允许高差为1mm。

④ 玻璃安装的下构件框槽中应设不少于两块弹性定位橡胶垫块，长度不应小于100mm，以消除变形对玻璃的影响。

8）幕墙没有防雷体系

原因：

① 幕墙没有安装防雷体系。

② 安装的防雷体系不符合要求。

措施：

① 幕墙防雷设计必须与幕墙设计同步进行。幕墙的防雷设计应符合《建筑物防雷设

计规范》GB 50057—94 的有关规定。

② 幕墙应每隔三层设 30mm×3mm 的扁钢压环的防雷体系,并与主体结构防雷系统相接,使幕墙形成自身的防雷体系。

③ 安装后的垂直防雷通路应保证符合要求,接地电阻不得大于 10Ω。

4. 验收记录(表 4-6)

金属门窗安装工程(Ⅱ)铝合金门窗检验批质量验收记录　　　　　　　　表 4-6

编号:＿＿＿＿＿＿＿

单位(子单位)工程名称					分部(子分部)工程名称			分项工程名称	
施工单位					项目负责人			检验批容量	
分包单位					分包单位项目负责人			检验批部位	
施工依据					验收依据			《建筑装饰装修工程质量验收规范》GB 50210—2001	
		验收项目			设计要求及规范规定	最小/实际抽样数量	检查记录		检查结果
主控项目	1	品种、类型、规格			第 5.3.2 条	/			
	2	框和副框安装、预埋件			第 5.3.3 条	/			
	3	门窗扇安装			第 5.3.4 条	/			
	4	配件质量及安装			第 5.3.5 条	/			
一般项目	1	表面质量			第 5.3.6 条	/			
	2	推拉窗开关应力			第 5.3.7 条	/			
	3	框与墙体间缝隙			第 5.3.8 条	/			
	4	扇密封胶条或毛毡密封条			第 5.3.9 条	/			
	5	排水孔			第 5.3.10 条	/			
	6	铝合金门窗安装的允许偏差(mm)	门窗槽口宽度、高度	≤1500	1.5	/			
				>1500	2	/			
			门窗槽口对角线长度差	≤2000	3	/			
				>2000	4	/			
			门窗框的正、侧面垂直度		2.5	/			
			门窗横框的水平度		2	/			
			门窗横框的标高		5	/			
			门窗竖向偏离中心		5	/			
			双层门窗内外框间距		4	/			
			推拉门窗扇与框搭接量		1.5	/			

续表

施工单位 检查结果	专业工长： 项目专业质量检查员： 年　月　日
监理（建设）单位 验收结论	专业监理工程师： （建设单位项目专业技术负责人） 年　月　日

【拓展提高】　查阅规范完成表 4-7。

室内装饰工程检查表　　　　　　　　　　　表 4-7

检查项目		检查内容	评判标准	标准来源	检测区	检测点	选点规则
室内装饰工程	空间尺寸控制	开间/进深					
		净高					
		方正性					
	防水工程	卫生间涂膜厚度					
	涂饰工程	墙面表面平整度 （腻子未打磨）					
		墙面立面垂直度 （腻子未打磨）					
		阴阳角方正 （腻子未打磨）					
		墙面表面平整度 （腻子）					
		墙面立面垂直度 （腻子）					
		阴阳角方正 （腻子）					
	饰面砖粘贴墙面	墙面表面　平整度					
		墙面垂直度					
		阴阳角方正					
		接缝高低差					
		裂缝/空鼓					

【课后自测及相关实训】

根据学院实训场完成以上表格验收记录。

项目 2　钢结构工程施工质量验收

单元 5　地脚螺栓的验收

1. 基础、支承面和预埋件的检查内容

（1）钢结构安装前应对建筑物的定位轴线、基础轴线和标高、地脚螺栓位置等进行检查，并应办理交接验收。当基础工程分批进行交接时，每次交接验收不应少于一个安装单元的柱基基础，并应符合下列规定：

1）基础混凝土强度应达到设计要求；

2）基础周围回填夯实应完毕；

3）基础的轴线标志和标高基准点应准确、齐全。

（2）基础顶面直接作为柱的支承面、基础顶面预埋钢板（或支座）作为柱的支承面时，其支承面、地脚螺栓（锚栓）的允许偏差应符合表 5-1 的规定。

检查数量：按柱基数抽查 10%，且不应少于 3 个。

检验方法：用钢尺现场实测。

支承面、地脚螺栓（锚栓）的允许偏差（mm）　　　　　表 5-1

项目		允许偏差
支承面		±3.0
	水平度	1/1000
地脚螺栓（锚栓）	螺栓中心偏移	5.0
	螺栓露出长度	+30.0 0
	螺纹长度	+30.0 0
预留孔中心偏移		10.0

（3）钢柱脚采用钢垫板作支承时，应符合下列规定：

1）钢垫板面积应根据混凝土抗压强度、柱脚底板承受的荷载和地脚螺栓（锚栓）的紧固拉力计算确定；

2）垫板应设置在靠近地脚螺栓（锚栓）的柱脚底板加劲板或柱肢下，每根地脚螺栓（锚栓）侧应设 1～2 组垫板，每组垫板不得多于 5 块；

3）垫板与基础面和柱底面的接触应平整、紧密；当采用成对斜垫板时，其叠合长度不应小于垫板长度的 2/3；

4）柱底二次浇灌混凝土前垫板间应焊接固定。

（4）锚栓及预埋件安装应符合下列规定：

1）宜采取锚栓定位支架、定位板等辅助固定措施；

2）锚栓和预埋件安装到位后，应可靠固定；当锚栓埋设精度较高时，可采用预留孔洞、二次埋设等工艺；

3）锚栓应采取防止损坏、锈蚀和污染的保护措施；

4）钢柱地脚螺栓紧固后，外露部分应采取防止螺母松动和锈蚀的措施；

5）当锚栓需要施加预应力时，可采用后张拉方法，张拉力应符合设计文件的要求，并应在张拉完成后进行灌浆处理。

2. 基础、支承面和预埋件的检查方法

Ⅰ主控项目

（1）建筑物的定位轴线、基础轴线和标高、地脚螺栓的规格及其紧固应符合设计要求。

检查数量：按柱基数抽查 10％，且不应少于 3 个。

检验方法：用经纬仪、水准仪、全站仪和钢尺现场实测。

（2）基础顶面直接作为柱的支承面及基础顶面预埋钢板或支座作为柱的支承面时，其支承面、地脚螺栓（锚栓）位置的允许偏差应符合表 5-2 的规定。

检查数量：按柱基数抽查 10％，且不应少于 3 个。

检验方法：用经纬仪、水准仪、全站仪、水平尺和钢尺实测。

支承面、地脚螺栓（锚栓）位置的允许偏差（mm）　　　　　表 5-2

项目		允许偏差
支承面	标高	±3.0
	水平度	$l/1000$
地脚螺栓（锚栓）	螺栓中心偏移	5.0
预留孔中心偏移		10.0

（3）采用坐浆垫板时，坐浆垫板的允许偏差应符合表 5-3 的规定。

检查数量：资料全数检查。按柱基数抽查 10％，且不应少于 3 个。

检验方法：用水准仪、全站仪、水平尺和钢尺现场实测。

坐浆垫板的允许偏差（mm）　　　　　表 5-3

项目	允许偏差
顶面标高	0.0，−3.0
水平度	$l/1000$
位置	20.0

（4）采用杯口基础时，杯口尺寸的允许偏差应符合表 5-4 的规定。

检查数量：按基础数抽查 10％，且不应少于 4 处。

检验方法：观察及尺量检查。

杯口尺寸的允许偏差（mm）　　　　　表 5-4

项目	允许偏差
底面标高	0.0，−5.0
杯口深度 H	±5.0
杯口垂直度	$H/1000$，且不应大于 10.0
位置	10.0

Ⅱ一般项目

（5）地脚螺栓（锚栓）尺寸的偏差应符合表 5-5 的规定。

地脚螺栓（锚栓）的螺纹应受到保护。

检查数量：按柱基数抽查 10%，且不应少于 3 个。

检验方法：用钢尺现场实测。

地脚螺栓（锚栓）尺寸的允许偏差（mm）　　　　　　　　　　　　　　　　　表 5-5

项目	允许偏差
螺栓（锚栓）露出长度	+30.0 0.0
螺纹长度	+30.0 0.0

【课后自测及相关实训】

1. 地脚螺栓验收的相关工作页。

2. 以小组为单位实测地脚螺栓埋设工程检查内容，并完成工作页中相关检验批的质量检查记录。

单元6 主体结构安装施工的质量验收标准

任务1 钢构件预拼装工程

1. 钢构件预拼装工程的检查内容

（1）一般规定

1）本任务适用于合同要求或设计文件规定的构件预拼装。

2）预拼装前，单个构件应检查合格；当同一类型构件较多时，可选择一定数量的代表性构件进行预拼装。

3）构件可采用整体预拼装或累积连续预拼装。当采用累积连续预拼装时，两相邻单元连接的构件应分别参与两个单元的预拼装。

4）除有特殊规定外，构件预拼装应按设计文件和现行国家标准《钢结构工程施工质量验收规范》GB 50205 的有关规定进行验收。预拼装验收时，应避开日照的影响。

（2）实体预拼装

1）预拼装场地应平整、坚实；预拼装所用的临时支承架、支承凳或平台应经测量准确定位，并应符合工艺文件要求，重型构件预拼装所用的临时支承结构应进行结构安全验算。

2）预拼装单元可根据场地条件、起重设备等选择合适的几何形态进行预拼装。

3）构件应在自由状态下进行预拼装。

4）构件预拼装应按设计图的控制尺寸定位，对有预起拱、焊接收缩等的预拼装构件，应按预起拱值或收缩量的大小对尺寸定位进行调整。

5）采用螺栓连接的节点连接件，必要时可在预拼装定位后进行钻孔。

6）当多层板叠采用高强度螺栓或普通螺栓连接时，宜先使用不少于螺栓孔总数 10% 的冲钉定位，再采用临时螺栓紧固。临时螺栓在一组孔内不得少于螺栓孔数量的 20%，且不应少于 2 个；预拼装时应使板层密贴。螺栓孔应采用试孔器进行检查，并应符合下列规定：

① 当采用比孔公称直径小 1.0mm 的试孔器检查时，每组孔的通过率不应小于 85%；

② 当采用比螺栓公称直径大 0.3mm 的试孔器检查时，通过率应为 100%。

7）预拼装检查合格后，宜在构件上标注中心线、控制基准线等标记，必要时可设置定位器。

2. 钢构件预拼装工程的检查方法

（1）一般规定

1）本任务适用于钢构件预拼装工程的质量验收。

2）钢构件预拼装工程可按钢结构制作工程检验批的划分原则划分为一个或若干个检验批。

3）预拼装所用的支承凳或平台应测量找平，检查时应拆除全部临时固定和拉紧装置。

4）进行预拼装的钢构件，其质量应符合设计要求和《钢结构工程施工质量验收规范》GB 50205 合格质量标准的规定。

（2）预拼装

Ⅰ主控项目

1）高强度螺栓和普通螺栓连接的多层板叠，应采用试孔器进行检查，并应符合下列规定：

① 当采用比孔公称直径小 1.0mm 的试孔器检查时，每组孔的通过率不应小于 85%；

② 当采用比螺栓公称直径大 0.3mm 的试孔器检查时，通过率应为 100%。

检查数量：按预拼装单元全数检查。检验方法：采用试孔器检查。

Ⅱ一般项目

2）预拼装的允许偏差应符合表 6-1 的规定。

检查数量：按预拼装单元全数检查。

检验方法：见表 6-1。

钢构件预拼装的允许偏差（mm）　　　　表 6-1

构件类型	项目		允许偏差	检验方法
多节柱	预拼装单元总长		±5.0	用钢尺检查
	预拼装单元弯曲矢高		$l/1500$，且不应大于 10.0	用拉线和钢尺检查
	接口错边		2.0	用焊缝量规检查
	预拼装单元柱身扭曲		$h/200$，且不应大于 5.0	用拉线、吊线和钢尺检查
	顶紧面至任一牛脚距离		±2.0	
梁、桁架	跨度最外两端安装孔或两端支承面最外侧距离		+5.0 −10.0	用钢尺检查
	接口截面错位		2.0	用焊缝量规检查
	拱度	设计要求起拱	±$l/5000$	用拉线和钢尺检查
		设计未要求起拱	$l/2000$ 0	
	节点处杆件轴线错位		4.0	划节后用钢尺检查
管构件	预拼装单元总长		±5.0	用钢尺检查
	预拼装单弯曲矢高		$l/1500$，且不应大于 10.0	用拉线和钢尺检查
	对口错边		$t/10$，且不应大于 3.0	用焊缝量规检查
	坡口间隙		+2.0 −1.0	
构件平面总体预拼装	各楼层柱距		±4.0	用钢尺检查

3. 验收记录（表6-2）

钢构件预拼装工程检验批质量验收记录　　　　　　　　表 6-2

编号：＿＿＿＿＿＿＿

单位（子单位）工程名称			分部（子分部）工程名称			分项工程名称	
施工单位			项目负责人			检验批容量	
分包单位			分包单位项目负责人			检验批部位	
施工依据				验收依据		《钢结构工程施工质量验收规范》GB 50205—2001	

主控项目		验收项目	设计要求及规范规定	最小/实际抽样数量	检查记录	检查结果
	1	多层板叠螺栓孔	第9.2.1条	/		
一般项目	1	预拼装精度	第9.2.2条	/		

施工单位检查结果	专业工长： 项目专业质量检查员： 　　　　　　　年　月　日
监理（建设）单位验收结论	专业监理工程师： （建设单位项目专业技术负责人） 　　　　　　　年　月　日

任务2　单层钢结构安装工程

1. 单层钢结构安装工程的检查内容

（1）单跨结构宜按从跨端一侧向另一侧、中间向两端或两端向中间的顺序进行吊装。多跨结构，宜先吊主跨、后吊副跨；当有多台起重设备共同作业时，也可多跨同时吊装。

（2）单层钢结构在安装过程中，应及时安装临时柱间支撑或稳定缆绳，应在形成空间结构稳定体系后再扩展安装。单层钢结构安装过程中形成的临时空间结构稳定体系应能承受结构自重、风荷载、雪荷载、施工荷载以及吊装过程中冲击荷载的作用。

2. 单层钢结构安装工程的检查方法

(1) 一般规定

1) 本任务适用于单层钢结构的主体结构、地下钢结构、檩条及墙架等次要构件、钢平台、钢梯、防护栏杆等安装工程的质量验收。

2) 单层钢结构安装工程可按变形缝或空间刚度单元等划分成一个或若干个检验批。地下钢结构可按不同地下层划分检验批。

3) 钢结构安装检验批应在进场验收和焊接连接、紧固件连接、制作等分项工程验收合格的基础上进行验收。

4) 安装的测量校正、高强度螺栓安装、负温度下施工及焊接工艺等，应在安装前进行工艺试验或评定，并应在此基础上制定相应的施工工艺或方案。

5) 安装偏差的检测，应在结构形成空间刚度单元并连接固定后进行。

6) 安装时，必须控制屋面、楼面、平台等的施工荷载，施工荷载和冰雪荷载等严禁超过梁、桁架、楼面板、屋面板、平台铺板等的承载能力。

7) 在形成空间刚度单元后，应及时对柱底板和基础顶面的空隙进行细石混凝土、灌浆料等二次浇灌。

8) 吊车梁或直接承受动力荷载的梁其受拉翼缘、吊车桁架或直接承受动力荷载的桁架其受拉弦杆上不得焊接悬挂物和卡具等。

(2) 安装和校正

Ⅰ 主控项目

1) 钢构件应符合设计要求和本规范的规定。运输、堆放和吊装等造成钢构件变形及涂层脱落，应进行矫正和修补。

检查数量：按构件数抽查 10%，且不应少于 3 个。

检验方法：用拉线、钢尺现场实测或观察。

2) 设计要求顶紧的节点，接触面不应少于 70% 紧贴，且边缘最大间隙不应大于 0.8mm。

检查数量：按节点数抽查 10%，且不应少于 3 个。

检验方法：用钢尺及 0.3mm 和 0.8mm 厚的塞尺现场实测。

3) 钢屋（托）架、桁架、梁及受压杆件的垂直度和侧向弯曲矢高的允许偏差应符合表 6-3 的规定。

检查数量：按同类构件数抽查 10%，且不少于 3 个。

检验方法：用吊线、拉线、经纬仪和钢尺现场实测。

钢屋（托）架、桁架、梁及受压杆件的垂直度和侧向弯曲矢高的允许偏差（mm）　表 6-3

项目		允许偏差
跨中的垂直度		$h/250$，且不应大于 15.0
侧向弯曲矢高	$l \leqslant 30m$	$l/1000$，且不应大于 10.0
	$30m < l \leqslant 60m$	$l/1000$，且不应大于 30.0
	$l > 60m$	$l/1000$，且不应大于 30.0

4）单层钢结构主体结构的整体垂直度和整体平面弯曲的允许偏差符合下表 6-4 的规定。

检查数量：对主要立面全部检查。对每个所检查的立面，除两列解柱外，尚应至少选取一列是间柱。

检验方法：采用经纬仪、全站仪等测量。

整体垂直度和整体平面弯曲的允许偏差（mm）　　　表 6-4

项目	允许偏差
主体结构的整体垂直度	$H/1000$，且不应大于 25.0
主体结构的整体平面弯曲	$L/1500$，且不应大于 25.0

Ⅱ—一般项目

5）钢柱等主要构件的中心线及标高基准点等标记应齐全。

检查数量：按同类构件数抽查 10%，且不应少于 3 件。

检验方法：观察检查。

6）当钢桁架（或梁）安装在混凝土柱上时，其支座中心对定位轴线的偏差不应大于 10mm；当采用大型混凝土屋面板时，钢桁架（或梁）间距的偏差不应该大于 10mm。

检查数量：按同类构件数抽查 10%，且不应少于 3 榀。

检验方法：用拉线和钢尺现场实测。

7）钢柱安装的允许偏差应符合表 6-5 的规定。

检查数量：按钢柱数抽查 10%，且不应少于 3 件。

检验方法：见表 6-5。

单层钢结构中柱子安装的允许偏差（mm）　　　表 6-5

项目			允许偏差	检验方法
柱脚底座中心线对定位轴线的偏移			5.0	用吊线和钢尺检查
柱基准点标高		有吊车梁的柱	$+3.0$ -5.0	用水准仪检查
		无吊车梁的柱	$+5.0$ -8.0	
弯曲矢高			$H/1200$，且不应大于 15.0	用经纬仪或拉线和钢尺检查
柱轴线垂直度	单层柱	$H\leqslant10m$	$H/1000$	用经纬仪或吊线和钢尺检查
		$H>10m$	$H/1000$，且不应大于 25.0	
	多节柱	单节柱	$H/1000$，且不应大于 10.0	
		柱全高	35.0	

8）钢吊车梁或直接承受动力荷载的类似构件，其安装的允许偏差应符合表 6-6 的规定。

检查数量：按钢吊车梁抽查 10%，且不应少于 3 榀。

检验方法：见表 6-6。

钢吊线梁安装的允许偏差（mm）　　　　　　　　　表 6-6

项目		允许偏差	检验方法
梁的跨中垂直度		$h/500$	用吊线和钢尺检查
侧向弯曲矢高		$l/1500$，且不应大于 10.0	用拉线和钢尺检查
垂直上拱矢高		10.0	
两端支座中心位移	安装在钢柱上时，对牛脚中心的偏移	5.0	
	安装在混凝土柱上时，对定位的轴线的偏移	5.0	
吊车梁支座加劲板中心与柱子承压加劲板中心的偏移		$t/2$	用吊线和钢尺检查
同跨间内同一横截面吊车梁顶面高差	支座处	10.0	用经纬仪、水准仪和钢尺检查
	其他处	15.0	
同跨间内同一横截面下挂式吊车梁顶面高差		10.0	
同列相邻两柱间吊车梁顶面高差		$l/1500$，且不应大于 10.0	用水准仪和钢尺检查
相邻两吊车梁接头部位	中心错位	3.0	用钢尺检查
	上承式顶高差	1.0	
	下承式底面高差	1.0	
同跨间任一截面的吊车梁中心跨距		±10.0	用经纬仪和光电测距仪检查；跨度小时，可用钢尺检查
轨道中心地吊车梁腹板轴线的偏移		$t/2$	用吊线和钢尺检查

9）檩条、墙架等构件安装的允许偏差应符合表 6-7 的规定。

检查数量：按同类构件数抽查 10%，且不应少于 3 件。

检验方法：见表 6-7。

墙架、檩条等次要构件安装的允许偏差（mm）　　　　　　表 6-7

项目		允许偏差	检验方法
墙架立柱	中心线对定位轴线的偏移	10.0	用钢尺方法
	垂直度	$H/1000$，且不应大于 10.0	用经纬仪或吊线和钢尺检查
	弯曲矢高	$H/1000$，且不应大于 15.0	用经纬仪或吊线和钢尺检查
抗风桁架的垂直度		$h/250$，且不应大于 15.0	用吊线和钢尺检查
檩条、墙梁的间距		±5.0	用钢尺检查
檩条的弯曲矢高		$L/750$，且不应大于 12.0	用拉线和钢尺检查
墙梁弯曲矢高		$L/750$，且不应大于 10.0	用拉线和钢尺检查

注：1. H 为墙架立柱的高度；
　　2. h 为抗风桁架的高度；
　　3. L 为檩条或墙梁的长度。

10）钢平台、钢梯、栏杆安装应符合现行国家标准《固定式直梯》GB 4053.1、《固定式钢斜梯》GB 4053.2、《固定式防护栏杆》GB 4053.3 和《固定式钢平台》GB 4053.4 的规定。钢平台、钢梯和防护栏杆安装的允许偏差应符合表 6-8 的规定。

检查数量：按钢平台总数抽查 10%，栏杆、钢梯按总长度各抽查 10%，但钢平台不应少于 1 个，栏杆不应少于 5m，钢梯不应少于 1 跑。

检验方法：见表 6-8。

钢平台、钢梯和防护栏杆安装的允许偏差（mm）　　　　　　　　表 6-8

项目	允许偏差	检验方法
平台高度	± 15.0	用水准仪检查
平台梁水平度	$l/1000$，且不应大于 20.0	用水准仪检查
平台支柱垂直度	$H/1000$，且不应大于 15.0	用经纬仪或吊线和钢尺检查
承重平台梁侧向弯曲	$l/1000$，且不应大于 10.0	用拉线和钢尺检查
承重平台梁侧垂直度	$h/1000$，且不应大于 10.0	用吊线和钢尺检查
直梯垂直度	$l/250$，且不应大于 15.0	用吊线和钢尺检查
栏杆高度	± 15.0	用钢尺检查
栏杆立柱间距	± 15.0	用钢尺检查

11）现场焊缝组对间隙的允许偏差应符合表 6-9 的规定。

检查数量：按同类节点数抽查 10%，且不应少于 3 个。检验方法：尺量检查。

现场焊缝组对间隙的允许偏差（mm）　　　　　　　　表 6-9

项目	允许偏差
无垫板间隙	$+3.0$ 0.0
有垫板间隙	$+3.0$ 0.0

12）钢结构表面应干净，结构主要表面不应有疤痕、泥沙等污垢。

检查数量：按同类构件数抽查 10%，且不应少于 3 件。

检验方法：观察检查。

3. 验收记录（表 6-10）

单层钢结构安装工程检验批质量验收记录　　　　　　　　表 6-10

编号：＿＿＿＿＿

单位（子单位） 工程名称		分部（子分部） 工程名称		分项工程 名称	
施工单位		项目负责人		检验批容量	
分包单位		分包单位项目 负责人		检验批部位	
施工依据		验收依据		《钢结构工程施工质量验收 规范》GB 50205—2001	

续表

		验收项目	设计要求及规范规定	最小/实际抽样数量	检查记录	检查结果
主控项目	1	基础验收	第 10.2.1 条 第 10.2.2 条 第 10.2.3 条 第 10.2.4 条	/		
	2	构件验收	第 10.3.1 条	/		
	3	顶紧接触面	第 10.3.2 条	/		
	4	垂直度和侧弯曲	第 10.3.3 条	/		
	5	主体结构尺寸	第 10.3.4 条	/		
一般项目	1	地脚螺栓精度	第 10.2.5 条	/		
	2	标记	第 10.3.5 条	/		
	3	桁架、梁安装精度	第 10.3.6 条	/		
	4	钢柱安装精度	第 10.3.7 条	/		
	5	吊车梁安装精度	第 10.3.8 条	/		
	6	檩条等安装精度	第 10.3.9 条	/		
	7	平台等安装精度	第 10.3.10 条	/		
	8	现场组对精度	第 10.3.11 条	/		
	9	结构表面	第 10.3.12 条	/		

施工单位检查结果	专业工长: 项目专业质量检查员: 　　　　　　　　年 月 日
监理(建设)单位验收结论	专业监理工程师: (建设单位项目专业技术负责人) 　　　　　　　　年 月 日

单元 7　连接施工的质量检查与验收

任务 1　焊 接 工 程

1. 钢构件焊接工程的检查内容

（1）一般规定

1）本任务用于钢结构施工过程中焊条电弧焊接、气体保护电弧焊接、埋弧焊接、电渣焊接和栓钉焊接等施工。

2）钢结构施工单位应具备现行国家标准《钢结构焊接规范》GB 50661 规定的基本条件和人员资质。

3）焊接用施工图的焊接符号表示方法，应符合现行国家标准《焊缝符号表示法》GB/T 324 和《建筑结构制图标准》GB/T 50105 的有关规定，图中应标明工厂施焊和现场施焊的焊缝部位、类型、坡口形式、焊缝尺寸等内容。

4）焊缝坡口尺寸应按现行国家标准《钢结构焊接规范》GB 50661 的有关规定执行，坡口尺寸的改变应经工艺评定合格后执行。

（2）焊接从业人员

1）焊接技术人员（焊接工程师）应具有相应的资格证书；大型重要的钢结构工程，焊接技术负责人应取得中级及以上技术职称并有五年以上焊接生产或施工实践经验。

2）焊接质量检验人员应接受过焊接专业的技术培训，并应经岗位培训取得相应的质量检验资格证书。

3）焊缝无损检测人员应取得国家专业考核机构颁发的等级证书，并应按证书合格项目及权限从事焊缝无损检测工作。

4）焊工应经考试合格并取得资格证书，应在认可的范围内焊接作业，严禁无证上岗。

（3）焊接工艺

Ⅰ焊接工艺评定及方案

1）施工单位首次采用的钢材、焊接材料、焊接方法、接头形式、焊接位置、焊后热处理等各种参数及参数的组合，应在钢结构制作及安装前进行焊接工艺评定试验。焊接工艺评定试验方法和要求，以及免予工艺评定的限制条件，应符合现行国家标准《钢结构焊接规范》GB 50661 的有关规定。

2）焊接施工前，施工单位应以合格的焊接工艺评定结果或采用符合免除工艺评定条件为依据，编制焊接工艺文件，并应包括下列内容：

① 焊接方法或焊接方法的组合；

② 母材的规格、牌号、厚度及覆盖范围；

③ 填充金属的规格、类别和型号；

④ 焊接接头形式、坡口形式、尺寸及其允许偏差；

⑤ 焊接位置；

⑥ 焊接电源的种类和极性；

⑦ 清根处理；

⑧ 焊接工艺参数（焊接电流、焊接电压、焊接速度、焊层和焊道分布）；

⑨ 预热温度及道间温度范围；

⑩ 焊后消除应力处理工艺；

⑪ 其他必要的规定。

Ⅱ焊接作业条件

3）焊接时，作业区环境温度、相对湿度和风速等应符合下列规定，当超出本条规定且必须进行焊接时，应编制专项方案：

① 作业环境温度不应低于－10℃；

② 焊接作业区的相对湿度不应大于 90％；

③ 当手工电弧焊和自保护药芯焊丝电弧焊时，焊接作业区最大风速不应超过 8m/s，当气体保护电弧焊时，焊接作业区最大风速不应超过 2m/s。

4）现场高空焊接作业应搭设稳固的操作平台和防护棚。

5）焊接前，应采用钢丝刷、砂轮等工具清除待焊处表面的氧化皮、铁锈、油污等杂物，焊缝坡口宜按现行国家标准《钢结构焊接规范》GB 50661 的有关规定进行检查。

6）焊接作业应按工艺评定的焊接工艺参数进行。

7）当焊接作业环境温度低于0℃且不低于－10℃时，应采取加热或防护措施，应将焊接接头和焊接表面各方向大于或等于钢板厚度的 2 倍且不小于 100mm 范围内的母材，加热到规定的最低预热温度且不低于 20℃后再施焊。

Ⅲ定位焊

8）定位焊焊缝的厚度不应小于且不宜超过设计焊缝厚度的 2/3；长度不宜小于和接头中较薄部件厚度的 4 倍；间距宜为 300～600mm。

9）定位焊缝与正式焊缝应具有相同的焊接工艺和焊接质量要求。多道定位焊焊缝的端部应为阶梯状。采用钢衬垫板的焊接接头，定位焊宜在接头坡口内进行。定位焊焊接时预热温度宜高于正式施焊预热温度 20～50℃。

Ⅳ引弧板、引出板和衬垫板

10）当引弧板、引出板和衬垫板为钢材时，应选用屈服强度不大于被焊钢材标称强度的钢材，且焊接性应相近。

11）焊接接头的端部应设置焊缝引弧板、引出板。焊条电弧焊和气体保护电弧焊焊缝引出长度应大于 25mm，埋弧焊缝引出长度应大于 80mm。焊接完成并完全冷却后，可采用火焰切割、碳弧气刨或机械等方法除去引弧板、引出板，并应修磨平整，严禁用锤击落。

12）钢衬垫板应与接头母材密贴连接，其间隙不应大于 1.5mm，并应与焊缝充分熔合。手工电弧焊和气体保护电弧焊时，钢衬垫板厚度不应小于 4mm；埋弧焊接时，钢衬垫板厚度不应小于 6mm；电渣焊时钢衬垫板厚度不应小于 25mm。

Ⅴ预热和道间温度控制

13）预热和道间温度控制宜采用电加热、火焰加热和红外线加热等加热方法，并应采用专用的测温仪器测量。预热的热区域应在焊接坡口两侧，宽度应为焊件施焊处板厚的1.5倍以上，且不应小于100mm。温度测量点，当为非封闭空间构件时，宜在焊件受热面的背面离焊接坡口两侧不小于75mm处；当为封闭空间构件时，宜在正面离焊接坡口两侧不小于100mm处。

14）焊接接头的预热温度和道间温度，应符合现行国家标准《钢结构焊接规范》GB 50661的有关规定；当工艺选用的预热温度低于现行国家标准《钢结构焊接规范》GB 50661的有关规定时，应通过工艺评定试验确定。

Ⅵ焊接变形的控制

15）采用的焊接工艺和焊接顺序应使构件的变形和收缩最小，可采用下列控制变形的焊接顺序：

① 对接接头、T形接头和十字接头，在构件放置条件允许或易于翻转的情况下，宜双面对称焊接；有对称截面的构件，宜对称于构件中性轴焊接；有对称连接杆件的节点，宜对称于节点轴线同时对称焊接；

② 非对称双面坡口焊缝，宜先焊深坡口侧部分焊缝，然后焊满浅坡口侧，最后完成深坡口侧焊缝，特厚板宜增加轮流对称焊接的循环次数；

③ 长焊缝宜采用分段退焊法、跳焊法或多人对称焊接法。

16）构件焊接时，宜采用预留焊接收缩余量或预置反变形方法控制收缩和变形，收缩余量和反变形值宜通过计算或试验确定。

17）构件装配焊接时，应先焊收缩量较大的接头、后焊收缩量较小的接头，接头应在拘束较小的状态下焊接。

Ⅶ焊后消除应力处理

18）设计文件或合同文件对焊后消除应力有要求时，需经疲劳验算的结构中承受拉应力的对接接头或焊缝密集的节点或构件，宜采用电加热器局部退火和加热炉整体退火等方法进行消除应力处理；仅为稳定结构尺寸时，可采用振动法消除应力。

19）焊后热处理应符合现行行业标准《碳钢、低合金钢焊接构件焊后热处理方法》JB/T 6046的有关规定。当采用电加热器对焊接构件进行局部消除应力热处理时，应符合下列规定：

① 使用配有温度自动控制仪的加热设备，其加热、测温、控温性能应符合使用要求；

② 构件焊缝每侧面加热板（带）的宽度应至少为钢板厚度的3倍，且不应小于200mm；

③ 加热板（带）以外构件两侧宜用保温材料覆盖。

20）用锤击法消除中间焊层应力时，应使用圆头手锤或小型振动工具进行，不应对根部焊缝、盖面焊缝或焊缝坡口边缘的母材进行锤击。

21）采用振动法消除应力时，振动时效工艺参数选择及技术要求，应符合现行行业标准《焊接构件振动时效工艺参数选择及技术要求》JB/T 10375的有关规定。

（4）焊接接头

Ⅰ全熔透和部分熔透焊接

1）T形接头、十字接头、角接接头等要求全熔透的对接和角接组合焊缝，其加强角焊缝的焊脚尺寸不应小于 $t/4$。

2）全熔透坡口焊缝对接接头的焊缝余高，应符合表7-1的规定。

对接接头的焊缝余高（mm）　　　　　　　　　　　　　　　　　　表 7-1

设计要求焊缝等级	焊缝宽度	焊缝余高
一、二级焊缝	<20	$0\sim3$
	$\geqslant20$	$0\sim4$
三级焊缝	<20	$0\sim3.5$
	$\geqslant20$	$0\sim5$

3）全熔透双面坡口焊缝可采用不等厚的坡口深度，较浅坡口深度不应小于接头厚度的 1/4。

4）部分熔透焊接应保证设计文件要求的有效焊缝厚度。T形接头和角接接头中部分熔透坡口焊缝与角焊缝构成的组合焊缝，其加强角焊缝的焊脚尺寸应为接头中最薄板厚的 1/4，且不应超过 10mm。

Ⅱ角焊缝接头

5）由角焊缝连接的部件应密贴，根部间隙不宜超过 2mm；当接头的根部间隙超过 2mm 时，角焊缝的焊脚尺寸应根据根部间隙值增加，但最大不应超过 5mm。

6）当角焊缝的端部在构件上时，转角处宜连续包角焊，起弧和熄弧点距焊缝端部宜大于 10.0mm；当角焊缝端部不设置引弧和引出板的连续焊缝，起熄弧点（图 7-1）距焊缝端部宜大于 10.0mm，弧坑应填满。

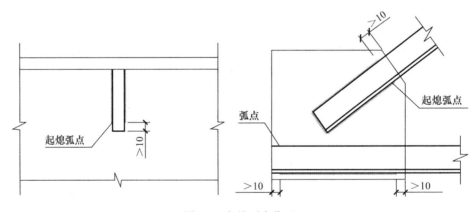

图 7-1　起熄弧点位置

7）间断角焊缝每焊段的最小长度不应小于 40mm，焊段之间的最大间距不应超过较薄焊件厚度的 24 倍，且不应大于 300mm。

Ⅲ塞焊与槽焊

8）塞焊和槽焊可采用手工电弧焊、气体保护电弧焊及自保护电弧焊等焊接方法。平焊时，应分层熔敷焊接，每层熔渣应冷却凝固并清除后再重新焊接；立焊和仰焊时，每道焊缝焊完后，应待熔渣冷却并清除后再施焊后续焊道。

9）塞焊和槽焊的两块钢板接触面的装配间隙不得超过 1.5mm。塞焊和槽焊焊接时严禁使用填充板材。

Ⅳ 电渣焊

10）电渣焊应采用专用的焊接设备，可采用熔化嘴和非熔化嘴方式进行焊接。电渣焊采用的衬垫可使用钢衬垫和水冷铜衬垫。

11）箱形构件内隔板与面板 T 形接头的电渣焊宜采取对称方式进行焊接。

12）电渣焊衬垫板与母材的定位焊宜采用连续焊。

Ⅴ 栓钉焊

13）栓钉应采用专用焊接设备进行施焊。首次栓钉焊接时，应进行焊接工艺评定试验，并应确定焊接工艺参数。

14）每班焊接作业前，应至少试焊 3 个栓钉，并应检查合格后再正式施焊。

15）当受条件限制而不能采用专用设备焊接时，栓钉可采用焊条电弧焊和气体保护电弧焊焊接，并应按相应的工艺参数施焊，其焊缝尺寸应通过计算确定。

（5）焊接质量检验

1）焊缝的尺寸偏差、外观质量和内部质量，应按现行国家标准《钢结构工程施工质量验收规范》GB 50205 和《钢结构焊接规范》GB 50661 的有关规定进行检验。

2）栓钉焊接后应进行弯曲试验抽查，其焊缝和热影响区不得有肉眼可见裂纹。

（6）焊接缺陷返修

1）焊缝金属或母材的缺欠超过相应的质量验收标准时，可采用砂轮打磨、碳弧气刨、铲凿或机械等方法彻底清除。采用焊接修复前，应清洁修复区域的表面。

2）焊缝缺陷返修应符合下列规定：

① 焊缝焊瘤、凸起或余高过大，应采用砂轮或碳弧气刨清除过量的焊缝金属。

② 焊缝凹陷、弧坑、咬边或焊缝尺寸不足等缺陷应进行补焊。

③ 焊缝未熔合、焊缝气孔或夹渣等，在完全清除缺陷后应进行补焊。

④ 焊缝或母材上裂纹应采用磁粉、渗透或其他无损检测方法确定裂纹的范围及深度，应用砂轮打磨或碳弧气刨清除裂纹及其两端各 50mm 长的完好焊缝或母材，并应用渗透或磁粉探伤方法确定裂纹完全清除后，再重新进行补焊。对于拘束度较大的焊接接头上裂纹的返修，碳弧气刨清除裂纹前，宜在裂纹两端钻止裂孔后再清除裂纹缺陷。焊接裂纹的返修，应通知焊接工程师对裂纹产生的原因进行调查和分析，应制定专门的返修工艺方案后按工艺要求进行。

⑤ 焊缝缺陷返修的预热温度应高于相同条件下正常焊接的预热温度 30～50℃，并应采用低氢焊接方法和焊接材料进行焊接。

⑥ 焊缝返修部位应连续焊成，中断焊接时应采取后热、保温措施。

⑦ 焊缝同一部位的缺陷返修次数不宜超过两次。当超过两次时，返修前应先对焊接工艺进行工艺评定，并应评定合格后再进行后续的返修焊接。返修后的焊接接头区域应增加磁粉或着色检查。

2. 钢构件焊接工程的检查方法

（1）检验批的划分

钢结构制作（安装）焊接工程可按相应的钢结构制作或安装工程检验批的划分原则划

分为一个或若干个检验批。

单层钢结构安装工程可按变形缝或空间刚度单元等划分成一个或若干个检验批。地下钢结构可按不同地下层划分检验批。

多层及高层钢结构安装工程可按楼层或施工段等划分为一个或若干个检验批。地下钢结构可按不同地下层划分检验批。

钢网架结构安装工程可按变形缝、施工段或空间刚度单元划分成一个或若干检验批。

压型金属板的制作和安装工程可按变形缝、楼层、施工段或屋面、墙面、楼面等划分为一个或若干个检验批。

(2)主控项目

1)焊接材料的品种、规格、性能等应符合现行国家产品标准和设计要求。

检查数量：全数检查。

检验方法：检查焊接材料的质量合格证明文件、中文标志及检验报告等。

2)重要钢结构采用的焊接材料应进行抽样复验，复验结果应符合现行国家产品标准和设计要求。

检查数量：全数检查。

检验方法：检查复验报告。

3)焊条、焊丝、焊剂、电渣焊熔嘴等焊接材料与母材的匹配应符合设计要求及国家现行行业标准《钢结构焊接规范》GB 50661的规定。焊条、焊剂、药芯焊丝、熔嘴等在使用前，应按其产品说明书及焊接工艺文件的规定进行烘焙和存放。

检查数量：全数检查。

检验方法：检查质量证明书和烘焙记录。

4)焊工必须经考试合格并取得合格证书。持证焊工必须在其考试合格项目及其认可范围内施焊。

检查数量：全数检查。

检验方法：检查焊工合格证及其认可范围、有效期。

5)施工单位对其首次采用的钢材、焊接材料、焊接方法、焊后热处理等，应进行焊接工艺评定，并应根据评定报告确定焊接工艺。

检查数量：全数检查。

检验方法：检查焊接工艺评定报告。

6)设计要求全焊透的一、二级焊缝应采用超声波探伤进行内部缺陷的检验，超声波探伤不能对缺陷作出判断时，应采用射线探伤，其内部缺陷分级及探伤方法应符合现行国家标准《焊缝无损检测超声检测技术、检测等级和评定》GB 11345或《金属熔化焊焊接接头射线照相》GB/T 3323的规定。

焊接球节点网架焊缝、螺栓球节点网架焊缝及圆管T、K、Y形节点相贯线焊缝，其内部缺陷分级及探伤方法应分别符合国家现行标准《钢结构超声波探伤及质量分级法》JG/T 203、《钢结构焊接规范》GB 50661的规定。一级、二级焊缝的质量等级及缺陷分级应符合表7-2的规定。

检查数量：全数检查。

检验方法：检查超声波或射线探伤记录。

一、二级焊缝质量等级及缺陷分级 　　表 7-2

焊缝质量等级		一级	二级
内部缺陷超声波探伤	评定等级	II	III
	检验等级	B 级	B 级
	探伤比例	100%	20%
内部缺陷射线探伤	评定等级	II	III
	检验等级	AB 级	AB 级
	探伤比例	100%	20%

注：探伤比例的计数方法应按以下原则确定：
1. 对工厂制作焊缝，应按每条焊缝计算百分比，且探伤长度应不小于 200mm，当焊缝长度不足 200mm 时，应对整条焊缝进行探伤。
2. 对现场安装焊缝，应按同一类型、同一施焊条件的焊缝条数计算百分比，探伤长度应不小于 200mm. 并应不少于 1 条焊缝。

7）T 形接头、十字接头、角接接头等要求熔透的对接和角对接组合焊缝，其焊脚尺寸不应小于 $t/4$（图 7-2a、b、c）；设计有疲劳验算要求的吊车梁或类似构件的腹板与上翼缘连接焊缝的焊脚尺寸为 $t/2$（图 7-2d），且不应大于 10mm。焊脚尺寸的允许偏差为 0～4mm。

检查数量：资料全数检查；同类焊缝抽查 10%，且不应少于 3 条。

检验方法：观察检查，用焊缝量规抽查测量。

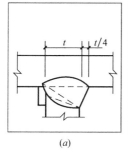
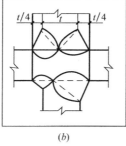
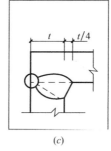
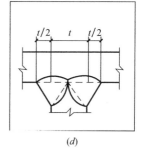

| (a) | (b) | (c) | (d) |

图 7-2　焊脚尺寸

8）焊缝表面不得有裂纹、焊瘤等缺陷。一级、二级焊缝不得有表面气孔、夹渣、弧坑裂纹、电弧擦伤等缺陷，且一级焊缝不得有咬边、未焊满、根部收缩等缺陷。

检查数量：每批同类构件抽查 10%，且不应少于 3 件；被抽查构件中，每一类型焊缝按条数抽查 5%，且不应少于 1 条；每条检查 1 处，总抽查数不应少于 10 处。

检验方法：观察检查或使用放大镜、焊缝量规和钢尺检查，当存在疑义时，采用渗透或磁粉探伤检查。

（3）一般项目

1）焊条外观不应有药皮脱落、焊芯生锈等缺陷；焊剂不应受潮结块。

检查数量：按量抽查 1%，且不应少于 10 包。

检验方法：观察检查。

2）对于需要进行焊前预热或焊后热处理的焊缝，其预热温度或后热温度应符合国家现行有关标准的规定或通过工艺试验确定。预热区在焊道两侧，每侧宽度均应大于焊件厚度的 1.5 倍以上，且不应小于 100mm；后热处理应在焊后立即进行，保温时间应根据板厚按每 25mm 板厚 1h 确定。

检查数量：全数检查。

检验方法：检查预、后热施工记录和工艺试验报告。

3）二级、三级焊缝外观质量标准应符合《钢结构工程施工质量验收规范》GB 50205—2001 附录 A 中表 A.0.1 的规定。三级对接焊缝应按二级焊缝标准进行外观质量检验。

检查数量：每批同类构件抽查 10%，且不应少于 3 件；被抽查构件中，每一类型焊缝按条数抽查 5%，且不应少于 1 条；每条检查 1 处，总抽查数不应少于 10 处。

检验方法：观察检查或使用放大镜、焊缝量规和钢尺检查。

4）焊缝尺寸允许偏差应符合《钢结构工程施工质量验收规范》GB 50205—2001 附录 A 中表 A.0.2 的规定。

检查数量：每批同类构件抽查 10%，且不应少于 3 件；被抽查构件中，每种焊缝按条数各抽查 5%，但不应少于 1 条；每条检查 1 处，总抽查数不应少于 10 处。

检验方法：用焊缝量规检查。

5）焊成凹形的角焊缝，焊缝金属与母材间应平缓过渡；加工成凹形的角焊缝，不得在其表面留下切痕。

检查数量：每批同类构件抽查 10%，且不应少于 3 件。

检验方法：观察检查。

6）焊缝感观应达到：外形均匀、成型较好，焊道与焊道、焊道与基本金属间过渡较平滑，焊渣和飞溅物基本清除干净。

检查数量：每批同类构件抽查 10%，且不应少于 3 件；被抽查构件中，每种焊缝按数量各抽查 5%，总抽查处不应少于 5 处。

检验方法：观察检查。

3. 验收记录（表 7-3）

钢结构制作（安装）焊接工程检验批质量验收记录　　　　　表 7-3

编号：_____

单位（子单位）工程名称		分部（子分部）工程名称		分项工程名称	
施工单位		项目负责人		检验批容量	
分包单位		分包单位项目负责人		检验批部位	
施工依据		验收依据	《钢结构工程施工质量验收规范》GB 50205—2001		

		验收项目	设计要求及规范规定	最小/实际抽样数量	检查记录	检查结果
主控项目	1	焊接材料品种、规格、性能	第4.3.1条	/		
	2	焊接材料复验	第4.3.2条	/		
	3	焊材与母材的匹配	第5.2.1条	/		
	4	焊工证书	第5.2.2条	/		
	5	焊接工艺评定	第5.2.3条	/		
	6	内部缺陷	第5.2.4条	/		
	7	组合焊缝尺寸	第5.2.5条	/		
	8	焊缝表面缺陷	第5.2.6条	/		
一般项目	1	焊接材料外观质量	第4.3.4条	/		
	2	预热和后热处理	第5.2.7条	/		
	3	焊缝外观质量	第5.2.8条	/		
	4	焊缝尺寸偏差	第5.2.9条	/		
	5	凹形角焊缝	第5.2.10条	/		
	6	焊缝观感	第5.2.11条	/		

施工单位检查结果		专业工长： 项目专业质量检查员： 　　　　　年　月　日
监理（建设）单位验收结论		专业监理工程师： （建设单位项目专业技术负责人） 　　　　　年　月　日

任务 2　紧固件连接

1. 紧固件连接施工的检查内容

（1）一般规定

1）本任务章适用于钢结构制作和安装中的普通螺栓、扭剪型高强度螺栓、高强度大六角头螺栓、钢网架螺栓球节点用高强度螺栓及拉铆钉、自攻钉、射钉等紧固件连接工程的施工。

2）构件的紧固件连接节点和拼接接头，应在检验合格后进行紧固施工。

3）经验收合格的紧固件连接节点与拼接接头，应按设计文件的规定及时进行防腐和防火涂装。接触腐蚀性介质的接头应用防腐腻子等材料封闭。

4）钢结构制作和安装单位，应按现行国家标准《钢结构工程施工质量验收规范》GB 50205 的有关规定分别进行高强度螺栓连接摩擦面的抗滑移系数试验，其结果应符合设计要求。当高强度螺栓连接节点按承压型连接或张拉型连接进行强度设计时，可不进行摩擦面抗滑移系数的试验。

（2）连接件加工及摩擦面处理

1）连接件螺栓孔应规范有关规定进行加工，螺栓孔的精度、孔壁表面粗糙度、孔径及孔距的允许偏差等，应符合现行国家标准《钢结构工程施工质量验收规范》GB 50205 的有关规定。

2）螺栓孔孔距超过规范规定的允许偏差时，可采用与母材相匹配的焊条补焊，并应经无损检测合格后重新制孔，每组孔中经补焊重新钻孔的数量不得超过该组螺栓数量的 20%。

3）高强度螺栓摩擦面对因板厚公差、制造偏差或安装偏差等产生的接触面间隙，应按表 7-4 规定进行处理。

接触面间隙处理　　　　　　　　　　　　　　　　　表 7-4

项目	示意图	处理方法
1		$\Delta < 1.0$mm 时不予处理
2	磨斜面	$\Delta = (1.0 \sim 3.0)$mm 时将厚板一侧磨成 $1:10$ 缓坡，使间隙小于 1.0mm
3		$\Delta > 3.0$mm 时加垫板，垫板厚度不小于 3mm，最多不超过三层，垫板材质和摩擦面处理方法应与构件相同

4）高强度螺栓连接处的摩擦面可根据设计抗滑移系数的要求选择处理工艺，抗滑移系数应符合设计要求。采用手工砂轮打磨时，打磨方向应与受力方向垂直，且打磨范围不应小于螺栓孔径的 4 倍。

5）经表面处理后的高强度螺栓连接摩擦面，应符合下列规定：

① 连接摩擦面应保持干燥、清洁，不应有飞边、毛刺、焊接飞溅物、焊疤、氧化铁皮、污垢等；

② 经处理后的摩擦面应采取保护措施，不得在摩擦面上作标记；

③ 摩擦面采用生锈处理方法时，安装前应以细钢丝刷垂直于构件受力方向除去摩擦面上的浮锈。

（3）普通紧固件连接

1）普通螺栓可采用普通扳手紧固，螺栓紧固应使被连接件接触面、螺栓头和螺母与构件表面密贴。普通螺栓紧固应从中间开始，对称向两边进行，大型接头宜采用复拧。

2）普通螺栓作为永久性连接螺栓时，紧固连接应符合下列规定：

① 螺栓头和螺母侧应分别放置平垫圈，螺栓头侧放置的垫圈不应多于 2 个，螺母侧放置的垫圈不应多于 1 个；

② 承受动力荷载或重要部位的螺栓连接，设计有防松动要求时，应采取有防松动装置的螺母或弹簧垫圈，弹簧垫圈应放置在螺母侧；

③ 对工字钢、槽钢等有斜面的螺栓连接，宜采用斜垫圈；

④ 同一个连接接头螺栓数量不应少于 2 个；

⑤ 螺栓紧固后外露丝扣不应少于 2 扣，紧固质量检验可采用锤敲检验。

3）连接薄钢板采用的拉铆钉、自攻钉、射钉等，其规格尺寸应与被连接钢板相匹配，其间距、边距等应符合设计文件的要求。钢拉铆钉和自攻螺钉的钉头部分应靠在较薄的板件一侧。自攻螺钉、钢拉铆钉、射钉等与连接钢板应紧固密贴，外观应排列整齐。

（4）高强度螺栓连接

1）高强度大六角头螺栓连接副应由一个螺栓、一个螺母和两个垫圈组成，扭剪型高强度螺栓连接副应由一个螺栓、一个螺母和一个垫圈组成，使用组合应符合表 7-5 的规定。

高强度连接副的使用组合 表 7-5

螺栓	螺母	垫圈
10.9S	10H	(35～15) HRC
8.8S	8H	(35～15) HRC

2）高强度螺栓长度应以螺栓连接副终拧后外露 2～3 扣丝为标准计算，可按下列公式计算。选用的高强度螺栓公称长度应取修约后的长度，应根据计算出的螺栓长度 l 按修约间隔 5mm 进行修约。

$$l = l' + \Delta l \qquad \Delta l = m + ns + 3p$$

式中：l'——接板层总厚度；

Δl——附加长度，或按表 7-6 选取；

m——高强度螺母公称厚度；

n——垫圈个数，扭剪型高强度螺栓为 1，高强度大六角头螺栓为 2；

s——高强度垫圈公称厚度，当采用大圆孔或槽孔时，高强度垫圈公称厚度按实际厚度取值；

p——螺纹的螺距。

高强度螺栓附加长度（mm） 表 7-6

高强度螺栓种类	螺栓规格						
	M12	M16	M20	M22	M21	M27	M30
高强度大六角头栓	23	30	35.5	39.5	43	46	50.5
扭剪型高强度螺栓	—	26	31.5	34.5	38	41	45.5

注：本表附加长度 Δl 由标准圆孔垫圈公称厚度计算确定。

3）高强度螺栓安装时应先使用安装螺栓和冲钉。在每个节点上穿入的安装螺栓和冲钉数量，应根据安装过程所承受的荷载计算确定，并应符合下列规定：

① 不应少于安装孔总数的 1/3；

② 安装螺栓不应少于 2 个；

③ 冲钉穿入数量不宜多于安装螺栓数量的 30％；

④ 不得用高强度螺栓兼作安装螺栓。

4）高强度螺栓应在构件安装精度调整后进行拧紧。高强度螺栓安装应符合下列规定：

① 扭剪型高强度螺栓安装时，螺母带圆台面的一侧应朝向垫圈有倒角的一侧；

② 大六角头高强度螺栓安装时，螺栓头下垫圈有倒角的一侧应朝向螺栓头，螺母带圆台面的一侧应朝向垫圈有倒角的一侧。

5）高强度螺栓现场安装时应能自由穿入螺栓孔，不得强行穿入。螺栓不能自由穿入时，可采用铰刀或锉刀修整螺栓孔，不得采用气割扩孔，扩孔数量应征得设计单位同意，修整后或扩孔后的孔径不应超过螺栓直径的 1.2 倍。

6）高强度大六角头螺栓连接副施拧可采用扭矩法或转角法，施工时应符合下列规定：

① 施工用的扭矩扳手使用前应进行校正，其扭矩相对误差不得大于 ±5％；校正用的扭矩扳手，其扭矩相对误差不得大于 ±3％。

② 施拧时，应在螺母上施加扭矩。

③ 施拧应分为初拧和终拧，大型节点应在初拧和终拧间增加复拧。初拧扭矩可取施工终拧扭矩的 50％，复拧扭矩应等于初拧扭矩。终拧扭矩应按下式计算：

$$T_c = kP_c d$$

式中：T_c——施工终拧扭矩（N·m）；

k——高强度螺栓连接副的扭矩系数平均值，取 0.110～0.150；

P_c——高强度大六角头螺栓施工预拉力，可按表 7-7 选用（kN）；

d——高强度螺栓公称直径（mm）。

高强度大六角头螺栓施工预拉力（kN）　　　　　　　　表 7-7

螺栓性能等级	螺栓公称直径（mm）						
	M12	M16	M20	M22	M24	M27	M30
8.8S	50	90	140	165	195	255	310
10.9S	60	110	170	210	250	320	390

④ 初拧或复拧后应对螺母涂画颜色标记。

2. 普通紧固件连接施工的检查方法

（1）检验批的划分：

焊钉（栓钉）焊接工程可按相应的钢结构制作或安装工程检验批的划分原则划分为一个或若干个检验批。

（2）主控项目：

1）钢结构连接用高强度大六角头螺栓连接副、扭剪型高强度螺栓连接副、钢网架用高强度螺栓、普通螺栓、铆钉、自攻钉、拉铆钉、射钉、锚栓（机械型和化学试剂型）、地脚锚栓等紧固标准件及螺母、垫圈等标准配件，其品种、规格、性能等应符合现行国家产品标准和设计要求。高强度大六角头螺栓连接副和扭剪型高强度螺栓连接副出厂时应分别随箱带有扭矩系数和紧固轴力（预拉力）的检验报告。

检查数量：全数检查。

检验方法：检查产品的质量合格证明文件、中文标志及检验报告等。

2）普通螺栓作为永久性连接螺栓时，当设计有要求或对其质量有疑义时，应进行螺栓实物最小拉力载荷复验，试验方法见《钢结构工程施工质量验收规范》GB 50205—2001附录 B，其结果应符合现行国家标准《紧固件机械性能螺栓、螺钉和螺柱》GB/T 3098.1的规定。

检查数量：每一规格螺栓抽查 8 个。

检验方法：检查螺栓实物复验报告。

3）连接薄钢板采用的自攻钉、拉铆钉、射钉等其规格尺寸应与被连接钢板相匹配，其间距、边距等应符合设计要求。

检查数量：按连接节点数抽查 1%，且不应少于 3 个。

检验方法：观察和尺量检查。

（3）一般项目：

1）永久性普通螺栓紧固应牢固、可靠，外露丝扣不应少于 2 扣。

检查数量：按连接节点数抽查 10%，且不应少于 3 个。

检验方法：观察和用小锤敲击检查。

2）自攻螺钉、钢拉铆钉、射钉等与连接钢板应紧固密贴，外观排列整齐。

检查数量：按连接节点数抽查 10%，且不应少于 3 个。

检验方法：观察或用小锤敲击检查。

3. 验收记录（表 7-8）

普通紧固件连接工程检验批质量验收记录　　　　　　　表 7-8

编号：＿＿＿＿＿

单位（子单位）工程名称			分部（子分部）工程名称		分项工程名称	
施工单位			项目负责人		检验批容量	
分包单位			分包单位项目负责人		检验批部位	
施工依据				验收依据	《钢结构工程施工质量验收规范》GB 50205—2001	
		验收项目	设计要求及规范规定	最小/实际抽样数量	检查记录	检查结果
主控项目	1	成品进场	第 4.4.1 条	/		
	2	螺栓实物复验	第 6.2.1 条	/		
	3	匹配及间距	第 6.2.2 条	/		

一般项目		验收项目	设计要求及规范规定	最小/实际抽样数量	检查记录	检查结果
	1	螺栓紧固	第6.2.3条	/		
	2	外观质量	第6.2.4条	/		

施工单位检查结果	专业工长：项目专业质量检查员： 年　月　日
监理（建设）单位验收结论	专业监理工程师： （建设单位项目专业技术负责人） 年　月　日

4. 高强度螺栓连接工程的检查内容

（1）检验批的划分：

焊钉（栓钉）焊接工程可按相应的钢结构制作或安装工程检验批的划分原则划分为一个或若干个检验批。

（2）主控项目：

1）钢结构连接用高强度大六角头螺栓连接副、扭剪型高强度螺栓连接副、钢网架用高强度螺栓、普通螺栓、铆钉、自攻钉、拉铆钉、射钉、锚栓（机械型和化学试剂型）、地脚锚栓等紧固标准件及螺母、垫圈等标准配件，其品种、规格、性能等应符合现行国家产品标准和设计要求。高强度大六角头螺栓连接副和扭剪型高强度螺栓连接副出厂时应分别随箱带有扭矩系数和紧固轴力（预拉力）的检验报告。

检查数量：全数检查。

检验方法：检查产品的质量合格证明文件、中文标志及检验报告等。

2）扭剪型高强度螺栓连接副应按《钢结构工程施工质量验收规范》GB 50205—2001 附录 B 的规定检验预拉力，其检验结果应符合规范附录 B 的规定。

检查数量：见《钢结构工程施工质量验收规范》GB 50205—2001 附录 B。

检验方法：检查复验报告。

3）钢结构制作和安装单位应按《钢结构工程施工质量验收规范》GB 50205—2001 附录 B 的规定分别进行高强度螺栓连接摩擦面的抗滑移系数试验和复验，现场处理的构件摩擦面应单独进行摩擦面抗滑移系数试验，其结果应符合设计要求。

检查数量：见规范附录 B。

检验方法：检查摩擦面抗滑移系数试验报告和复验报告。

4）高强度大六角头螺栓连接副终拧完成 1h 后、48h 内应进行终拧扭矩检查，检查结果应符合《钢结构工程施工质量验收规范》GB 50205—2001 附录 B 规定。

检查数量：按节点数检查 10%，且不应少于 10 个；每个被抽查节点按螺栓数抽查 10%，且不应少于 2 个。

检验方法：见规范附录 B。

5）扭剪型高强度螺栓连接副终拧后，除因构造原因无法使用专用扳手终拧掉梅花头者外，未在终拧中拧掉梅花头的螺栓数不应大于该节点螺栓数的 5%。对所有梅花头未拧掉的扭剪型高强度螺栓连接副应采用扭矩法或转角法进行终拧并作标记，并按《钢结构工程施工质量验收规范》GB 50205—2001 第 6.3.2 条的规定进行终拧扭矩检查。

检查数量：按节点数抽查 10%，但不应少于 10 节点，被抽查节点中梅花头未拧掉的扭剪型高强度螺栓连接副全数进行终拧扭矩检查。

检验方法：观察检查及《钢结构工程施工质量验收规范》GB 50205—2001 附录 B。

（3）一般项目：

1）高强度螺栓连接副，应按包装箱配套供货，包装箱上应标明批号、规格、数量及生产日期。螺栓、螺母、垫圈外观表面应涂油保护，不应出现生锈和沾染脏物，螺纹不应损伤。

检查数量：按包装箱数抽查 5%，且不应少于 3 箱。

检验方法：观察检查。

2）对建筑结构安全等级为一级，跨度 40m 及以上的螺栓球节点钢网架结构，其连接高强度螺栓应进行表面硬度试验，对 8.8 级的高强度螺栓其硬度应为 HRC21—29；10.9 级高强度螺栓其硬度应为 HRC32—36，且不得有裂纹或损伤。

检查数量：按规格抽查 8 只。

检验方法：硬度计、10 倍放大镜或磁粉探伤。

3）高强度螺栓连接副的施拧顺序和初拧、复拧扭矩应符合设计要求和国家现行行业标准《钢结构高强度螺栓连接技术规程》JGJ 82 的规定。

检查数量：全数检查资料。

检验方法：检查扭矩扳手标定记录和螺栓施工记录。

4）高强度螺栓连接副终拧后，螺栓丝扣外露应为 2～3 扣，其中允许有 10% 的螺栓丝扣外露 1 扣或 4 扣。

检查数量：按节点数抽查 5%，且不应少于 10 个。

检验方法：观察检查。

5）高强度螺栓连接摩擦面应保持干燥、整洁，不应有飞边、毛刺、焊接飞溅物、焊疤、氧气铁皮、污垢等，除设计要求外摩擦面不应涂漆。

检查数量：全数检查。

检验方法：观察检查。

6）高强度螺栓应自由穿入螺栓孔。高强度螺栓孔不应采用气割扩孔，扩孔数量应征得设计同意，扩孔后的孔径不应超过 $1.2d$（d 为螺栓直径）。

检查数量：被扩螺栓孔全数检查。

检验方法：观察检查及用卡尺检查。

5. 验收记录（表 7-9）

高强度螺栓连接工程检验批质量验收记录　　　　表 7-9

编号：_____

单位（子单位）工程名称		分部（子分部）工程名称		分项工程名称	
施工单位		项目负责人		检验批容量	
分包单位		分包单位项目负责人		检验批部位	
施工依据			验收依据	《钢结构工程施工质量验收规范》GB 50205—2001	

		验收项目	设计要求及规范规定	最小/实际抽样数量	检查记录	检查结果
主控项目	1	成品进场	第 4.4.1 条	/		
	2	扭矩系数或预拉力复验	第 4.4.2 条 第 4.4.3 条	/		
	3	抗滑移系数试验	第 6.3.1 条	/		
	4	终拧扭矩	第 6.3.2 条 第 6.3.3 条	/		
一般项目	1	成品进场检验	第 4.4.4 条	/		
	2	表面硬度试验	第 4.4.5 条	/		
	3	初拧、复拧扭矩	第 6.3.4 条	/		
	4	连接外观质量	第 6.3.5 条	/		
	5	摩擦面外观	第 6.3.6 条	/		
	6	扩孔	第 6.3.7 条	/		

施工单位检查结果	专业工长： 项目专业质量检查员： 　　　　　　　　　年　月　日
监理（建设）单位验收结论	专业监理工程师： （建设单位项目专业技术负责人） 　　　　　　　　　年　月　日

单元 8　涂装施工质量检查与验收

1. 钢结构涂料施工的检查内容

（1）一般规定

1）钢结构防火涂料工程应由具有相应资质的施工单位或生产单位进行施工。

2）进入施工现场的各种钢结构防火涂料产品，应具有生产厂家提供的型式认可证书、型式检验报告、产品合格证、产品说明书、施工工艺等技术资料。

3）施工前，钢结构表面应除锈，并根据使用要求确定防锈处理。除锈和防锈处理应符合现行国家有关规定。

4）钢结构表面的粉尘、油污等应清除干净，其连接处的缝隙应用防火涂料或其他防火材料补堵平后方可施工。

5）防火涂料宜在室内装修之前和不被后继工程所损坏的条件下进行施工。在养护期内的涂层，应防止雨淋、水冲、脏物污染和磕碰。

6）钢结构防火涂料施工的环境温度和相对湿度应符合涂料产品说明书的要求。若无要求时，水性涂料施工过程中和涂层干燥固化前，环境温度宜保持在 5～38℃，溶剂型涂料宜保持在 −5～38℃。相对湿度不宜大于 90％，空气应流通。当气温过低、风速大于 5m/s、雨天或构件表面有结露时，不宜作业。

7）在涂料施工前应根据工程的结构及现场条件提出具体可行的施工组织设计方案，并按施工单位质量手册、程序文件、作业指导书的规定和生产厂家的涂料施工工艺进行施工。

8）用测厚仪测量构件涂层厚度时，测量点应均匀布置，对线状构件如钢梁、钢柱等每延米测量点数不应少于两点；对面状构件如钢板等每平方米测量点数不应少于五点。

9）在施工中必须对全部过程，包括隐蔽工程部位情况作出详细记录。

（2）超薄型钢结构防火涂料的施工

1）超薄型钢结构防火涂料一般采用刷涂、滚涂或喷涂工艺施工。

当采用重力式喷枪喷涂时，其压力宜为 0.4～0.6MPa。如需涂面层涂料，面层涂料也可刷涂、喷涂或滚涂。

2）双组分的涂料，应按使用说明书规定在现场调配使用；单组分的涂料应在施工现场充分搅拌均匀后使用。涂料开封后宜在当日使用完毕。

3）分层涂覆的涂料，应按产品施工工艺规定的施工间隔进行涂覆，直至达到所需厚度。

4）涂覆后的涂层不应出现流挂、粉化、空鼓、脱落、漏涂和裂纹等缺陷。

（3）薄型钢结构防火涂料的施工

1）薄型钢结构防火涂料的施工应满足下列要求：

① 薄型钢结构防火涂料，宜采用喷涂工艺施工，每遍喷涂厚度不宜超过 2.5mm，喷

涂压力宜为 0.4～0.6MPa，应按产品施工工艺规定的施工间隔进行涂覆；

②喷涂后的涂层应完全闭合，轮廓清晰，无流挂、粉化、空鼓、脱落、漏涂和宽度大于 0.5mm 裂纹等缺陷；

③施工过程中，操作者应适时检测涂层厚度，直到符合施工组织设计规定的厚度方可停止喷涂；

④当设计要求涂层表面平整时，应对最后一遍涂层作抹平处理，确保外表面均匀平整。

2）当薄型钢结构防火涂料需涂面层时，面层的施工应满足下列要求：

①当底层厚度符合施工组织设计规定并干燥后，方可施工面层；

②面层宜涂覆 1～2 次，并应全部覆盖底层，涂料用量应符合产品使用说明书要求；

③面层应颜色均匀，接槎平整，不应有流挂、粉化、空鼓、脱落、裂纹和漏涂等缺陷。

（4）厚型钢结构防火涂料的施工

1）厚型钢结构防火涂料宜采用压送式喷涂机喷涂，当气压为 0.4～0.6MPa 时，喷枪口直径宜为 6～10mm。

2）配料应严格按使用说明书中的配合比加料或加稀释剂，并使涂料均匀，稠度适宜。涂料开封后宜在当日使用完。配好的涂料应在规定时间内用完。

3）喷涂施工应分层完成，每层喷涂厚度宜为 5～10mm，并应按产品施工工艺规定的施工间隔进行涂覆，直至达到所需厚度。喷涂保护方式、喷涂遍数与涂层厚度应根据施工组织设计要求确定。

4）施工过程中，操作者应适时检测涂层厚度，直到符合施工组织设计规定的厚度方可停止喷涂。

5）喷涂后的涂层应厚度均匀，无流挂、粉化、空鼓、脱落、漏涂和宽度大于 1.0mm 的裂纹等缺陷。

（5）防火涂层的返修或返工

当防火涂层出现下列情况之一时，应进行返修或返工：

1）涂层干燥固化不好，粘结不牢或出现流挂、粉化、空鼓、脱落和漏涂时；

2）钢结构的接头、转角处的涂层有明显凹陷时；

3）超薄型钢结构防火涂料表面出现明显裂纹时；薄型钢结构防火涂料表面裂纹宽度大于 0.5mm 时；厚型钢结构防火涂料表面裂纹宽度大于 1.0mm 时；

4）涂层平均厚度符合施工组织设计规定的厚度要求，但单点涂层厚度小于施工组织设计规定厚度的 85%，或单点涂层厚度虽大于施工组织规定厚度的 85%，但未达到施工组织设计规定厚度的涂层之连续面积的长度超过 1m 时。

2. 防腐涂料涂装工程的检查方法

（1）检验批的划分

1）防腐涂料涂装工程可按钢结构制作或钢结构安装工程检验批的划分原则划分成一个或若干个检验批。

2）钢结构安装工程可按变形缝或空间刚度单元等划分成一个或若干个检验批。地下钢结构可按不同地下层划分检验批。

3）多层及高层钢结构安装工程可按楼层或施工段等划分为一个或若干个检验批。地下钢结构可按不同地下层划分检验批。

4）钢网架结构安装工程可按变形缝、施工段或空间刚度单元划分成一个或若干检验批。

5）压型金属板的制作和安装工程可按变形缝、楼层、施工段或屋面、墙面、楼面等划分为一个或若干个检验批。

（2）主控项目

1）钢结构防腐涂料、稀释剂和固化剂等材料的品种、规格、性能等符合现行国家产品标准和设计要求。

检查数量：全数检查。

检验方法：检查产品的质量合格证明文件、中文标志及检验报告等。

2）涂装前钢材表面除锈应符合设计要求和国家现行有关标准的规定。处理后的钢材表面不应有焊渣、焊疤、灰尘、油污、水和毛刺等。当设计无要求时，钢材表面除锈等级应符合表 8-1 的规定。

检查数量：按构件数抽查 10%，且同类构件不应少于 3 件。

检验方法：用铲刀检查和用现行国家标准《涂覆涂料前钢材表面处理　表面清洁度的目视评定》GB/T 8923 规定的图片对照观察检查。

各种底漆或防锈漆要求最低的除锈等级　　　　表 8-1

涂料品种	除锈等级
油性酚醛、醇酸等底漆或防锈漆	St2
高氯化聚乙烯、氯化橡胶、氯磺化聚乙烯、环氧树脂、聚氨酯等底漆或防锈漆	Sa2
无机富锌、有机硅、过氯乙烯等底漆	$Sa2\frac{1}{2}$

3）涂料、涂装遍数、涂层厚度均应符合设计要求。当设计对涂层厚度无要求时，涂层干漆膜总厚度：室外应为 $150\mu m$，室内应为 $125\mu m$，其允许偏差为 $-25\mu m$。每遍涂层干漆膜厚度的允许偏差为 $-5\mu m$。

检查数量：按构件数抽查 10%，且同类构件不应少于 3 件。

检验方法：用干漆膜测厚仪检查。每个构件检测 5 处，每处的数值为 3 个相距 50mm 测点涂层干漆膜厚度的平均值。

（3）一般项目

1）防腐涂料和防火涂料的型号、名称、颜色及有效期应与其质量证明文件相符。开启后，不应存在结皮、结块、凝胶等现象。

检查数量：按桶数抽查 5%，且不应少于 3 桶。检验方法：观察检查。

2）构件表面不应误涂、漏涂，涂层不应脱皮和返锈等。涂层应均匀、无明显皱皮、流坠、针眼和气泡等。

检查数量：全数检查。检验方法：观察检查。

3）当钢结构处在有腐蚀介质环境或外露且设计有要求时，应进行涂层附着力测试，在检测处范围内，当涂层完整程度达到 70% 以上时，涂层附着力达到合格质量标准的要求。

　　检查数量：按构件数抽查 1%，且不应少于 3 件，每件测 3 处。

　　检验方法：按照现行国家标准《漆膜附着力测定法》GB 1720 或《色漆和清漆　漆膜的划格试验》GB/T 9286 执行。

　　4）涂装完成后，构件的标志、标记和编号应清晰完整。

　　检查数量：全数检查。检验方法：观察检查。

3. 验收记录（表 8-2）

防腐涂料涂装工程检验批质量验收记录

表 8-2

编号：_____

单位（子单位）工程名称			分部（子分部）工程名称		分项工程名称	
施工单位			项目负责人		检验批容量	
分包单位			分包单位项目负责人		检验批部位	
施工依据				验收依据	《钢结构工程施工质量验收规范》GB 50205—2001	

		验收项目	设计要求及规范规定	最小/实际抽样数量	检查记录	检查结果
主控项目	1	涂料性能	第 4.9.1 条	/		
	2	涂料基层验收	第 14.2.1 条	/		
	3	涂层厚度	第 14.2.2 条	/		
一般项目	1	涂料质量	第 4.9.3 条	/		
	2	表面质量	第 14.2.3 条	/		
	3	附着力测试	第 14.2.4 条	/		
	4	标志	第 14.2.5 条	/		

施工单位检查结果	专业工长： 项目专业质量检查员： <div align="right">年　月　日</div>
监理（建设）单位验收结论	专业监理工程师： （建设单位项目专业技术负责人） <div align="right">年　月　日</div>

4. 防火涂料涂装工程的检查内容

（1）检验批的划分

1）防腐涂料涂装工程可按钢结构制作或钢结构安装工程检验批的划分原则划分成一

个或若干个检验批。

2）钢结构安装工程可按变形缝或空间刚度单元等划分成一个或若干个检验批。地下钢结构可按不同地下层划分检验批。

3）多层及高层钢结构安装工程可按楼层或施工段等划分为一个或若干个检验批。地下钢结构可按不同地下层划分检验批。

4）钢网架结构安装工程可按变形缝、施工段或空间刚度单元划分成一个或若干检验批。

5）压型金属板的制作和安装工程可按变形缝、楼层、施工段或屋面、墙面、楼面等划分为一个或若干个检验批。

（2）主控项目

1）钢结构防火涂料的品种和技术性能应符合设计要求，并应经过具有资质的检测机构检测符合国家现行有关标准的规定。

检查数量：全数检查。

检验方法：检查产品的质量合格证明文件、中文标志及检验报告等。

2）防火涂料涂装前钢材表面除锈及防锈底漆涂装应符合设计要求和国家现行有关标准的规定。

检查数量：按构件数抽查 10％，且同类构件不应少于 3 件。

检验方法：表面除锈用铲刀检查和用现行国家标准《涂覆涂料前钢材表面处理　表面清洁度的目视评定》GB/T 8923 规定的图片对照观察检查。底漆涂装用干漆膜测厚仪检查，每个构件检测 5 处，每处的数值为 3 个相距 50mm 测点涂层干漆膜厚度的平均值。

3）钢结构防火涂料的粘结强度、抗压强度应符合国家现行标准《钢结构防火涂料应用技术规程》CECS 24 的规定。检验方法应符合现行国家标准《建筑构件耐火试验方法》GB/T 9978 的规定。

检查数量：每使用 100t 或不足 100t 薄涂型防火涂料应抽检一次粘结强度；每使用 500t 或不足 500t 厚涂型防火涂料应抽检一次粘结强度和抗压强度。

检验方法：检查复检报告。

4）薄涂型防火涂料的涂层厚度应符合有关耐火极限的设计要求。厚涂型防火涂料涂层的厚度，80％及以上面积应符合有关耐火极限的设计要求，且最薄处厚度不应低于设计要求的 85％。

检查数量：按同类构件数抽查 10％，且均不应少于 3 件。

检验方法：用涂层厚度测量仪、测针和钢尺检查。测量方法应符合国家现行标准《钢结构防火涂料应用技术规程》CECS 24：90 的规定及《钢结构工程施工质量验收规范》GB 50205—2001 附录 F。

5）薄涂型防火涂料涂层表面裂纹宽度不应大于 0.5mm；厚涂型防火涂料涂层表面裂纹宽度不应大于 1mm。

检查数量：按同类构件数抽查 10％，且均不应少于 3 件。

检验方法：观察和用尺量检查。

（3）一般项目

1）防腐涂料和防火涂料的型号、名称、颜色及有效期应与其质量证明文件相符。开启后，不应存在结皮、结块、凝胶等现象。

检查数量：每种规格抽查 5%，且不应少于 3 桶。检验方法：观察检查。

2）防火涂料涂装基层不应有油污、灰尘和泥砂等污垢。

检查数量：全数检查。检验方法：观察检查。

3）防火涂料不应有误涂、漏涂，涂层应闭合无脱层、空鼓、明显凹陷、粉化松散和浮浆等外观缺陷，乳突已剔除。

检查数量：全数检查。检验方法：观察检查。

4）涂装完成后，构件的标志、标记和编号应清晰完整。

检查数量：全数检查。检验方法：观察检查。

5. 验收记录（表 8-3）

防火涂料涂装工程检验批质量验收记录 表 8-3

编号：_____

单位（子单位） 工程名称			分部（子分部） 工程名称			分项工程 名称	
施工单位			项目负责人			检验批容量	
分包单位			分包单位项目 负责人			检验批部位	
施工依据					验收依据	《钢结构工程施工质量验收 规范》GB 50205—2001	

		验收项目	设计要求及 规范规定	最小/实际 抽样数量	检查记录	检查 结果
主控项目	1	涂料性能	第4.9.2条	/		
	2	涂料基层验收	第14.3.1条	/		
	3	强度试验	第14.3.2条	/		
	4	涂层厚度	第14.3.3条	/		
	5	表面裂纹	第14.3.4条	/		
一般项目	1	产品质量	第4.9.3条	/		
	2	基层表面	第14.3.5条	/		
	3	涂层表面质量	第14.3.6条	/		
	4	标志	第14.2.5条	/		

施工单位 检查结果	专业工长： 项目专业质量检查员： <div align="right">年 月 日</div>
监理（建设）单位 验收结论	专业监理工程师： （建设单位项目专业技术负责人） <div align="right">年 月 日</div>

工 作 页

	组　别	
第一次课——项目启动	姓　名	
	日　期	

 **学习目标**

- 1. 了解本门课程的内容、作用、意义；
- 2. 了解质量员应具备的职责与素质；
- 3. 本课程相关术语的学习。

学习过程

1. 团队建设

   确定的小组成员 _____

2. 建筑工程质量员应具备哪些素质？

请仔细考虑

3. 建筑工程质量员应具备哪些职责？

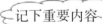

记下重要内容

4. 对外检测单位应受_____的委托?

    A. 施工单位   B. 建设单位   C. 监理单位   D. 勘察单位

5. 反思性问题(学到什么、想学什么)

6. 拓展性问题

(1) 说说你未来的就业意向。

(2) 说说学习本门课程你最大的障碍是什么。

(3) 对本门课程你想怎么上?

工作页 1

项目 1　框架结构质量验收	组　别	
单元 1　桩基础工程质量验收	姓　名	
任务 1　检查土方工程质量	日　期	

学习目标

● 1. 掌握地基与基础验收流程；
● 2. 掌握土方开挖、土方回填质量验收一般规定；
● 3. 掌握土方工程质量验收流程及注意事项。

任务描述

　　土建综合实训场三层框架结构办公楼，独立基础，建筑面积 $600m^2$，目前工程主体已经于 2015 年 12 月完成，室内进行了简单装饰。请根据规范《建筑地基基础工程施工质量验收规范》GB 50202—2002 相关要求，总结土方工程质量验收流程。

学习过程

新内容：

引导性问题 1：请小组讨论在土方开挖中应注意哪些问题。（在施工过程中遇到最大的障碍是什么？）

引导性问题 2：请小组讨论在土方回填中应注意哪些问题。（在施工过程中遇到最大的障碍是什么？）

引导性问题3：遇到什么情况时，应在基坑底普遍进行轻型动力触探？遇什么情况时，可不进行轻型动力触探？

引导性问题4：请小组讨论并总结出土方开挖、回填中的质量验收流程。（请查阅《建筑地基基础工程施工质量验收规范》）

引导性问题5：基坑回填施工时，两处取土场的回填含水量适宜范围是多少？基坑回填施工时，除检查含水量外还应检查哪些项目？

小测验：请自行查阅规范完成以下题目。

1. 土方工程施工前应进行（　　　　　　）的平衡计算。

2. 地基基础工程的分项工程验收，主控项目必须符合验收标准规定，一般项目应有（　　　　　　）合格。

3. 地基基础工程施工过程中出现异常情况时，应停止施工，由（　　）组织有关单位共同分析情况，解决问题。

  A. 勘察或设计单位　　　　　　　　B. 监理或建设单位

  C. 设计或施工单位　　　　　　　　D. 施工或建设单位

4. 判断：土方开挖遵循"开槽支撑，先撑后挖，分层开挖，严禁超挖"的原则。（　　）

课后要求：自学《建筑地基基础工程施工规范》GB 51004—2015 和《建筑地基基础工程施工质量验收规范》GB 50202—2002 土方工程相关规定，并借助网络查阅视频查看施工现场如何施工，如何验收。

工作页 2

项目 1　框架结构质量验收	组　别	
单元 1　桩基础工程质量验收	姓　名	
任务 2　检查基坑工程质量	日　期	

学习目标

● 1. 掌握五大基坑支护形式的验收一般规定；
● 2. 掌握基坑工程质量验收流程及注意事项。

任务描述

　　土建综合实训场三层框架结构办公楼，独立基础，建筑面积 600m²，目前工程主体已经于 2015 年 12 月完成，室内进行了简单装饰。请根据规范《建筑地基基础工程施工质量验收规范》GB 50202—2002 相关要求，总结土方工程质量验收流程。

**学习过程**

复习：
五大支护工程施工流程是什么？

新内容：
引导性问题 1：请小组讨论在基坑支护中应注意哪些问题。（在施工过程中遇到最大的障碍是什么？）

引导性问题 2：五大支护形式中哪两种使用条件相近？

引导性问题3：请小组讨论并总结出基坑支护的质量验收流程。(请查阅《建筑地基基础工程施工质量验收规范》)

引导性问题4：基坑支护过程中、支护后验收哪些内容？各用什么仪器？检验批划分及数量有什么要求？

小测验：请自行查阅规范完成以下题目。

1. 基坑（　　　）、管沟土方工程验收必须确保（　　　）为前提。

2. 水泥土墙支护结构指水泥土搅拌桩、（　　　）所构成的围护结构。

    A. 预制桩　　　　　　　B. 管桩　　　　　　　C. 板桩　　　　　　　D. 高压喷射注浆桩

3. 判断基坑（槽）、管沟开挖至设计标高后，即可进行垫层施工。（　　　）

4. 判断钢板桩均为工厂成品，新桩可按出厂标准检验。（　　　）

5. 判断一般情况下，支护工程应按一次挖就再行支护的方式施工。（　　　）

6. 判断地下连续墙均应设置导墙。（　　　）

7. 沉井施工前，应对哪些内容进行检查？

8. 沉井竣工后的验收，应综合检查哪些内容？

课后要求：自学《建筑地基基础工程施工规范》GB 51004—2015 和《建筑地基基础工程施工质量验收规范》GB 50202—2002 基坑支护工程相关规定，并借助网络查阅视频查看施工现场如何施工，如何验收。

工作页 3

项目 1　框架结构质量验收 单元 1　桩基础工程质量验收 任务 3　检查地基处理工程质量	组　别	
	姓　名	
	日　期	

 学习目标

- 1. 掌握地基处理种类和适用条件；
- 2. 掌握地基处理方法及特点；
- 3. 掌握地基处理验收流程。

学习过程

一、连连看

1. 灰土地基
2. 砂和砂石地基
3. 土工合成材料地基
4. 粉煤灰地基
5. 强夯地基
6. 注浆地基
7. 预压地基
8. 振冲地基
9. 高压喷射注浆地基
10. 水泥土搅拌桩地基
11. 土和灰土挤密桩地基
12. 水泥粉煤灰碎石桩地基
13. 夯实水泥土桩地基
14. 砂桩地基

A. 换填法
B. 夯实法
C. 挤密桩法
D. 深层密实法
E. 高压喷射注浆法
F. 化学加固
G. 预压法
H. 加筋法

二、算一算

若地下 5m 深，筏板基础 500m²（土方开挖各边多挖半米做工作面），筏板厚度 800mm。地上 33 层框架结构，浇筑混凝土 0.3～0.4m³/m²，将板、梁、柱、墙折成平面面积以一万平计算。土容重 20kN/m³，钢筋混凝土自重 25kN/m³，混凝土自重 22～24kN/m³。

计算：此类建筑钢筋混凝土自重及土方重量，挖多深与建筑物重量相近？

三、小测验

1. 地基基础工程施工中出现异常情况时，应停止施工，由（   ）组织有关单位共同分析情况，解决问题。

    A. 勘察或设计单位   B. 设计或施工单位

    C. 监理或建设单位   D. 施工或建设单位

2. 灰土地基施工结束后，应检验灰土地基的（   ）。

    A. 渗透系数   B. 压实系数   C. 含水量   D. 承载力

3. 灰土地基施工过程中应检查（   ）。

    A. 分层铺设厚度   B. 夯实时加水量

    C. 夯压遍数   D. 地基的承载力

    E. 压实系数

4. 强夯地基施工结束后，应进行（   ）等检验。

    A. 夯击遍数   B. 夯击范围

    C. 被夯地基强度   D. 地基承载力

    E. 被夯地基土质

5. 对灰土地基质量验收，每单位工程的检验数量（   ）。

    A. 每单位工程不应少于 5 点

    B. 1000m 以上工程，每 100m 至少应有 1 点

    C. 3000m 以上工程，每 300m 至少应有 2 点

    D. 每一独立基础下至少应有 1 点

    E. 基槽每 20 延米应有 1 点

6. 强夯地基，施工前、施工过程中、施工结束后应分别检查哪些内容？

7. 地基施工结束，宜在一个间歇期后，进行质量验收，间歇期由（   ）确定。

8. 注浆地基施工结束后应进行检查，不合格率大于或等于 20％应进行（   ）。

9. 判断：灰土地基施工结束后，应检验灰土地基的承载力。（   ）

课后要求：自学《建筑地基基础工程施工规范》GB 51004—2015 和《建筑地基基础工程施工质量验收规范》GB 50202—2002 地基处理施工过程相关规定，并借助网络查阅视频查看施工现场如何施工，如何验收。

工作页 4

项目1 框架结构质量验收	组 别	
单元1 桩基础工程质量验收	姓 名	
任务4 检查桩基础工程质量1	日 期	

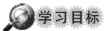 学习目标

- 1. 掌握桩内钢筋笼检查内容及检查标准；
- 2. 掌握静力压桩质量验收一般规定。

学习过程

复习：

桩基础优点是什么？

新内容：

引导性问题1：观看视频，小组讨论什么原因造成静力压桩质量不合格。

引导性问题2：如果桩本身质量有问题而通过桩基承载力检测发现桩身承载力无问题，说明什么？

引导性问题3：通过小组讨论总结桩内钢筋笼质量检查内容及标准。

引导性问题4：静力压桩特点是什么？

引导性问题 5：请小组讨论并总结出静力压桩桩质量验收流程。各用什么仪器？有哪些注意事项？（请查阅《建筑地基基础工程施工质量验收规范》）

课后要求：自学《建筑地基基础工程施工规范》GB 51004—2015 和《建筑地基基础工程施工质量验收规范》GB 50202—2002 地基处理工程相关规定，并借助网络查阅视频查看施工现场如何施工，如何验收。

布置作业：制定静力压桩专项方案。

工作页 5

项目 1　框架结构质量验收	组　别	
单元 1　桩基础工程质量验收	姓　名	
任务 4　检查桩基础工程质量 2	日　期	

学习目标

● 1. 掌握长螺旋钻孔灌注特点规定；
● 2. 掌握长螺旋钻孔灌注桩质量验收一般规定。

学习过程

引导性问题 1：履带式长螺旋转孔灌注桩特点是什么？

引导性问题 2：请小组讨论并总结出履带式长螺旋转孔灌注桩质量验收流程。各用什么仪器？有哪些注意事项？（请查阅《建筑地基基础工程施工质量验收规范》）

小测验：

1. 灌注桩桩顶标高至少要比设计标高高出（　　）。
2. 静力压桩包括锚杆静压桩及其他各种（　　）。
3. 预制混凝土桩施工结束后，应对（　　）及桩体质量做检验。
4. 混凝土灌注桩施工中应对成孔、清查、放置钢筋笼、灌注混凝土等进行（　　）检查。
5. 混凝土灌注桩施工结束后应检查混凝土强度，并应做（　　）及承载力的检验。
6. 灌注桩每浇筑（　　）必须有一组试件。
   A. 20m² 　　　　　 B. 50m² 　　　　　 C. 100m² 　　　　　 D. 200m²

7. 对桩身质量进行检验时，对混凝土预制桩及地下水位以上且终孔后经过核验的灌注桩，检验数量不少于总桩数的（　　），且不得少于（　　）。

    A. 30%、20 根　　　　B. 20%、10 根　　　　C. 10%、10 根　　　　D. 10%、5 根

8. 静力压桩接桩用硫磺胶泥半成品应每（　　）做一组试件。

    A. 50kg　　　　　　B. 100kg　　　　　　C. 150kg　　　　　　D. 200kg

9. 以下项目中，属预制板桩钢筋骨架工程主控项目的是（　　）。

    A. 主筋间距　　　B. 桩尖中心线　　　C. 箍筋间距　　　　D. 主筋保护层厚

10. 以下项目中，属钢筋混凝土预制桩工程主控项目的是（　　）。

    A. 承载力　　　　B. 成品桩外形　　　C. 桩顶标高　　　　D. 停锤标准

11. 静力压桩施工过程中应检查（　　）。

    A. 压力　　　　　B. 桩垂直度　　　　C. 接桩间歇时间　　　D. 压入深度

    E. 桩的承载力

课后要求：自学《建筑地基基础工程施工规范》GB 51004—2015 和《建筑地基基础工程施工质量验收规范》GB 50202—2002 地基处理工程相关规定，并借助网络查阅视频查看施工现场如何施工，如何验收。

布置作业：以小组为单位做一份地下防水工程施工演讲，以 PPT 形式。

工作页 6

项目 1　框架结构质量验收	组　别	
单元 1　桩基础工程质量验收	姓　名	
任务 5　检查地下防水工程质量	日　期	

 **学习目标**

- 1. 掌握基础垫层及卷材防水层施工质量检查；
- 2. 掌握筏板基础施工质量检验；
- 3. 掌握地下室施工质量检查。

学习过程

复习：地基基础工程有哪两项分项工程（　　　　　　　　）、（　　　　　　　　　　）。

工作过程：

请借助虚拟仿真软件完成以下抽检内容并记录检查要点。

1. 垫层底标高抽检。

2. 垫层基底清理质量巡视。

3. 垫层表面平整度抽检。

4. 垫层混凝土强度抽检。

5. 防水卷材搭接宽度抽检。

6. 防水保护层平整度抽检。

7. 进场模版质量巡视。

8. 筏板基础 U 形构造封边筋尺寸抽检。

9. 6-7 轴/A-B 轴处集水坑定位线位置抽检。

10. 筏板基础底筋安装质量巡视。

11. 混凝土保护层厚度抽检。

12. 混凝土坍落度抽检。

13. 混凝土养护工程质量巡视。

14. 插筋工程质量巡视。

15. Q1剪力墙钢筋骨架质量巡视。

16. 地下室外墙合模前对拉螺栓工程质量巡视。

17. 框架柱模板垂直度抽检。

18. 地下室顶板模板平整度抽检。

19. 地下室顶板钢筋连接区段长度抽检。

20. 顶板混凝土养护质量巡视。

21. 地下室外墙防水卷材搭接宽度抽检。

课后要求：自学《建筑地基基础工程施工质量验收规范》GB 50202—2002、《地下防水工程施工质量验收规范》GB 50208—2011相关规定，并借助网络查阅视频查看施工现场如何施工，如何验收。

课后自学：地下防水等级有几种？地下防水所用材料有哪些？

工作页 7

项目 1　框架结构质量验收	组　别	
单元 2　主体工程质量验收	姓　名	
任务 1　检查模板工程质量	日　期	

学习目标

- 1. 掌握模板工程质量验收规定；
- 2. 掌握现浇结构模板安装的允许偏差及检验方法；
- 3. 掌握模板支架体系安装方法及检查要领。

任务描述

　　土建综合实训场三层框架结构办公楼，独立基础，建筑面积 600m²，目前工程主体已经于 2015 年 12 月完成，室内进行了简单装饰。请根据规范《混凝土结构工程施工质量验收规范》GB 50204—2015 相关要求，要对混凝土结构子分部工程中模板安装工程进行检验，请完成检查验收技术方案。

学习过程

引导性问题 1：查阅实训场办公楼图纸，找出二层 KL6 截面尺寸 $b \times h =$ _____，跨度 $l_0 =$ _____，板厚 $h =$ _____，KZ2 截面尺寸 $b \times h =$ _____，二层层高 _____。

引导性问题 2：现浇结构模板安装及支架检验工具有哪些？请将工具名称填在下横线上。轴线位置 _____，底模上表面标高 _____，柱、梁截面尺寸 _____，柱垂直度 _____，相邻模板表面高差 _____，表面平整度 _____，支架垂直度 _____。

引导性问题 3：施工规范中 4.4.6 规定：对跨度不小于 4m 的梁、板，其模板起拱高度宜为梁、板跨度的 1/1000～3/1000。问 KL6 支模需不需要起拱？若需起拱，起拱高度是多少？

填填看：①木支撑起拱（　　　），钢支撑起拱（　　　）；②支撑高度大，起拱（　　　），支撑高度小，起拱（　　　）；③支撑基层为土层，起拱（　　　），支撑基层为混凝土，起拱（　　　）；④施工荷载大，起拱（　　　），施工荷载小，起拱（　　　）。所谓起拱小，是接近 1/1000；所谓起拱大，是接近 3/1000。

引导性问题 4：请读出游标卡尺读数 _____ cm。

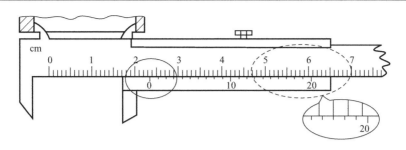

引导性问题5：查阅混凝土施工规范填写以下四处尺寸。

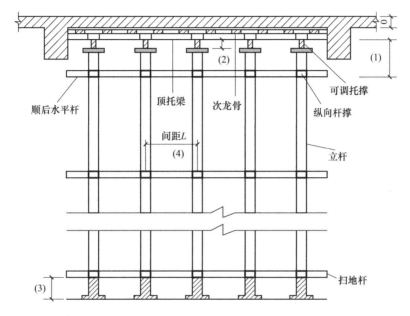

产出结果：1. 请在实训楼二楼梁板模板支架处贴出抽查结果。

2. 请完成模板安装检验批质量验收记录及模板支撑、立柱位置和垫板质量检查记录单。

评价方式及内容：选择构件的合理程度，检查记录表填写情况。

　　组间PK成绩教师评价30%，学生工作页占30%，验收及检查记录占30%，小组完成效率和分工占10%。

课后学习引导：1. 目前沈阳市模板支架多采用扣件式钢管，应按现行行业标准《建筑施工模板安全技术规范》JGJ 162—2008和《建筑施工扣件式钢管脚手架安全技术规范》JGJ 130—2011的有关规定执行。请自学支架搭设符合的规定内容。

2. 以小组为单位上交一份PPT，说明造成钢筋工程质量不合格而引起构件承载力不足的原因有哪些？要有工程案例图片展示，时间在2分钟左右，最好有配音转化成视频格式。

工作页 8

项目 1　框架结构质量验收	组　别	
单元 2　主体工程质量验收	姓　名	
任务 2　检查钢筋（原材料、加工）工程质量	日　期	

学习目标

- 1. 掌握钢筋工程材料与加工质量验收规定；
- 2. 掌握受力钢筋弯钩和弯折相关规定、箍筋末端弯钩相关规定、拉筋弯钩处理；
- 3. 掌握钢筋进场时重量偏差的计算及与直径偏差的关系；
- 4. 掌握钢筋最大力下总伸长率和断后伸长率的计算方法。

任务描述

　　土建综合实训场三层框架结构办公楼，独立基础，建筑面积 600m²，目前工程主体已经于 2015 年 12 月完成，室内进行了简单装饰。请根据规范《混凝土结构工程施工质量验收规范》GB 50204—2015 相关要求，对混凝土结构子分部工程中钢筋（原材料、加工）工程进行检验，请填写钢筋（原材料、加工）检验批质量验收记录。

学习过程

复习：

1. 钢筋级别有哪些？

2. 钢筋张拉至拉断经历哪四个阶段？

3. 钢筋强度标准值、设计值与实测值的含义是什么。

引导性问题 1：小组讨论钢筋隐蔽验收要点是什么？

引导性问题 2：钢筋进场时，身为总承包单位质量负责人的你都应做哪些检查工作？

算一算：某 33 层住宅楼，主体构件面积 10000m²，需要钢筋量为 40kg/m²。地下筏板基础 500m²，需要钢筋 100kg/m²。问一栋楼需要钢筋多少 t？若抗震钢筋比普通钢筋每吨贵 200 元，此单位工程采用抗震钢筋比普通钢筋多出多少钱？此采购任务谁完成比较合理？

引导性问题 3：请思考三个问题：

1. 在弹性阶段至强化阶段（M 点之前）受拉钢筋长度增加、直径减小是不是均匀的？

2. 在 M 点之后能否出现两处以上颈缩？

3. 在 M 点之后受拉钢筋长度增加，直径减小是不是均匀的？

填一填："最大力下总伸长率"是在距夹持区边缘（　　　）或直径大于（　　　）钢筋时的钢筋直径长度处做标记，各向内量测（　　　）后再做标记。钢筋拉伸试验完毕（及钢筋拉断）后，测量离钢筋断裂处（　　　）的一端的两个标记之间的距离，计算出其超出（　　　）的伸长比率，就是最大力下的总伸长率。

引导性问题 4：钢筋进场检验的内容增加了重量偏差检查，防止出现"瘦身钢筋"。检查钢筋重量的实质是检查（　　　　　），杜绝"瘦身"钢筋。重量不足必然是（　　　）不够。

钢筋（原材料、加工）检验批质量验收记录

工程名称			分项工程名称	钢 筋	项目经理	
施工单位			验收部位			
施工执行标准名称及编号	《混凝土结构工程施工质量验收规范》GB 50204—2015				专业工长（施工员）	
分包单位			分包项目经理		施工班组长	

		质量验收规范的规定					施工单位自检记录	监理单位验收记录
主控项目	1	原材料抽检	（第5.2.1条）					
	2	有抗震要求框架结构	（第5.2.3条）					
	3	受力钢筋弯钩和弯折	（第5.3.1、5.3.2条）					
	4	箍筋末端弯钩	（第5.3.3条）					
	5	盘卷钢筋和直条钢筋调直后的断后伸长率、重量负偏差要求（第5.3.4条）	钢筋牌号	断后伸长率A（%）	单位长度重量偏差（%）			

钢筋牌号	断后伸长率A（%）	直径6～12mm	直径14～20mm	直径22～50mm
HPB235、HPB300	≥21	≥−10	—	—
HRB335、HRBF335	≥16	≥−8	≥−6	≤±4
HRB400、HRBF400	≥15	≥−8	≥−6	≤±4
RRB400	≥13	≥−8	≥−6	≤±4
HRB500、HRBF500	≥14	≥−8	≥−6	≤±4

				施工单位自检记录	监理单位验收记录
一般项目	1	钢筋表观质量	钢筋应平直、无损伤，表面不得有裂纹、油污、颗粒状或片状老锈（第5.2.4条）		
	2	钢筋加工的允许偏差	项目 / 允许偏差（mm）		

项目	允许偏差（mm）
受力钢筋顺长度方向全长的净尺寸	±10
弯起钢筋的弯折位置	±20
箍筋外廓尺寸	±5

施工操作依据		
质量检查记录		

施工单位检查结果评定	项目专业质量检查员：	项目专业技术负责人：	年　月　日
监理（建设）单位验收结论	专业监理工程师：（建设单位项目专业技术负责人）		年　月　日

工作页 9

项目1　框架结构质量验收	组　别	
单元2　主体工程质量验收	姓　名	
任务3　检查钢筋工程（连接、安装）质量	日　期	

 **学习目标**

- 1. 掌握钢筋工程连接、安装质量验收规定；
- 2. 掌握受力钢筋箍筋、纵筋位置；
- 3. 掌握钢筋接头方式、接头质量、接头位置、接头百分率的相关规定；
- 4. 掌握钢筋纵筋锚固长度及搭接长度计算方法。

任务描述

　　土建综合实训场三层框架结构办公楼，独立基础，建筑面积 $600m^2$，目前工程主体已经于 2015 年 12 月完成，室内进行了简单装饰。请根据规范《混凝土结构工程施工质量验收规范》GB 50204—2015 相关要求，要对混凝土结构子分部工程中钢筋（连接、安装）工程进行检验，请填写钢筋（连接、安装）检验批质量验收记录。

 **学习过程**

复习

1. 结构实体检验中纵向受力钢筋的保护层厚度评定方法。

2. 结构实体检验中纵向受力钢筋的保护层厚度允许偏差。

引导性问题1：某工程正在进行钢筋工程绑扎，测得正筋锚入中柱锚固长度为 1000mm，其中钢筋为环氧树脂带肋钢，HRB335 级，钢筋直径 $d=20mm$，C30 混凝土，抗震等级二级。问钢筋锚固长度是否合格？

引导性问题 2：当纵向受力钢筋采用绑扎搭接接头时，梁内接头百分率不宜超过 25%，下图接头百分率为多少？并填出下图空为多少？

8.4.3 本条用图及文字表达了钢筋绑扎搭接连接区段的定义，并提出了控制在同一连接区段内接头面积百分率的要求。搭接钢筋应错开布置，且钢筋端面位置应保持一定间距。首尾相接形式的布置会在搭接端面引起应力集中和局部裂缝，应予以避免。搭接钢筋接头中心的纵向间距应当大于 1.3 倍搭接长度。当搭接钢筋端部距离不大于搭接长度的 30% 时，均属位于同一连接区段的搭接接头。

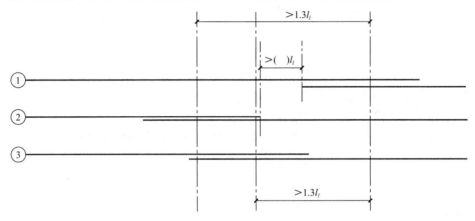

引导性问题 3：梁、柱箍筋位置如何确定？

引导性问题 4：梁、板、柱纵筋连接接头位置如何确定？

钢筋（连接、安装）检验批质量验收记录

工程名称				分项工程名称	钢筋	项目经理	
施工执行标准 名称及编号			《混凝土结构工程施工质量验收规范》GB 50204—2015				
质量验收规范的规定						施工单位自检记录	监理单位验收记录

		项目	质量验收规范的规定	施工单位自检记录	监理单位验收记录
主控项目	1	纵向受力钢筋的连接方式	应符合设计要求。（第5.4.1条）	符合要求	
	2	接头试件	应作力学性能检验，其质量应符合有关规程的规定。（第5.4.2条）	符合要求	
	3	钢筋安装时，受力钢筋的牌号、规格、数量必须符合设计要求。（第5.5.1条）		符合要求	
	4	纵向受力钢筋的锚固方式和锚固长度应符合设计要求。（第5.5.2条）		符合要求	
一般项目	1	接头位置	宜设在受力较小处。①同一纵向受力钢筋不宜设置两个或两个以上接头。②接头末端至钢筋弯起点距离不应小于钢筋直径的10倍。（第5.4.4条）	符合要求	
	2	接头外观质量检查	应符合有关规程规定。（第5.4.5条）	符合要求	
	3	受力钢筋机械连接或焊接接头设置	宜相互错开。在连接区段长度为35d且不小于500mm范围内，接头面积百分率应符合下列规定：①受拉区不宜大于50%。②不宜设置在有抗震设防要求的框架梁端、柱端的箍筋加密区；当无法避开时，机械连接接头不应大于50%。③直接承受动力荷载的结构构件中，不宜采用焊接接头。当采用机械连接时不应大于50%。（第5.4.6条）	符合要求	
	4	绑扎搭接接头	按规范要求相互错开。接头中钢筋的横向净距不应小于钢筋直径，且不应小于25mm。搭接长度应符合规范规定；连接区段1.3l_l长度内，接头面积百分率：①对梁类、板类及墙类构件，不宜大于25%；②对柱类构件，不宜大于50%；③确有必要时对梁内构件不宜大于50%。（第5.4.7条）	符合要求	
	5	箍筋配置	在梁、柱类构件的纵向受力钢筋搭接长度范围内，应按设计要求配置箍筋。 当设计无具体要求时：①箍筋直径不应小于搭接钢筋较大直径的0.25倍；②受拉搭接区段的箍筋间距不应大于搭接钢筋较小直径的5倍，且不应大于100mm；③受压搭接区段的箍筋间距不应大于搭接钢筋较小直径的10倍，且不应大于200mm；④当柱中纵向受力钢筋直径大于25mm时，应在搭接接头两个端面外100mm范围内各设置两个箍筋，其间距宜为50mm。（第5.4.8条）	符合要求	

			项目		允许偏差（mm）								
一般项目	6	钢筋安装位置的偏差	绑扎钢筋网	长、宽	±10								
				网眼尺寸	±20								
			绑扎钢筋骨架	长	±10								
				宽、高	±5								
			受力钢筋	锚固长度	−20								
				间距	±10								
				排距	±5								
				保护层厚度	基础	±10								
					柱、梁	±5								
					板、墙、壳	±3								
			绑扎钢筋、横向钢筋间距		±20								
			钢筋弯起点位置		20								
			预埋件	中心线位置	5								
				水平高差	+3, 0								

续表

施工操作依据	完整		
质量检查记录	完整		
施工单位检查 结果评定	项目专业 质量检查员：	项目专业 技术负责人：	年　　月　　日
监理（建设） 单位验收结论	专业监理工程师： （建设单位项目专业技术负责人）		年　　月　　日

工作页 10

项目1　框架结构质量验收	组　别	
单元2　主体工程质量验收	姓　名	
任务4　检查混凝土（原材料、拌合物、施工）工程质量	日　期	

🔍 学习目标

● 1. 掌握混凝土原材料进场、混凝土拌合物质量验收规定；
● 2. 掌握混凝土施工缝留置方法；
● 3. 掌握钢筋纵筋锚固长度计算方法。

🎓 学习过程

复习：

1. 什么是碱-骨料反应？

2. 常见6种水泥有哪些？水泥初凝时间是多少？

3. 混凝土氯离子含量的规定。

4. 什么叫泌水与离析？

5. 结构实体混凝土同条件养护试件强度检验中，同一强度等级的同条件养护试件不宜少于（　　）组，且不应少于3组。每连续两层楼取样不应少于1组；每2000m³取样不得少于1组。

引导性问题1：混凝土强度降低的原因有哪些？

引导性问题2：预拌混凝土供方应提供的四种资料是什么？

引导性问题 3：案例分析：某工程基础底板为整体筏板，由于当地地下水埋深比较浅，混凝土设计强度等级为 C30P8，总方量约 1300m³，施工时采用 2 台 HBT60 混凝土拖式地泵连续作业，全部采用同一配合比混凝土，一次性浇筑。

问题（1）用于检查结构构件混凝土强度的试件应如何留置？针对本案例，基础底板混凝土强度标准养护试件应取多少组？并简述过程。

问题（2）本案例中基础底板混凝土抗渗性能试件应如何留置？简述过程（精确到个数）。

引导性问题 4：施工规范 8.3.6 中规定柱、墙模板内的混凝土浇筑倾落高度要符合相关规定。此条规定是为了保证混凝土不会产生（   ）。

引导性问题 5：泵送混凝土过程中堵管的原因是什么？

引导性问题 6：梁、板、柱一次浇筑的优缺点是什么？

工作页 11

项目1 框架结构质量验收 单元2 主体工程质量验收 综合实训：检查模板安装、钢筋安装质量	组 别	
	姓 名	
	日 期	

 **学习目标**

- 1. 掌握模板支架体系构造要求；
- 2. 掌握钢筋接头方式、接头质量、接头百分率；
- 3. 掌握钢筋纵筋锚固长度计算方法。

任务描述

土建综合实训楼一层框模板及钢筋展示区，拟采用C30混凝土，梁、柱混凝土保护层厚度为20mm，抗震等级二级。钢筋规格、型号请自行查阅，梁、柱截面尺寸请自行量取。根据规范《混凝土结构工程施工质量验收规范》GB 50204—2015相关要求，对混凝土结构子分部工程中模板安装工程、钢筋安装工程进行检验，请随机抽取一点检查并完成此工作页。

学习过程

1. 用卷尺量柱边长＿＿＿＿＿＿＿＿及保护层实际尺寸＿＿＿＿＿。
请评定柱、梁保护层是否合格。

2. 用卷尺量柱纵筋高低连接点高差＿＿＿＿＿＿是否合格？＿＿＿＿＿

3. 柱箍筋弯钩是否合格？＿＿＿＿＿梁拉筋间距是否合格？＿＿＿＿＿梁拉筋弯钩是否正确？＿＿＿＿＿梁拉筋弯折长度＿＿＿＿＿，是否合格？＿＿＿＿＿

4. 梁箍筋弯钩是否合格？＿＿＿＿＿箍筋弯折朝向是否合格？＿＿＿＿＿梁箍筋加密区长度＿＿＿＿＿，并判定是否合格。＿＿＿＿＿

5. 梁受力钢筋锚固长度＿＿＿＿＿，柱箍筋弯钩是否合格？＿＿＿＿＿腰筋锚固长度＿＿＿＿＿，并判定是否合格。＿＿＿＿＿

6. 计算柱上下端加密区高度_____，梁内箍筋间距是否合格?_____

7. 梁内受压钢筋净距_____，受拉钢筋净距_____。

8. 梁内第一根箍筋距离柱箍筋距离_____，并判定是否合格。_____

9. 立杆纵距_____，并判定是否合格。_____

10. 立杆横距_____，并判定是否合格。_____

11. 扫地杆距立杆底部距离_____，并判定是否合格。_____

12. 可调托撑长度_____，并判定是否合格。_____托板厚度_____，并判定是否合格。_____

13. 支架立杆搭设垂直偏差_____，并判定是否合格。_____

14. 钢管外径尺寸_____，并判定是否合格。_____

工作页 12

项目1　框架结构质量验收 单元2　主体工程质量验收 任务7　检查实体工程混凝土强度及梁钢筋保护层厚度合格率1	组　别	
	姓　名	
	日　期	

学习目标

● 1. 掌握结构实体检验内容；

● 2. 掌握纵向受力钢筋的保护层厚度评定方法；

● 3. 掌握同一强度等级的同条件养护试件结构实体混凝土强度评定方法。

任务描述

案例一：请核查下列混凝土结构实体工程梁的钢筋保护层厚度的合格率；如需二次抽样时，可自行判断合格数据并计算出两次抽样总和合格率。

条件：（1）按"规范"规定，梁抽取6个构件，24根纵向受力钢筋

（2）设计钢筋保护层厚度为25mm，允许偏差+10mm，−7mm

（3）经实测钢筋保护层厚度数据如下：

26，29，36，32，34，35，29，27，25，22，14，26，32，34，33，35，28，39，27，28，17，23，32，33

案例二：设计要求混凝土强度等级C35，现场见证取样10组试件。试件强度代表值如下：45.1，49.5，38.5，35.2，39.6，33，38.5，44，49.5，42.9，验算其强度是否合格。

提供公式如下：① $m_{fcu} \geqslant f_{cu,k} + \lambda_1 S_{fcu}$ 　　② $f_{cu,min} \geqslant \lambda_2 f_{cu,k}$

式中　m_{fcu}——同一检验批混凝土立方体抗压强度的平均值（N/mm²）

$f_{cu,k}$——混凝土立方体抗压强度的标准值（N/mm²）

$f_{cu,min}$——同一检验批混凝土立方体抗压强度的最小值（N/mm²）

λ_1，λ_2——合格判定系数，按下表采用：

n	10～14	15～19	$\geqslant 20$
λ_1	1.15	1.05	0.95
λ_2	0.9		0.85

$$S_{fcu} \text{（标准差）} = \sqrt{\frac{\sum_{i=1}^{n} f_{cu,i}^2 - nm^2 f_{cu}}{n-1}}$$

式中　$f_{cu,i}$——第 i 组混凝土试件的立方体抗压强度值（N/mm²）；

　　　　n——一个验收批混凝土试件的组数。

当检验批混凝土强度标准差 S_{fcu} 计算值小于 2.5N/mm² 时，应取 2.5N/mm²。

学习过程

复习：

1. 检验批及分项工程应由（　　　　　）组织施工单位（　　　　　）等进行验收。

2. 分部工程应由（　　　　　）组织施工单位（　　　　　）进行验收；地基与基础、主体结构分部工程的（　　　　　）单位项目负责人和施工单位（　　　　　）部门负责人也应参加相关分部工程验收。

3. 建设单位收到工程验收报告后，应由（　　　　　）项目负责人组织（　　　　　）、（　　　　　）、（　　　　　）等单位项目负责人进行单位（子单位）工程验收。

新内容：

引导性问题1：对涉及混凝土结构安全的有代表性的部位应进行结构实体检验。结构实体检验应包括哪些内容？

引导性问题2：梁类、板类构件纵向受力钢筋的保护层厚度应分别进行验收时应符合哪些规定？

引导性问题3：对同一强度等级的同条件养护试件，其强度值应除以（　　　　　）后按现行国家标准《混凝土强度检验评定标准》GB/T 50107 的有关规定进行评定，评定结果符合要求时可判结构实体混凝土强度合格。

拓展性问题：同条件养护试块为什么要除以一个小于 1 的系数后进行实体混凝土强度评定呢？

产出结果：请结合规范完成案例一和案例二中检验。

案例一计算过程：

案例二计算过程：

工作页 13

项目1　框架结构质量验收	组　别	
单元2　主体工程质量验收	姓　名	
任务7　检查实体工程混凝土强度及梁钢筋保护层厚度合格率2	日　期	

学习目标

- 1. 掌握分部工程质量验收记录填写方法；
- 2. 掌握单位工程竣工验收记录填写方法；
- 3. 掌握单位工程质量控制资料核查记录填写方法；
- 4. 掌握单位工程安全和功能检验资料核查及主要功能抽查记录填写方法；
- 5. 掌握单位工程观感质量检查记录填写方法与评定标准。

任务描述

　　土建综合实训场三层框架结构办公楼，独立基础，建筑面积600m²，目前工程主体已经于2015年12月完成，室内进行了简单装饰。请根据规范《建筑工程施工质量验收统一标准》GB 50300—2013要求，完成实训场分部工程质量验收记录、单位工程竣工验收记录、单位工程质量控制资料核查记录、单位工程安全和功能检验资料核查及主要功能抽查记录、单位工程观感质量检查记录填写。

学习过程

复习：

10.1.1　对涉及混凝土结构安全的有代表性的部位应进行结构实体检验。结构实体检验应包括：

1　混凝土强度；

2　钢筋保护层厚度；

3　结构位置与尺寸偏差；

4　合同约定的项目；

5　必要时可检验其他项目。

结构实体检验应由监理单位组织施工单位实施，并见证实施过程。施工单位应制定结构实体检验专项方案，并经监理单位审核批准后实施。除结构位置与尺寸偏差外的结构实体检验项目，应由具有相应资质的检测机构完成。

E.0.5　梁类、板类构件纵向受力钢筋的保护层厚度应分别进行验收，并应符合下列规定：

1　当全部钢筋保护层厚度检验的合格率为90%及以上时，可判为合格；

2 当全部钢筋保护层厚度检验的合格率小于 90％但不小于 80％ 时，可再抽取相同数量的构件进行检验；当按两次抽样总和计算的合格率为 90％及以上时，仍可判为合格；

3 每次抽样检验结果中不合格点的最大偏差均不应大于本规范附录 F.0.4 条规定允许偏差的 1.5 倍。

提问：规范 10.1.2 结构实体混凝土强度应按不同强度等级分别检验，检验方法宜采用同条件养护试件方法；当未取得同条件养护试件强度或同条件养护试件强度不符合要求时，可采用回弹取芯法进行检验。

10.1.2 条所说"检验方法宜采用同条件养护试件方法"，措辞不是十分严格；又说"当未取得同条件养护试件强度或同条件养护试件强度不符合要求时，可采用回弹取芯法进行检验"，为什么呢？

新内容：

引导性问题 1：分部工程应由（　　　　　　　　　　）组织施工单位（　　　　　　　　　　　　）进行验收；地基与基础、主体结构分部工程的（　　　　　　　　）单位项目负责人和施工单位（　　　　　　　　　　　）部门负责人也应参加相关分部工程验收。

引导性问题 2：建设单位收到工程验收报告后，应由（　　　　　　　　）项目负责人组织（　　　　　　）、（　　　　　　　）、（　　　　　　　）等单位项目负责人进行单位（子单位）工程验收。

引导性问题 3：分部工程质量验收记录分包单位项目负责人用不用在此表中签字？

引导性问题 4：建设单位组织单位工程质量验收时，分包单位负责人参加验收吗？

工作页 14

项目 1　框架结构质量验收	组　别	
单元 2　主体工程质量验收	姓　名	
任务 8　检查填充墙砌体（烧结砖、小砌块）工程质量	日　期	

🔍 **学习目标**

- 1. 掌握填充墙工程质量检查规定；
- 2. 掌握填充墙工程施工过程中，应对下列主控项目及一般项目进行检查，并应形成检查记录。

翻转课堂：目标导学、规范自学、合作互学、在线测学，疑难突破、评价点拨、总结反思。

一、引导性问题：请根据以上课堂安排，首先进行规范自学，小组互学。完成填充墙砌体工程检验批质量验收记录表中最小抽样数量及实际抽样数量填写并计算合格率。

二、在线测学完成下列习题。

1. 砌筑填充墙时，轻骨料混凝土小型空心砌块和蒸压加气混凝土砌块的产品龄期不应小于（　　　　），蒸压加气混凝土砌块的含水率宜小于（　　　　）。

2. 判断：蒸压加气混凝土砌块在运输及堆放中应防止雨淋。（　　　）

3. 采用普通砌筑砂浆砌筑填充墙时，需要提前 1~2d 洒水湿润的是（　　　）。

　　A. 普通混凝土小型空心砌块　　　　　B. 轻骨料小砌块

　　C. 蒸压加气混凝土砌块　　　　　　　D. 烧结空心砖

4. 在厨房、卫生间、浴室等处采用轻骨料混凝土小型空心砌块、蒸压加气混凝土砌块砌筑墙体时，墙底部宜现浇混凝土坎台，其高度宜为（　　　　）。

5. 现浇混凝土结构的填充墙应在主体结构浇筑完成（　　　　）后开始砌筑。

6. 填充墙砌体砌筑，应待承重主体结构检验批验收合格后进行。填充墙与承重主体结构间的空（缝）隙部位施工，应在填充墙砌筑（　　　　）后进行。

7. 下列图片哪个是正确的？（　　　）

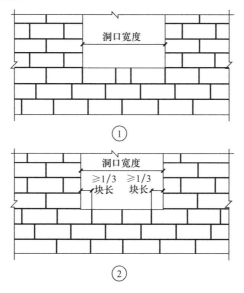

8. 填充墙砌体应与主体结构可靠连接，其连接构造应符合设计要求，未经设计同意，不得随意改变连接构造方法。每一填充墙与柱的拉结筋的位置超过（　　　　　）皮块体高度的数量不得多于（　　　　）处。

9. 填充墙与承重墙、柱、梁的连接钢筋，当采用化学植筋的连接方式时，应进行实体检测。锚固钢筋拉拔试验的轴向受拉非破坏承载力检验值应为（　　　　　）。抽检钢筋在检验值作用下应基材无裂缝、钢筋无滑移宏观裂损现象；持荷（　　　　）期间荷载值降低不大于（　　　　）。

10. 填充墙的水平灰缝厚度和竖向灰缝宽度应正确，烧结空心砖、轻骨料混凝土小型空心砌块砌体的灰缝应为（　　　　　　）；蒸压加气混凝土砌块砌体当采用水泥砂浆、水泥混合砂浆或蒸压加气混凝土砌块砌筑砂浆时，水平灰缝厚度和竖向灰缝宽度不应超过（　　　　　　）（竖向原为 20mm）；当蒸压加气混凝土砌块砌体采用蒸压加气混凝土砌块粘结砂浆时，水平灰缝厚度和竖向灰缝宽度宜为（　　　　　　）。

三、以小组为单位总结反思这堂课你学到什么（影响最深刻、最有收获的知识点），从不会到会的突破。

填充墙砌体工程检验批质量验收记录表
GB 50203—2011

单位（子单位）工程名称			援刚果（布）中学-教学综合楼									
分部（子分部）工程名称			主体结构			验收部位		A-N/19-23轴一层砌体				
施工单位			江苏南通三建集团有限公司			项目经理		李春桥				
施工执行标准名			《砌体结构工程施工质量验收规范》GB 50203—2011									

		施工质量验收规范的规定		最小/实际抽样数量	施工单位检查评定记录									监理（建设）单位验收记录
主控项目	1	块体强度等级	设计要求MU5		砌块强度等级不小于MU5，合格									
	2	砂浆强度等级	设计要求M5		砂浆强度等级不小于M5，合格									
	3	与主体结构连接	9.2.2条		与主体结构可靠连接，连接构造符合设计要求									
	4	植筋实体检测	9.2.3条		植筋符合要求，试验报告编号 ***									
一般项目	1	轴线位移	≤10mm		5	6	4	5	2	7	5	2	5	4	8
	2	墙面垂直度	≤3m ≤5mm		/	/	/	/	/	/	/	/	/	/
			>3m ≤10mm		5	4	6	7	3	8	6	5	3	7
	3	表面平整度	≤8mm		4	6	3	4	7	5	5	4	6	5
	4	门窗洞口	±10mm		−1	4	5	2	−2	4	3	2	6
	5	窗口偏移	≤20mm		12	11	9	15	18	17	14	13	15	13
	6	空心砖砌体砂浆饱满度	水平 80%		85%	91%	93%	92%	89%	87%	94%	96%	93%	88%
			垂直 9.3.2条											
	7	蒸压加气混凝土砌块、轻骨料混凝土小型空心砌块砌体砂浆饱满度	水平 80%		87%	94%	92%	89%	90%	88%	86%	91%	89%	85%
			垂直 80%											
	8	拉结筋、网片位置	9.3.3		拉结筋位置与块体皮数符合且置于灰缝中									
	9	拉结筋、网片埋置长度	9.3.3		埋置长度符合设计要求									
	10	搭砌长度	9.3.4		搭砌长度为20cm，符合规范要求									
	11	灰缝厚度	9.3.5		10	9	12	10	11	13	9	10	11	10
	12	灰缝宽度	9.3.5		8	10	11	9	10	12	10	10	11	10

施工单位检查评定结果	专业工长（施工员）		施工班组长	
	经检查，主控项目、一般项目均符合设计要求和《砌体结构工程施工质量验收规范》GB 50203—2011的规定，评定合格。			
	项目专业质量检查员：		年 月 日	
监理（建设）单位验收结论	专业监理工程师（建设单位项目专业技术负责人）：		年 月 日	

工作页 15

项目1　框架结构质量验收	组　别	
单元2　主体工程质量验收	姓　名	
任务9　混凝土结构子分部工程结构实体位置与尺寸偏差检验	日　期	

 学习目标

- 1. 掌握混凝土外观缺陷修补方法；
- 2. 检查混凝土构件实际尺寸；
- 3. 掌握填充墙砌体工程检查内容。

任务描述

　　土建综合实训场三层框架结构办公楼，独立基础，建筑面积 $600m^2$，目前工程主体已经于 2015 年 12 月完成，室内进行了简单装饰。请根据规范《混凝土结构工程施工质量验收规范》GB 50204—2015 相关要求对主体结构混凝土梁板柱外观质量进行检查验收，并填写相关质量检查表格。

学习过程

任务完成流程：领取仪器→确定构件数量→确定构件位置并记录→借助工具检查→填写记录单。

引导性问题 1：混凝土外观质量缺陷分成哪 9 类？严重缺陷表现分别是什么？

拓展思考：每项缺陷检查数量是多少？

引导性问题 2：_____是建筑物工程质量检查验收的最小单位。

检查项目：_____，抽查点：_____，构件类型：_____，位置：_____。

检查项目：_____，抽查点：_____，构件类型：_____，位置：_____。

检查项目：_____，抽查点：_____，构件类型：_____，位置：_____。

检查项目：_____，抽查点：_____，构件类型：_____，位置：_____。

检查项目：_____，抽查点：_____，构件类型：_____，位置：_____。

检查项目：_____，抽查点：_____，构件类型：_____，位置：_____。

检查项目：_____，抽查点：_____，构件类型：_____，位置：_____。

检查项目：_____，抽查点：_____，构件类型：_____，位置：_____。

检查项目：_____，抽查点：_____，构件类型：_____，位置：_____。

引导性问题3：混凝土外观质量检查发现缺陷如何记录？

拓展思考：出现缺陷如何处理？

温馨提示：结构位置与尺寸偏差

结构实体位置与尺寸偏差检验项目及检验方法

项目	检验方法
柱截面尺寸	选取柱的一边量测柱中部、下部及其他部位，取3点平均值
柱垂直度	沿两个方向分别量测，取较大值
墙厚	墙身中部量测3点，取平均值；测点间距不应小于1m
梁高	量测一侧边跨中及两个距离支座0.1m处，取3点平均值；量测值可取腹板高度加上此处楼板的实测厚度
板厚	悬挑板取距离支座0.1m处，沿宽度方向取包括中心位置在内的随机3点取平均值；其他楼板，在同一对角线上量测中间及距离两端各0.1m处，取3点平均值
层高	与板厚测点相同，量测板顶至上层楼板板底净高，层高量测值为净高与板厚之和，取3点平均值

产出结果：1. 请在图纸中标出检测构件，并记录。

2. 请完成表1混凝土结构子分部观感质量验收记录，表2填充墙砌体工程检验批质量验收记录表

3. 完成表3。

评价方式及内容：选择构件的合理程度，检查记录表填写情况。

检查过程和构件选取占教师评价30%，学生工作页占30%，验收记录占40%，小组完成效率和分工占10%。

混凝土结构子分部观感质量验收记录

表 1

工程名称											结构层数			面积		
施工单位											监理单位					

序号	缺陷种类	抽查质量情况										施工单位自评			监理（建设）单位核查		
		1	2	3	4	5	6	7	8	9	10	好	一般	差	好	一般	差
1	露筋																
2	蜂窝																
3	孔洞																
4	夹渣																
5	疏松																
6	裂缝																
7	连接部位缺陷（含节点变形）																
8	外形缺陷（含胀模）																
9	外表缺陷																

施工单位检查评定结果	项目经理： 项目技术负责人：　　　　　　　　　　　　　　年　　月　　日
监理（建设）单位验收结论	总监理工程师： 专业监理工程师： （建设单位项目专业负责人）　　　　　　　　　年　　月　　日

填充墙砌体工程检验批质量验收记录表

表 2

单位（子单位）工程名称				
分部（子分部）工程名称			验收部位	
施工单位			项目经理	
施工执行标准名	《砌体结构工程施工质量验收规范》GB 50203—2011			

施工质量验收规范的规定			最小/实际抽样数量	施工单位检查评定记录	监理（建设）单位验收记录
主控项目	1	块体强度等级	设计要求 MU5		
	2	砂浆强度等级	设计要求 M5		
	3	与主体结构连接	9.2.2 条		
	4	植筋实体检测	9.2.3 条		

续表

施工质量验收规范的规定			最小/实际抽样数量	施工单位检查评定记录									监理（建设）单位验收记录
一般项目	1	轴线位移	≤10mm										
	2	墙面垂直度	≤3m ≤5mm										
			>3m ≤10mm										
	3	表面平整度	≤8mm										
	4	门窗洞口	±10mm										
	5	窗口偏移	≤20mm										
	6	空心砖砌体砂浆饱满度	水平 80％										
			垂直 9.3.2条										
	7	蒸压加气混凝土砌块、轻骨料混凝土小型空心砌块砌体砂浆饱满度	水平 80％										
			垂直 80％										
	8	拉结筋、网片位置	9.3.3										
	9	拉结筋、网片埋置长度	9.3.3										
	10	搭砌长度	9.3.4										
	11	灰缝厚度	9.3.5										
	12	灰缝宽度	9.3.5										

施工单位检查评定结果	专业工长（施工员）	施工班组长
	经检查，主控项目、一般项目均符合设计要求和《砌体结构工程施工质量验收规范》GB 50203—2011的规定，评定合格。	
	项目专业质量检查员：	年　月　日
监理（建设）单位验收结论	专业监理工程师（建设单位项目专业技术负责人）：	年　月　日

表3

结构实体位置与尺寸偏差检验项目及检验方法

项目	
柱截面尺寸	
柱垂直度	
墙厚	
梁高	
板厚	
层高	

工作页 16

项目 1　框架结构质量验收	组　别	
单元 2　主体工程质量验收	姓　名	
混凝土结构子分部工程结构实体检验综合实训	日　期	

学习目标

- 1. 会使用钢筋检测仪检测钢筋性能；
- 2. 掌握钢筋直径、保护层厚度及间距的检测方法。
- 3. 能使用回弹仪检测构件测区回弹值；
- 4. 会对现浇结构位置与尺寸偏差进行检查。

任务描述

　　土建综合实训场三层框架结构办公楼，独立基础，建筑面积 641.52m²，其中地上三层，框架结构。目前工程主体已经于 2015 年 12 月完成，室内进行了简单装饰。请根据规范《混凝土结构工程施工质量验收规范》GB 50204—2015 和《混凝土中钢筋检测技术规程》JGJ/T 152—2008、《回弹法检测混凝土抗压强度技术规程》JGJ/T 23—2011 的相关要求，对混凝土结构子分部工程中钢筋工程进行检验与评定，完成本工程钢筋质量检测，并形成检测记录。要对混凝土结构子分部工程中混凝土强度进行检测与评定，完成本工程混凝土强度检测的准备工作。

任务完成流程：熟悉现场→仪器设备准备（劳保和防护）→确定检测构件数量→确定检验方法→使用仪器设备进行检测→测区处理→形成检测记录。

学习过程

一、梁钢筋保护层厚度和箍筋间距检测

引导性问题 1：梁钢筋保护层厚度检验允许偏差是多少？设计值是多少？

引导性问题 2：梁钢筋保护层厚度如何检测（仪器如何检测）？

引导性问题 3：梁钢筋保护层厚度如何验证？

引导性问题 4：梁箍筋间距如何测量？

二、检测柱的混凝土强度并记录

引导步骤：请认真考虑梁板选取数量，确定检测构件，确定测区数量及测区位置。

引导性问题 1：回弹仪正确的操作要求是什么？

引导性问题 2：回弹仪如何读数？

引导步骤：使用回弹仪检测柱的测区回弹值，并使用回弹原始记录记录回弹值。

三、结构位置与尺寸偏差

结构实体位置与尺寸偏差检验项目及检验方法

项目	检验方法
柱截面尺寸	选取柱的一边量测柱中部、下部及其他部位，取 3 点平均值
柱垂直度	沿两个方向分别量测，取较大值
墙厚	墙身中部量测 3 点，取平均值；测点间距不应小于 1m
梁高	量测一侧边跨中及两个距离支座 0.1m 处，取 3 点平均值；量测值可取腹板高度加上此处楼板的实测厚度
板厚	悬挑板取距离支座 0.1m 处，沿宽度方向取包括中心位置在内的随机 3 点取平均值；其他楼板，在同一对角线上量测中间及距离两端各 0.1m 处，取 3 点平均值
层高	与板厚测点相同，量测板顶至上层楼板板底净高，层高量测值为净高与板厚之和，取 3 点平均值

产出结果：

1. 钢筋保护层厚度检测记录。
2. 混凝土强度回弹数据。

评价方式及内容：

1. 工作页中问题完成情况，按小组评价。
2. 教师评价内容及比例：工作页 40%，记录表格 60%。

现浇结构位置和尺寸偏差检验批质量验收记录

单位（子单位） 工程名称			分部（子分部） 工程名称		分项工程 名称	
施工单位			项目负责人		检验批容量	
分包单位			分包单位项目 负责人		检验批部位	
施工依据				验收依据	《混凝土结构工程施工质量验收 规范》GB 50204—2015	

		验收项目			设计要求及规范规定	最小/实际 抽样数量	检查记录	检查结果
主控项目	*1	混凝土强度等级			第7.4.1条 第7.1.1条	/		
	2	现浇混凝土尺寸偏差			第8.3.1条	/		
一般项目	1	现浇结构位置和尺寸允许偏差(mm)	轴线位置	整体基础	15	/		
				独立基础	10	/		
				柱、墙、梁	8	/		
			垂直度	柱、墙层高 ≤6m	10	/		
				柱、墙层高 >6m	12	/		
				全高（H） ≤300m	H/30000＋20	/		
				全高（H） >300m	H/10000 且≤80	/		
			标高	层高	±10	/		
				全高	±30	/		
				杯形基础杯底标高	−10，0	/		
			截面尺寸	基础	＋15，−10	/		
				杯形基础杯口尺寸	＋20，0	/		
				梁、柱、板、墙	＋10，−5	/		
				楼梯相邻踏步高差	6	/		
			电梯井洞	中心位置	10	/		
				长、宽尺寸	＋25，0	/		
			表面平整度		8	/		
			预埋件中心位置	预埋板	10	/		
				预埋螺栓	5	/		
				预埋管	5	/		
				其他	10	/		
			预留洞、孔中心线位置		15	/		

施工单位 检查结果	专业工长： 项目专业质量检查员： 　　　　　　　　年　　月　　日
监理（建设）单位 验收结论	专业监理工程师： （建设单位项目专业技术负责人） 　　　　　　　　年　　月　　日

柱子混凝土抗压强度检测结果

层数	构件总数量（个）	回弹抽检数量（个）	测区数量（个）	修正量（MPa）	平均值（MPa）	修正后强度推定值（MPa）	设计强度等级	备注
1层								
2层								
3层								

由此表评定结果可知：该工程1～3层柱子混凝土现龄期抗压强度推定值分别为（   ）、（   ）、（   ），□不满足还是□满足设计等级（   ）强度标准值的要求。

梁钢筋保护层厚度检测结果

层数	梁构件代号	梁底纵向受力钢筋根数	保护层厚度平均值			评定是否合格

工作页 17

拓展训练	组 别	
	姓 名	

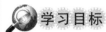 **学习目标**

- 1. 掌握检验批、分项工程主控项目、一般项目评定方法;
- 2. 掌握屋面工程、防水工程、钢结构工程、混凝土工程、砌体工程总体评价标准;
- 3. 掌握检验批、分项工程质量验收记录填写原则。

学习过程

一、复习

三检制指的是_____、_____、_____。

二、新内容

引导性问题1:检验批、分项工程质量验收应由专业监理工程师组织施工单位哪些人员进行?(若无专业监理工程师由建设单位什么级别人员代替?)

引导性问题2:检验批质量验收记录由乙方自检合格后,由谁负责填报?

三、实际案例分析

在我院土建综合实训场三层框架结构办公楼以下工程检验批质量验收中,《混凝土结构工程施工质量验收规范》GB 50204—2015 中规定:主控项目的质量经抽样检验均应合格。一般项目的质量经抽样检验合格,当采用计数抽样时,合格点率必须在80%以上(混凝土保护层为90%,屋面工程、防水工程100%),且其余20%偏差不能大于允许偏差1.5倍(钢结构1.2倍)。

请完成以下检验批质量验收记录。

案例一:请核验下面水泥混凝土地面面层检验批质量是否达到合格规定?

条件:检查数量:一层自然间抽检2间、走廊2间、门厅1间、男女卫生间各1间。

1. 主控项目:均符合设计要求。

2. 一般项目:

(1)表面质量:在一自然间中表面不洁净;(2)面层坡度:男女卫生间无倒泛水或积水现象,其他处表面平整;(3)踢脚线:所有受检踢脚线与墙面紧密结合,高度一致,出墙厚度均匀;(4)无楼梯踏步。

案例一 地面水泥混凝土面层检验批质量验收记录

	项次	项目	施工单位检查评定记录											合格率（%）	监理收记录
主控项目	1	材料的要求													
	2	强度等级													
	3	上下层结合													
一般项目	1	表面质量													
	2	面层坡度													
	3	踢脚线													
	4	楼梯踏步													
项次	项目	允许偏差 水泥混凝土面层	实测偏差（mm）												
			1	2	3	4	5	6	7	8	9	10			
5	表面平整度	5	8 7.5 7	5 5 5	4 4 4	5 5 4	5 5 5	4 4 5	4.5 4.5 4.5	5 5 5	3 8.5	4 4			
6	踢脚线上口平直	4	6	3.5	4	4	0	0							
7	缝格平直	3	3 3	3 3	4.5 4.6		4.8	4.5	3.5	3	3	2.5			

检验结果

项目专业质量检查员　　　　年　　月　　日

案例二：某建筑工程公司施工的一栋住宅，设计为高聚物改性沥青卷材（二道设防）满粘法施工，上设绿豆砂保护层，自由散水的屋面，其面积为 800m² ，坡度小于 25%，无变形缝，无伸出屋面管道，不设排气道，自检情况如下：

1. 主控项目：

（1）卷材材质、性能根据出厂合格证 ***号实物对照核查及现场抽样复验 ***号均符合设计要求和规范规定，卷材厚度为 3mm；

（2）在屋面上持续淋水 2h 后观察无渗漏也无积水，见屋面淋水检验记录 ***号；

（3）细部防水构造符合规范要求；

（4）采用清洁并预热绿豆砂撒铺均匀，粘结牢固并无残留未粘结绿豆砂。

2. 一般项目（按辽宁省建筑工程施工质量验收实施细则规定的检查数量检查）：

（1）卷材防水层的搭接缝粘结牢固，密封严密，仅在第六、七处有皱折，没有翘边和鼓泡等缺陷；

（2）无；

（3）卷材的铺贴方向正确；

（4）采用满粘法施工的搭接宽度实测偏差见记录表，请填写验收记录并评定是否合格。

<table>
<tr><td colspan="11" align="center">案例二　卷材防水屋面工程检验批质量验收记录</td><td>监理单位
验收记录</td></tr>
</table>

		项目		施工单位检查评定记录									监理单位 验收记录
主控项目	1	卷材及配套材料、卷材厚度											
	2	渗漏、积水											
	3	细部防水构造											
	4	保护层的设置											
一般项目	1	搭接缝和收头粘结											
	2	排气道设置，排汽管安装											
	3	卷材铺贴方向											

项目		允许偏差 －10mm	实测偏差（mm）									
			1	2	3	4	5	6	7	8	9	0
4 搭接 宽度	高聚物改性 沥青卷材	满粘 80	0	－10	5	－5	0	0	－5	－10		

施工单位 检查评定	

案例三：

某钢结构工程，在安装钢网架工程检查时，发现钢网架结构安装工程检验批质量验收记录，一份评定结果详见下表，该工程对钢网架工程评定是否符合规定？如不符合规定，说明理由。

案例三　钢网架结构安装工程检验批质量验收记录

工程名称	山川汽车厂2号厂房工程	分项工程名称	钢网架结构安装	验收部位	⑮～⑳轴线
施工单位	华民建筑公司	项目负责人	李兴国	专业工长	刘大全
分包单位	兴川钢结构公司	项目负责人（分包单位）	张天明	施工班组长	王传江
施工执行标准及编号			《钢结构工程施工质量验收规范》GB 50205—2011		

	质量验收规范的规定			施工单位检查评定记录	监理（建设）单位验收记录
主控项目	1. 钢网架结构支座定位轴线的位置、支座锚栓的规格应符合设计要求			支座定位轴线位置、支座锚栓规格均符合设计要求	主控项目1～8项，经旁站检查及验收，符合设计和规范要求
	2. 支承垫块的种类、规格、摆放位置和朝向必须符合设计和国家现行有关标准的规定；橡胶垫块与刚性垫块之间或不同类型刚性垫块之间不得互换使用			支承垫块的种类、规格、摆放位置，朝向均符合设计要求及标准的规定	
	3. 网架支座锚栓的紧固应符合设计要求			支座锚栓的紧固符合设计要求	
	4. 对建筑结构安全等级为一级、跨度≥40m的公共建筑钢网架结构，且设计有要求时，应进行节点承载力试验			有节点承载力试验报告（编号为PT0136），符合设计和规范要求	
	5. 支承面顶板	位置	15.0mm	14　18　9　18.5　10　12　14　15　16　8	
		顶面标高	[0，−3.0]	0　0　−4　−1　−1　−2　−2　−3　0　0	
		顶面水平度	0.5	0.4　0.3　0.4　0.3　0.5　0.3　0.4　0.5　0.5　0.2	
	6. 支座锚栓	中心偏移	±5.0mm	6　−3　2　5　3　−4　2　3　7　1	
	7. 挠度		≤1.15倍设计值	1.1　1.1　1.15　1.05　1.1　1.1　1.08　1.05　1.07　1.06	
	8. 小拼单元和中拼单元的允许偏差见附表			小拼单元的允许偏差符合规范要求	
一般项目	1. 钢网架结构安装完成后，其节点及杆件表面应干净，不应有明显的疤痕、泥砂和污垢；螺栓球节点应将所有接缝用油腻子填嵌严密并应将多余螺孔封口			节点及杆件干净，接缝填嵌严密，多余螺孔均封口，符合规范要求	一般项目1～7项，经旁站检查及验收，符合规范要求
	2. 支座锚栓	露出长度	+30.0，0	25　28　30　28　32　26　23　25　27　26　36　20	
		螺纹长度		27　30　26　22　24　28　31　26　25　28　35　28	
	3. 纵向、横向长度		+L/2000且≤30.0 −L/2000且≥30.0	8　−9　7　8　9　10　−8　−7　6　9　10　7	
	4. 支座中心偏移		L/3000且≤30.0	6　5　4　6　4　5　4　6　6　5　4	
	5. 周边支承网架相邻支座高差		L/400且≤15.0	10　9　11　8　12　14　16　13　11　10　9	
	6. 支座最大高差		30.0	25　18　27　31　22　26　24　31　19　20　35　32	
	7. 多点支承网架相邻支座高差		L₁/800且≤30.0	19　18　17　20　16　17　15　19　18　35　20	

共实测134点，其中合格134点，不合格0点，合格点率100%

施工单位检查评定结果	注：支承面顶板 l＝500mm，L＝20m，L_1＝16m。 　　质保资料齐全，经检查，主控项目1～8项和一般项目1～7项均符合设计和规范要求，施工质量评定为合格。 项目专业质量检查员：　　　项目专业质量（技术）负责人：　　　年　月　日
监理（建设）单位验收结论	该检验批质保资料完整，经检查，主控项目合格，一般项目符合要求，施工质量评定为合格，同意验收，同意进行后续工序施工。 监理工程师（建设单位项目技术负责人）：　　　年　月　日

244

工作页 18

项目2　钢结构工程施工质量验收 单元6　主体结构安装施工的质量验收标准 任务2　单层钢结构安装工程	组　别	
	姓　名	

学习目标

- 1. 掌握钢柱垂直度检测方法；
- 2. 掌握地脚螺栓安装构造要求；
- 3. 掌握钢柱、钢梁质量问题原因；
- 4. 能归纳单层钢结构安装验收流程。

学习过程

引导性问题1：小组讨论归纳钢柱垂直度检测方法及检验批的划分、评定方法。

引导性问题2：小组讨论钢柱安装几何尺寸超差。

引导性问题3：小组讨论吊车梁安装超差。

引导性问题4：钢结构安装质量控制工作流程。

工作页 19

项目2　钢结构工程施工质量验收 单元7　连接施工的质量检查与验收 任务1　焊接工程1	组　别	
	姓　名	
	日　期	

学习目标

- 1. 掌握焊接工程的相关基本概念（焊接好处、焊接方法、焊条选用原则、焊接材料的存放）；
- 2. 掌握表面及近表五大无损伤检测方法；
- 3. 掌握在现场钢结构焊接工程检查内容。

学习过程

引导性问题1：小组讨论焊接与螺栓连接相比有哪些好处。

引导性问题2：总结钢结构构件（H型钢柱）在工厂车间焊接工艺流程。

引导性问题3：根据《钢结构工程施工质量验收规范》GB50205—2001中5.2.4的规定，什么时候超声波探伤不能对缺陷作出判断，要采用射线探伤？

引导性问题4：填一填

1. 焊接基本材料有（　　　　）、（　　　　）、（　　　　）。

2. 碳素结构钢应在焊缝冷却到（　　）、低合金结构钢应在完成焊接（　　）以后，进行焊缝探伤检验。

3. 焊接方法有（　　　　　　）、（　　　　　　）、（　　　　　　）。

引导性问题5：焊条选用原则有哪些？

1. 对于普通钢材，我们在进行焊条选择时可以考虑选用（　　）母材的焊条。

   A. 抗拉强度等于或高于　　　　　　　　B. 抗压强度等于或高

   C. 抗拉强度低于　　　　　　　　　　　D. 抗压强度低于

2. 焊接普通结构钢时，焊条选择（　　　）等于或稍高于母材的焊条。

　　A. 屈服强度　　　　　B. 抗拉强度　　　　C. 合金成分　　　　D. 冲击韧性

3. 在被焊结构刚性大、接头应力高、焊缝易产生裂纹的情况下，焊条选择时可以考虑选用比母材（　　　）的焊条。

　　A. 同一强度级别　　　　　　　　　　B. 低一强度级别

　　C. 高一强度级别　　　　　　　　　　D. 相同或高一强度级别

4. 焊接合金结构钢，焊条选择通常要求焊缝金属的（　　　）与母材金属相同或相近。

　　A. 屈服强度　　　　　B. 抗拉强度　　　　C. 合金成分　　　　D. 冲击韧性

拓展性问题：焊接材料的存放要求有哪些？

引导性问题6：小组讨论归纳总结在现场焊接工程中应检查什么内容（施工技术难度）。

产出结果：工作页

评价方式及内容：1. 工作页完成情况。2. 教师评价 PK 结果。

工作页 20

项目2　钢结构工程施工质量验收	组　别	
单元7　连接施工的质量检查与验收	姓　名	
任务1　焊接工程2	日　期	

学习目标

- 1. 掌握焊接工程焊缝外观质量缺陷种类；
- 2. 掌握焊缝相关概念（焊趾、焊喉、熔深、焊缝余高、焊脚尺寸）；
- 3. 掌握焊缝量规的使用方法；
- 4. 会量取计算对接焊缝及角焊缝的焊缝余高 C；
- 5. 会量取计算角焊缝焊脚尺寸 h_f。

学习过程

复习：1. 焊接连接的分类。

2. 钢结构焊接工程质量缺陷有哪些?

引导性问题1：完成表1中外观质量缺陷的评定。

引导性问题2：基本概念学习。

（1）焊趾：焊缝表面与母材交界处。焊缝宽度：两焊趾之间的距离称为焊缝宽度。

（2）焊喉：等腰直角三角形斜边的高。

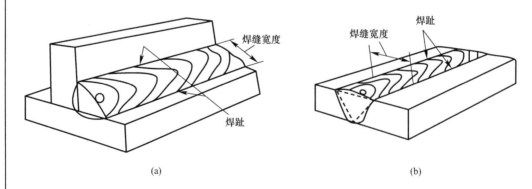

（a）　　　　　　　　　　　（b）

（3）余高：超出焊缝表面焊趾连线上面的那部分焊缝金属的高度。

（4）熔深：指母材熔化部的最深位与母材表面之间的距离。

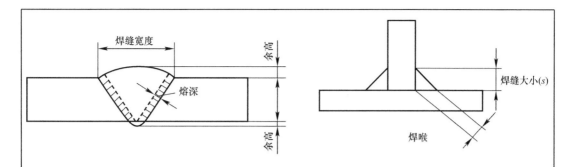

（5）焊脚：焊接中角焊缝的横截面中，从一个直角面上的焊趾到另一个直角面表面的最小距离，在角焊缝的横截面中画出的最大等腰直角三角形中直角边的长度叫焊脚尺寸。

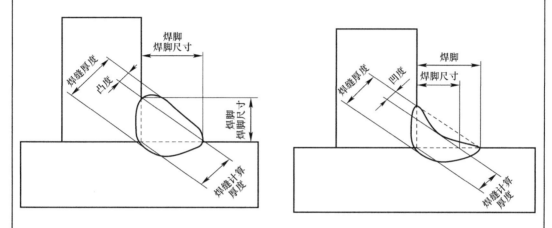

引导性问题3：写出焊缝余高标准高度及允许偏差的要求。

引导性问题4：写出角焊缝焊脚尺寸标准长度及允许偏差的要求。

外观质量原始记录 表 1

1	钢板表面缺陷	
	□裂纹　□折叠　□夹层　□分层　□夹渣　□均无	
2	焊缝外观质量（二级□　　三级□）	
缺陷类型	焊件编号	具体表现
未焊满		
根部收缩		
咬边		
弧坑裂纹		
电弧擦伤		
接头不良		
表面夹渣		
表面气孔		
均无以上现象		
3	角焊缝外形尺寸	
焊脚尺寸		
角焊缝余高		

工作页 21

项目 2　钢结构工程施工质量验收	组　别	
单元 7　连接施工的质量检查与验收	姓　名	
任务 1　焊接工程 3	日　期	

学习目标

- 1. 掌握焊接工程五大无损伤检测方法；
- 2. 掌握对接焊缝、角焊缝内部探伤操作步骤；
- 3. 掌握探伤最小检测数量；
- 4. 会探出伤痕的长度、深度并辨别内部缺陷种类。

学习过程

复习：辽宁城建学院钢结构篮球场哪些位置有焊接质量外观缺陷。

引导性问题 1：查阅微课确定探伤方案。

引导性问题 2：小组成员轮流对钢板进行探伤初探，找出幅 a 的最大值，并将答案写在下列图框内。

引导性问题 3：查阅规范图纸确定同一检验批最小抽查数量，写出检验批确定方法。

引导性问题 4：寻找本组最大幅 a，量取焊缝长度深度，完成下列原始数据填写。

焊缝编号	板厚（mm）	缺陷序号	缺陷指示长度			缺陷最高波幅					评定等级
			始点 S1（mm）	终点 S2（mm）	长度（mm）	位置 S3（mm）	深度（mm）	距焊缝中心线		SL＋ΔdB	
								___侧（mm）	___侧（mm）		

引导性问题 5：手绘出探伤仪屏幕上的波纹，确定焊缝伤痕的种类。

引导性问题 6：总结超声波探伤仪内部探伤步骤。

工作页 22

项目 2 钢结构工程施工质量验收	组　别	
单元 7　连接施工的质量检查与验收	姓　名	
任务 2　紧固件连接	日　期	

 学习目标

- 1. 掌握螺栓分类；
- 2. 掌握高强螺栓质量验收一般规定；
- 3. 会分析实际工程中钢结构高强度螺栓常见质量问题及预防措施、处理办法。

学习过程

复习：1. 高强度螺栓应自由穿入螺栓孔。高强度螺栓孔不应采用气割扩孔，扩孔数量应征得设计同意，扩孔后的孔径不应超过（　　　）d（d 为螺栓直径）。

2. 在制作螺栓孔时为什么不能采用气割扩孔？

新内容：

引导性问题 1：观看视频，总结视频中质量问题有哪些？造成事故的原因是什么？（写出两个你认为最重要的）

引导性问题 2：查阅《钢结构工程施工质量验收规范》GB 50205—2001 填一填以下问题。

1. 钢结构制作和安装应分别进行高强度螺栓连接摩擦面的（　　　　　）试验和复验。

2. 高强度大六角头螺栓连接副终拧完成（　　）后、（　　　）h 内应进行终拧扭矩检查。检查数量如何规定？

3. 扭剪型高强度螺栓连接副终拧后，除因构造原因无法使用专用扳手终拧掉梅花头者外，未在终拧中拧掉梅花头的螺栓数不应大于该节点螺栓数的（　　　）。

　　对所有梅花头未拧掉的扭剪型高强度螺栓连接副应采用（　　）或（　　）进行终拧并作标记。

4. 请说出高强螺栓施拧顺序，并说说为什么要分初拧和终拧。

5. 螺栓球节点网架总拼完成后，高强度螺栓与球节点应紧固连接，高强度螺栓拧入螺栓球内的螺纹长度不应小于（　　　　）。检查数量多少？

6. 高强度螺栓连接副终拧后，螺栓丝扣外露应为（　　　　）扣，其中允许有（　　　　）的螺栓丝扣外露 1 扣或 4 扣。检查数量：按节点数抽查 5%，且不应少于（　　　　）个。

7. 螺栓球节点网架总拼完成后，高强度螺栓与球节点应紧固连接，高强度螺栓拧入螺栓球内的螺纹长度不应小于（　　　　）d（d 为螺栓直径），连接处不应出现有间隙、松动等未拧紧情况。检验方法：（　　　　）及（　　　　）检查。

引导性问题 3：钢柱底部预留螺栓孔与预埋螺栓不对中的问题应如何预防预处理？

课后要求：自学《钢结构工程施工质量验收规范》GB 50205—2001 和《钢结构现场检测技术标准》GB/T 50621—2010 中关于高强螺栓的相关规定，并借助网络查阅视频查看钢结构施工现场如何施工，如何验收。

布置作业：复习螺栓 K 检测步骤。